“十四五”时期国家重点出版物出版专项规划项目

航天质量系统工程丛书

航天零缺陷系统工程管理

许达哲　编著

中国宇航出版社
·北京·

图书在版编目（CIP）数据

航天零缺陷系统工程管理 / 许达哲编著. -- 北京：中国宇航出版社，2023.6
（航天质量系统工程丛书）
ISBN 978-7-5159-2200-3

Ⅰ.①航… Ⅱ.①许… Ⅲ.①航天工程－零缺陷－工程管理 Ⅳ.①V57

中国国家版本馆 CIP 数据核字(2023)第 013748 号

责任编辑 彭晨光　　**封面设计** 王晓武

出版 发行 中国宇航出版社

社　址 北京市阜成路 8 号　**邮　编** 100830
(010)60286808　(010)68768548
网　址 www.caphbook.com
经　销 新华书店
发行部 (010)60286888　(010)68371900
(010)60286887　(010)60286804(传真)
零售店 读者服务部　(010)68371105
承　印 天津画中画印刷有限公司

版　次 2023 年 6 月第 1 版
2023 年 6 月第 1 次印刷
规　格 787×1092
开　本 1/16
印　张 22.5
字　数 416 千字
书　号 ISBN 978-7-5159-2200-3
定　价 98.00 元

前　言

质量，是中国航天事业发展永恒的主题。

中国的航天事业创建于1956年，经过66年的发展，从无到有，从小到大，从弱到强，走出了一条具有鲜明中国特色的航天发展之路，取得了一系列举世瞩目的辉煌成就。从“两弹一星”到载人航天，从“嫦娥探月”到“天问探火”，从“北斗”组网到“天宫”翱翔，这一切都饱含着一代又一代航天人的拼搏与奉献，凝结着中国航天创新与实践的成果。航天零缺陷系统工程管理，因航天事业的需要应运而生，沿航天事业的进步而赓续发展，随航天事业的腾飞而日趋完善，不断助力中国航天攀登一座又一座世界高峰。

航天工程研制活动具有探索性、先进性、复杂性和高风险性的突出特点和高可靠、高质量、小子样研制及一次成功的特殊要求，决定着航天产品质量及风险管控在航天工程管理中的特殊重要性和突出作用，因此中国航天质量管理伴随着航天事业的发展在探索和创新中不断完善，走出了一条螺旋式上升、波浪式前进的发展道路，形成了航天零缺陷系统工程管理模式和方法，对保证航天工程研制质量与可靠性、实现一次成功的目标，发挥了重要作用。

航天零缺陷系统工程管理是在实践中总结，在总结中创新，在创新基础上进行的更高要求的航天质量管理实践，既有源于工程实践的质量管理理念和方法的原始创新，又有质量与可靠性技术和系统工程管理方法有机结合的集成创新，还有借鉴国外先进的产品保证等质量管理方法的引进消化吸收再创新，是中国航天的宝贵经验和财富。

习近平总书记在党的二十大报告中强调，高质量发展是全面建设社会主义现代化国家的首要任务，要加快建设制造强国、质量强国、航天强国。进入新时代，奋进新征程，认真总结航天质量管理经验，系统梳理中国航天零缺陷系统工程管理发展脉络，将有助于更加深入地认识航天质量管理基本规律，进而有助于推动航天强国、质量强国和制造强国建设。

本书以航天零缺陷系统工程管理为主线，结合专业发展、技术进步、环境变化、发展历程等背景，认真总结了具有中国航天特色的质量管理方法及其应用成效，从全员、全系统、全过程、全要素等方面，深入阐述了航天零缺陷系统工程管理的理念和内涵。本书共六章，主要内容包括：第一章零缺陷系统工程管理的来龙去脉，包括航天工程的特点、零缺陷系统工程管理的形成、零缺陷系统工程管理的核心要义。第二章润育全员的航天质量文化，包括航天质量文化的精髓、航天质量观、航天质量行为规范、航天质量文化建设。第三章全系统的航天质量管理体系，包括航天质量管理体系、航天型号供应商管理、航天质量监督、航天质量管理体系评估。第四章全过程的航天工程质量管理，包括研制程序，产品保证，技术风险管理，技术状态管理，航天产品设计质量控制，航天产品生产过程质量控制，航天型号试验质量控制，产品交付验收、评审与放行。第五章全要素的航天质量基础保证，包括航天标准化、航天计量、航天技术支撑机构和专家组、航天质量信息管理、航天工艺能力、航天软件工程化、航天元器件保证、航天通用质量特性。第六章航天零缺陷系统工程管理方法，包括质量交集分析、飞行时序动作分析和确认、产品成功数据包络分析、单点故障模式分析、测试覆盖性分析、型号独立评估、元器件“五统一”管理、产品成熟度评价、质量检查确认、质量问题归零。

本书第一章由许达哲、马志伟、贯纯锋编写；第二章由许达哲、马志伟、石磊编写；第三章由贯纯锋、范艳清、刘宪忠、袁硕编写；第四章由马志伟、冯小琼、遇今、任跃进、滕鑫、太萍、史楠楠、胡智华编写；第五章由贾纯锋、滕鑫、遇今、贾丰胜、张书锋、郭晓慧、邵佳红、邵巾芳编写；第六章由许达哲、遇今、张迪、杨晋智编写。温中亮、孙涛、于佳攀、闵慧、夏维娜也参与了部分章节内容的编写。全书由许达哲、马志伟、贾纯锋统稿和审校，最后由许达哲定稿。感谢中国航天科技集团有限公司质量技术部、中国运载火箭技术研究院、中国空间技术研究院、中国电子技术研究院、中国航天标准化与产品保证研究院、中国航天科技国际交流中心等单位在本书撰写和出版过程中给予的大力支持。

本书可以作为航天系统及其他行业人员了解、学习用书，相信读者在阅读中会有所收获。

本书的编写虽经过多次讨论修改，力求做到结构完整、概念准确、阐述清楚，但限于作者水平，仍难免有疏漏、不妥之处，恳请读者批评指正。

作 者

2022 年 11 月 20 日

目 录

第一章

零缺陷系统工程管理的来龙去脉

中国航天走过了60多年的发展历程。60多年，在人类历史的长河中，只是弹指一挥间。而这60多年，中国航天在逐梦苍穹的披荆斩棘中，在拼搏攀登的艰难征程上，书写了两弹一星、载人航天、北斗导航、嫦娥奔月、问天探火等彪炳千秋的辉煌成就。中国航天已成为让祖国和人民最有尊严、最具底气的战略性产业，成为名副其实的大国利器、国之重器。

古人常常把做一件很难的事情比喻为“难于上青天”，中国航天一次又一次完美地破解了这道看似不可破解的难题，究竟靠的是什么？

寻踪历史的辙印，中国航天并不是一路顺风顺水从胜利走向胜利，而是不断地在蹒跚中修炼，在挫折中悟道，在艰辛中探索，在攻坚中奋进，最后攀上成功的高峰。一代代航天人在修炼、悟道、探索、奋进的实践中，不断总结提炼、启智升华，获得了破解“上青天”难题的法宝，具有中国特色的“航天零缺陷系统工程管理”便是其中之一。

第一节　航天工程的特点

航天工程是一个开放的复杂巨系统，具有高投入、高风险、失败代价巨大、可靠性安全性要求极高等特点。这些与生俱来的属性，决定了它必然与零缺陷系统工程管理结下不解之缘。

一、开放的复杂巨系统

航天工程是集研究、设计、试制、试验、生产、服务于一体的开放的复杂巨系统。开放性源于航天工程各系统本身与其外部环境的物质、能量和信息的交换界面繁多。复杂性体现在客户需求、研制过程、试验验证、产品生产等环节涉及的科学技术问题异常复杂。巨型性不仅体现在子系统数量巨大，产品种类多，层次结构错综复杂，关联关系交叉；同时体现在型号研制需跨学科、跨领域、跨系统，工作链条长等方面。

航天工程参与人员多，研制周期长，协作面广，一般都不是一家研究院、一个研究所、一个工厂，甚至整个航天系统所能完成的，需要建立庞大的协作网。例如，载人航天工程包括航天员、空间应用、载人飞船、运载火箭、测控通信、发射场、着陆场、货运飞船、空间实验室、空间站、光学舱等系统，其中运载火箭包括载人的长征二号F火箭、运送货运飞船的长征七号火箭、运送空间站的长征五号B火箭。这些火箭又各有很多分系统，分系统下面还有子系统、单机、部件、零件、元器件等，涉及力学、热学、电磁、机械、控制、材料、动力、结构、遥测等多个学科和上百种专业。仅长征五号B火箭全箭飞行就有2 204个动作，配套单机1 349项、2 350台套，仅1次外协外包就涉及零部组件产品22 423种，涉及配套单位1 215家，其中民营企业等占比达44.7%。

随着航天任务日趋复杂，航天工程从最初的全国大协作到如今立足国内、国际两个市场，与高校及科研院所密切联系，与民营企业优势互补，其开放复杂巨系统的特征愈发显著。

二、高投入、高风险

世界航天大国无不将新型运载火箭、高通量通信卫星、高分辨率遥感卫星和全球卫星导航等航天工程作为重点投入领域。这些工程对新技术、新材料、新工艺、新设备要求极高，需要投入大量的人力、物力和财力。

以美国阿波罗工程为例，它历时约 11 年，耗资 255 亿美元，参加工程的有 2 万家企业、200 多所大学和 80 多个科研机构，总人数超过 30 万人。我国从 1992 年开始实施载人航天工程，制定了三步走战略，即第一步发射载人飞船，建成初步配套的试验性载人飞船工程，开展空间应用实验；第二步突破航天员出舱活动技术、空间飞行器交会对接技术，发射空间实验室，解决有一定规模的、短期有人照料的空间应用问题；第三步建造空间站，解决有较大规模的、长期有人照料的空间应用问题。到 2005 年发射神舟六号飞船，完成第一步任务，国家投资 200 亿元人民币；到 2013 年发射神舟十号飞船，实现航天员出舱行走、飞船与空间实验室交会对接，完成第二步任务并为第三步任务实施打下坚实基础，国家投资约 190 亿元人民币。20 年时间，国家共投入了 390 亿元人民币，可见工程之艰巨，投资之巨大。

航天工程研制周期长，综合风险极高。从立项到投入使用，要经历许多复杂的环节，这一过程往往需要几年至几十年的时间才能完成。在如此长的研制周期内，环境、需求、技术、人员的变化等都会造成产品研制的风险。有些航天产品因其中的特殊工艺不可逆而带来巨大隐患，如固体火箭发动机推进剂浇注过程中，可能出现药柱不均匀、微裂纹、空隙等难以检测的缺陷，使用时易发生灾难性的爆炸，造成整个工程任务的失败。此外，航天产品在太空环境中工作，面临真空、微重力、极端温度、原子氧、高能带电粒子、空间碎片等因素的考验，而太空环境在地面无法完全模拟，因此风险更加难以控制。

三、失败不起

航天工程一般是国家级战略性工程，往往也是国内外万众瞩目的工程，影响极大，失败不起。一旦失败会付出惨痛的代价，其损失往往是不可挽回的。

殷鉴不远。1996 年 2 月 15 日，长征三号乙运载火箭首次飞行，承担发射国际通信卫星组织 708 号卫星的任务。这是长征三号乙火箭在国际市场赢得的第一个合同，也是长征系列运载火箭第一次被国际卫星商选用，它的作用与影响已超出了合同本身，对世界商业卫星发射市场、长征火箭的发展进程都具有重要的推动作用。发射当天，中央电视台向全球实况转播。结果就在众目睽睽之下，火箭点火刚刚起飞几秒钟就开始倾斜，短短的22秒后一团火焰伴随一声巨响，星箭俱毁……

艰苦奋斗起家的中国航天几乎没有失败的资本，当时奋力拼争获得的市场份额被迫让出，3个商业卫星发射服务合同被终止，2个合同被暂缓执行，2个草签的项目夭折，国际保险费率直线上升，对外发射服务跌入谷底。发射失败对中国航天整体工作造成的被动及不良影响，延续了很长时间。绝境之中，中国航天真正体会到“质量”与“生存”休戚与共的关系。市场不相信眼泪，失败只能出局。

中国航天花了一年半的时间重整旗鼓，完成了122项试验，采取256条改进措施，长征三号乙运载火箭终于在1997年8月20日发射成功，所有航天人心头的那块“石头”在这一刻才得以放下。

四、可靠性安全性要求极高

航天工程不仅需要具备高可靠性以保证完成规定任务，更需要具备极高的安全性以保证人员和设备设施的安全，尤其是人命关天的载人航天工程。

1986年1月28日，这是全世界都不会忘记的一个黑色灾难日——美国挑战者号航天飞机升空后72秒凌空爆炸，几百吨推进剂在大西洋上空15千米处，变成了触目惊心的火球，地面控制间与机上的通信戛然而止，7名航天员全部遇难，价值12亿美元的航天飞机顷刻化为乌有。这次灾难性事故导致美国航天飞机的飞行任务被冻结了32个月之久。然而挑战者号爆炸17年后，美国航天飞机又遭重创。2003年2月1日，哥伦比亚号航天飞机在太空飞行了16天，返回时仅差16分钟就可以降落地面了，却又一次上演了悲剧，飞机解体，机上7名航天员不幸遇难。

而这两次恶性事故的罪魁祸首，竟然都是不起眼的“小毛病”。一个是小小的O形密封圈，由于发射当天气温下降，遇冷失效，使得推进剂泄漏引起爆炸。另一个是一片0.77千克的泡沫材料没贴牢，发射时从主推进剂贮箱掉下来撞上航天飞机的左翼，导致防热瓦受损，形成15厘米的裂缝。结果返回时高温气体进入裂缝，引发飞机解体。

有鉴于此，航天工程的研制队伍只有把周密的设计、反复的试验和改进、精心的生产和严格的管理贯穿于工程始终，才能从根本上提高工程的固有可靠性和安全性；只有不放过任何蛛丝马迹，不带任何问题上天，才能确保航天飞行试验任务圆满成功。

第二节　零缺陷系统工程管理的形成

党和国家几代领导人高屋建瓴，对质量工作提出了明确指示要求，这也成为航天质量工作的根本遵循和航天质量文化孕育形成的重要引领。毛泽东指出："数量不可不讲，质量要放在第一位。"邓小平指出："一定要坚持质量第一，质量问题很重要，特别是军品质量，在战场上关键时刻有几发炮弹打不响，就可能影响整个战斗。"江泽民指出："越是关系国民经济命脉和国防安全的重大科技与建设项目，越要实施严格的科学管理，始终注重质量管理。"胡锦涛指出："要始终把质量作为科研生产的主题和生命，保质量就是保安全、保战斗力、保胜利。"习近平指出："要坚持质量至上，把质量问题摆在关系官兵生命、关系战争胜负的高度来认识，贯彻质量就是生命、质量就是胜算的理念。"

"零缺陷系统工程管理"的形成，源于航天型号研制的具体实践。20 世纪 60 年代，为确保导弹、原子弹"两弹"结合飞行试验成功，周恩来总理提出了"严肃认真、周到细致、稳妥可靠、万无一失"的十六字方针。"万无一失"源自《史记·淮阴侯列传》，古人称"万不失一"，指非常有把握、绝对不会出差错。周恩来总理借鉴古语是要求科研人员把"万无一失"作为"两弹"研制工作追求的目标。同期，美国质量管理大师克劳斯比提出的"零缺陷"思想也在美国、日本流行。进入 21 世纪，中国航天明确提出，要将航天质量文化渗透到型号管理的全过程，构建适应航天发展战略、追求零缺陷目标、全系统整体协调的质量管理体系。2006 年，在"十六字方针"和钱学森倡导的系统工程思想基础上，"零缺陷系统工程管理"的表述正式提出，它传承了中华优秀传统文化，借鉴了国外先进的质量管理理念，成为中国航天行之有效的质量管理理论和方法。

可以说，"零缺陷系统工程管理"是航天型号工程实践创新的产物，它在航天事业发展中应运而生，在航天质量管理发展进程中不断丰富，在航天工程的具体实践中特别是在失败与挫折的倒逼下不断完善，也在航天工程的实施推进中收获了实实在在的成效。

一、航天质量管理发展历程

现代质量管理的发展一般分为三个阶段：一是质量检验阶段（20 世纪初至 40 年代），主要通过严格检验来保证工序间和出厂产品的质量，侧重于“事后把关”；二是统计质量控制阶段（20 世纪 40 年代至 60 年代），主要应用统计技术对生产过程进行监控，逐步从“事后把关”向“事前预防”转变；三是全面质量管理阶段（20 世纪 60 年代至今），强调全员、全过程、全企业的质量管理，注重预防为主、过程控制和持续改进。

在世界质量管理发展的总体趋势下，航天行业质量管理也经历了从学习借鉴到自主发展的历程，不断探索与航天产品特点和企业管理理念相适应的质量管理模式和方法。以波音公司为例，其质量管理经历了质量检验阶段、统计质量控制阶段、质量保证阶段、先进质量管理阶段等四个阶段的发展，从 20 世纪 90 年代中期开始，已经建立起了具有其自身特色的先进质量体系（AQS）。

中国航天在学习和借鉴国外先进质量管理理论和方法的同时，紧密结合中国航天工程研制实践，质量管理的发展经历了质量检验阶段、全面质量管理起步阶段、全面质量管理深化阶段，现已进入卓越质量管理阶段。

从 20 世纪 50 年代至 70 年代末，是中国航天的质量检验阶段。在这一时期，航天工程任务处于仿制及向自主研制转变时期，航天工程研制以实物产品试验为主，设计质量主要依靠设计师的三级审签保证。制造质量则主要依靠检验，在制造过程推行质量检验和验收，建立起了多种专业检验、技术业务管理渠道畅通的质量检验管理系统，发布 12 项检验工作技术条令。同时，建立过程质量控制的制度，推行复查制、留名制、双岗制、三检制等八项制度，相继建立了多余物控制、重复故障预防等制度。航天质量控制体系初步形成，保证了以“两弹一星”为代表的航天工程任务成功。

从 20 世纪 70 年代末到 90 年代中，是中国航天的全面质量管理起步阶段。在这一时期，中国航天开始广泛接触日本、欧美等国外先进的质量管理模式方法，有组织、有计划地开展质量管理和质量保证，引入全面质量管理，制定《航天工业部全面质量管理暂行条例》，贯彻《军工产品质量管理条例》，加强航天型号研制过程质量控制，探索开展工程可靠性设计、分析与试验验证工作，推行全员质量培训、质量保证体系考核、质量控制（QC）小组活动等。在学习借鉴和实践过程中，航天质量管理工作的理念和方法得到丰富和发展。

从20世纪90年代中至“十一五”末，是中国航天的全面质量管理深化阶段。在这一时期，航天企业面对社会主义市场经济环境和国际市场的激烈竞争的同时，还面临着国家重点工程任务日异繁重、航天项目技术要求越来越高、系统配套协作单位越来越多的局面。1996年，航天接连出现重大挫折，质量形势严重滑坡，航天企业管理层认识到，现有质量管理模式与方法已经不能完全适应多项目并举的研制生产形势，难以满足用户高可靠、高安全、长寿命的使用要求。在深刻反思和认真总结四十年成功经验和失败教训的基础上，建立实施“72条”“28条”“质量问题归零双五条”“技术状态更改五条原则”“型号科研生产管理80条”等一系列制度和规范，全面推行质量管理体系标准，组建软件、元器件、工艺、可靠性等专业质量保证机构，建立质量监督代表制度，制定发布质量文化建设纲要和质量文化手册，探索实践具有中国航天特色的质量管理方法，采取了一系列举措，一举扭转了严峻的质量形势和被动局面。

1999年，中国航天工业实施了重大体制改革，原航天工业总公司取消，成立了航天科技集团公司和航天机电（现更名为航天科工）集团公司，中国航天迎来快速发展机遇期。航天企业把“以国为重、以人为本、以质取胜、以新图强”作为自己的核心价值观，不断挖掘、培育和弘扬具有中国航天特色的质量文化，按照“坚持、完善、发展”的工作方针，进一步强调航天质量管理要“以人为本、以质取信、系统管理、持之以恒”，全面系统地开展质量管理体系建设和产品保证能力建设，不断强化型号设计、生产试验和服务全过程的质量控制，形成了以“航天型号科研生产管理80条”“质量问题归零双五条标准”等为代表的一系列质量管理制度和标准体系，航天质量管理能力和水平显著提升，确保了一系列航天重大工程任务的圆满完成。自1996年10月到2006年10月，长征运载火箭连续55次发射成功，神舟飞船圆了中华民族千年飞天梦想，向全世界展示了中国航天产品的质量可靠性水平，体现了中国航天人的质量文化素养。

在这一时期，中国航天不断与时俱进、推陈出新，形成了以追求零缺陷为核心理念、以系统工程管理为主要特征的航天零缺陷系统工程管理，并逐步完善形成了一批具有中国航天特色的质量可靠性工程技术和管理成果，相继出台了《航天型号精细化质量管理要求》（简称“新 28 条”）、《航天型号技术风险分析与控制要求》《航天型号量化控制工作要求》《强化航天型号可靠性工作的若干要求》等一系列质量制度文件，颁布了 Q/QJA 10《航天产品质量问题归零实施要求》、Q/QJA 32《航天产品技术状态更改控制要求》、Q/QJA 65《航天型号研制转阶段评审》、Q/QJA 14《航天型号出厂评审》、Q/QJA 71《航天型号单点故障模式识别与控制要求》等一系列基础性、支撑性和富有特色的质量标准。

20 世纪 90 年代以来，以载人航天、月球探测、北斗导航为代表的国家重大工程相继立项、实施并陆续进入关键研制阶段，航天工程面临着从试验应用型向业务服务型、从无人到载人、从单星向多星和星座组批生产模式的战略转型。国家重大工程的实施推动了航天零缺陷系统工程管理的发展。如在载人航天工程的牵引下，中国航天实施软件工程化管理，系统开展可靠性、安全性的设计分析与验证工作，开展技术成熟度评价，建立了一套具有自主知识产权的载人航天工程标准和规范，培育了一支技术精、作风硬、善攻关的创新型人才队伍，形成了一系列行之有效的零缺陷质量管理方法。航天重大工程的实践，促进了零缺陷系统工程管理理论与方法的创新发展。

党的十八大以来，中国航天踏上了建设航天强国的新征程。新形势新任务对航天质量工作提出了新的更高要求，赋予了质量管理新的责任和挑战，中国航天迈进了卓越质量管理的新阶段。中国航天锚定世界一流的发展目标，建立集团公司、研究院、厂（所）三级联动的质量管理体系评估机制和航天一体化质量监督制度，强化航天一体化质量管理体系和产品保证工作系统建设，实施质量强企行动和全级次供应商管理，加强标准化工程建设，推动数字质量系统的论证与实施，全面推进航天零缺陷系统工程管理从精细向卓越发展，“全员、全系统、全过程、全要素”质量管理体系进一步完善，有力支撑了载人航天、月球探测、北斗导航等航天重大工程任务的顺利实施。

中国航天的质量管理，是在实践中总结，在总结基础上创新，在创新基础上进行的更高要求的质量管理实践。航天零缺陷系统工程管理的理论与方法在质量管理的实践中逐步总结形成并得到不断的丰富发展。

二、航天系统工程管理

新中国成立后，在党和国家的亲切关怀和正确领导下，面对极端恶劣的国际环境和极其困难的国内条件，中国航天事业的奠基人钱学森创造性地将系统工程方法应用到航天事业的建设和发展中。1956 年，国防部第五研究院成立，设置了运载、导弹总体设计部，承担整个系统研制工作的抓总，这是中国航天系统工程管理的开端。

东风二号导弹，是钱学森领军航天队伍自主研制的“头生子”，不料一场欢喜收获的却是悲壮的首发式。1962 年 3 月 21 日，东风二号导弹首次发射，导弹起飞后不久头顶上冒出白烟，69 秒后，导弹倒栽垂直坠毁在距离发射台 300 米的地方。落地爆炸腾起 100 多米高的蘑菇云，地面砸出一个 4 米深、22 米直径的大坑。钱学森领导的故障分析小组，在事故现场工作了 10 天，回京后又历时三个多月，从元器件、部件到各分系统，再到总体，进行了全面的分析。7 月，故障分析小组向国防科委提交了总结报告：“从总体设计方案看，一是导弹的稳定系统还没有摆脱仿制的束缚，没有考虑加长的弹体所带来的振动对控制系统的影响，在飞行中弹体的弹性振动与姿态控制系统发生耦合，导致导弹飞行失控；二是发动机在改进设计时提高了推力，但结构强度不够，导致破坏而起火。但是，这次失败暴露出来的问题是多方面的。在工程技术方面，我们在总体和分系统综合设计上、各分系统之间的技术协调和接口匹配上考虑不周，没有分解好总体和局部之间的关系，有些必要的地面试验也没有做或做得不充分，对产品质量检查缺乏科学的标准；在科研管理方面，没有建立技术责任制，缺乏严格的研制程序和工作制度；在思想作风方面，对基础工作特别是地面试验重视不够，对可能遇到的问题和困难估计不足，对产品存在的缺陷和隐患没有采取有力措施，坚决加以消除。”

整个总结报告从工程技术、科研管理、思想作风等方面开展全面的总结分析，远远超出技术故障的分析。据此，钱学森大力倡导“严肃的态度、严格的要求、严密的方法”的“三严”工作作风，提出了“加强地面试验，凡是能在地面试验证实或模拟试验证实的，不要带到飞行试验中去考验”的思路，后来这句话被精炼成“把故障消灭在地面上”“不要把问题带到天上”的口号，体现了航天人严慎细实的工作态度和“万无一失”的质量追求。

“东风二号”失利后，经过深层次的反思和检讨，《国防部第五研究院暂行条例（草案）》于 1962 年 11 月颁布。条例分为总则、型号研制与设计工作、研究工作、试制工作、试验工作、科学技术队伍、技术责任制与科技委员会、组织计划与条件保证、政治工作、党的组织与工作等十个部分，共 70 条。条例中提出了一整套关于航天工程研制的管理制度，如建立和加强技术责任制，建立技术指挥员制度，建立型号总设计师制度，强调按研制程序办事，强调总体技术抓总地位，强调系统工程协同设计和地面试验的充分验证等。初步形成了“一个总体部、两条指挥线”的组织管理体制。钱学森指出，总体设计部的实践，体现了一种科学方法，这种科学方法就是“系统工程”。

按钱学森倡导的系统工程思想，航天各型号研究院均建立了总体设计部，许多专业研究所里也设立了总体研究室，从而使每项工程任务都有代表全局的顶层设计、统一构思、统一计划，形成了全套相互制约的岗位责任制。当时提出了“一切通过总体”的理念，确保总体优化成为检验和评价各分系统、单机、部组件相关工作有效的准则。

总体设计部设计的是系统整体优化的“总体方案”以及方案实现的最佳“技术途径”。设置总设计师系统，形成层层技术指挥责任体系，建立起以总体为核心的科研生产组织体系；钱学森亲自带领研究总结航天工程的“研制程序”，提出了航天工程在预先研究的基础上按照方案阶段、初样阶段、试样阶段（或称正样阶段）、试制试验阶段和定型阶段等阶段开展研制的程序管理体系。同时，在航天工程研制单位推广“计划协调管理技术”（PERT），完善了计划组织调度管理体系，更有效地利用了有限的人力、物力和财力资源，加快了导弹和火箭的研制与试验进度。

那一时期，采用系统工程思想，提出“探索研究一代、设计试制一代、定型生产一代”的要求和原则，并不断调整航天管理体制，不断探索管理方法并付诸实践，“两总”即总指挥、总设计师系统开始形成，产品过程质量管控要求逐步完善，产品质量保证工作的专业化也开始起步，有力支撑了导弹武器从仿制到自主研制的进程。钱学森倡导的系统工程思想使航天工程管理逐步趋于科学化、正规化，对航天事业初期的建设和发展起到了重要作用，奠定了零缺陷系统工程管理的根基。

三、兼容并蓄促进航天质量管理提升

中国航天质量管理在自主探索实践的基础上，也在不断学习借鉴国外先进质量管理理念模式和方法，从航天创业初期学习苏联质量管理经验，到改革开放后先后学习日本全面质量管理、美国质量管理军用标准、国际质量管理体系标准、欧美产品保证及安全与任务保证等，兼容并蓄地推进航天质量管理的持续发展。

1978 年，航天系统开始学习和借鉴国外质量管理的先进方法，推行全面质量管理工作，各单位逐步建立了质量管理组织，负责全面质量管理的策划和推进工作，引入统计质量管理的工具和方法。在此期间，《航天工业部全面质量管理暂行条例》发布实施，标志着中国航天进入了有组织、有计划开展质量管理和质量保证的新阶段。

1987 年，《军工产品质量管理条例》（简称《条例》）颁布实施，国防科技工业开始依据《条例》开展质量保证体系考核，并首次在国防工业领域引入“产品质量保证”的概念。《条例》的实施是中国航天进入规范化质量管理的里程碑。中国航天持续推进法治管理，不断创新质量管理方法，提高航天工程的质量与可靠性，产品质量保证也随着元器件“七专”等质量与可靠性专业方法的实施、专业机构的建立与发展而得到强化。

20 世纪 90 年代初，我国开始全面引入 ISO 9000 系列标准。其中，最主要的是等同采用 ISO 9001《质量管理体系要求》标准，制定了 GB/T 19001《质量管理体系　要求》国家标准，并将其作为认证审核的依据。ISO 9000《质量管理和质量保证》系列标准是国际标准化组织（ISO）20 世纪 80 年代末在总结各国全面质量管理经验的基础上制定的，它的出现使顺应全球化贸易的质量体系认证由此拉开帷幕。1996 年，《质量管理和质量保证》国家军用系列标准发布实施，并作为军工产品承制单位质量体系认证的依据。随着 1998 年 QJ 9000《航天工业质量管理和质量保证要求》制定并发布，规范了航天行业各单位的质量体系建设和运行。

在此时期，在航天型号科研生产管理中引进了国外空间项目产品保证管理的思路，“产品保证”的概念也随之引入，并在中巴资源卫星、中法鑫诺卫星等国际合作项目中实践应用。1991 年，航天系统制定了 QJ 2171《航天产品保证大纲要求》，把产品保证管理的各项工作合成为一个完整体系。1995 年出台的《航天质量管理改革方案》提出了“实现产品保证工作系统化”的工作目标，进一步推动了产品保证工作的实施。

中国航天在学习质量体系建设、产品保证等基础上，结合实际创新应用，形成了“组织抓体系，型号抓大纲，专业抓基础，产品抓保证，人员抓培训”

的工作思路。

组织抓体系，指的是集团公司、研究院、厂所各级的质量管理体系是航天各项质量工作的基础和平台，航天各级领导和各单位都要抓好这个平台建设。

型号抓大纲，指的是型号质量工作是在组织质量管理体系基础上，通过制定和实施质量大纲来系统策划和开展，大纲中明确型号质量目标、质量职责以及研制各阶段的质量工作项目。

专业抓基础，即通过统筹标准、计量、检验检测能力、工艺能力等方面的基础工作建设，持续提升专业支撑和保障能力。

产品抓保证，即在产品方面，抓好质量保证，确保方案正确合理可行、设计简捷正确可靠、系统协调匹配兼容、试验充分覆盖有效、产品受控合格稳定、操作准确协同无误。

人员抓培训，即通过开展各级各类人员质量意识教育、质量案例教育和质量专业培训，持续提升全员的质量素养。

随着国家重大工程的推进，航天质量文化建设不断加强，航天精神不断融入航天员工的血液中，培育形成了严谨务实、追求卓越的航天质量文化。2003年，航天制定发布了质量文化建设纲要和质量文化手册，提出了“质量是政治、质量是生命、质量是效益”的质量理念，进而明确了技术工作和管理工作第一次就做对做好，工程研制、生产和服务中各环节、各零部件全面优质，工程研制大型地面试验、飞行试验一次成功的“零缺陷”目标，零缺陷系统工程管理的理论和方法得到了更广范的应用。

中国航天在坚持独立自主、自立自强的原则下，强调以我为主，博采众长，积极学习先进经验，不断探索实践、把握航天质量管理规律，使零缺陷系统工程管理理论与方法不断丰富。

四、失败与挫折倒逼航天质量管理创新

中国航天的发展并非一帆风顺。20世纪90年代初，适逢改革开放、经济转型时期，在传统的计划经济向社会主义市场经济转型的各种冲击下，面对国内航天工程任务量锐减、对外商业卫星发射需求增加、人员待遇与外部世界差距拉大等种种情况，中国航天在体制机制上还没有完全适应形势的变化，由此出现了人心不稳、技术不精、管理不到位、产品质量问题不断发生的现象。

1992年3月22日，长征二号捆绑式运载火箭发射美国休斯公司制造的澳

星B1，这是一次国际性商业发射，也是中央电视台第一次向全世界直播现场发射实况。然而发射时，火箭一级发动机点火不正常，实施紧急自动关机，发射中止。

1994年4月2日，风云二号01星在西昌卫星发射中心进行发射前的最后一次厂房测试时，因肼燃料泄漏而突然爆炸起火，导致卫星被毁，设备、厂房也都受损，一位工作人员遇难，包括神舟飞船总设计师等专家在内的20多人受伤。

1994年11月30日，中国国内市场急需的东方红三号通信卫星发射后，因推进剂泄漏，卫星未能进入预定轨道而无法使用。

1995年1月26日，中国用长征二号E运载火箭发射亚太2号卫星时，由于卫星的谐振频率与火箭整流罩的谐振频率相同，加上高空切变风对火箭的作用，引起共振，造成星箭爆炸。

1996年8月18日，中国用长征三号运载火箭发射中星7号卫星。火箭起飞后，因火箭三级发动机故障，卫星未能进入预定轨道，发射失利。这是1996年内继“2·15”长征三号乙运载火箭发射失利后，又一次发射外星失利。

一系列发射失利特别是“2·15”“8·18”两次外星发射失利，严重影响了中国航天的形象和声誉，给我国长征火箭商业性发射造成了非常不利的局面，对外发射市场严重萎缩，经济效益和社会效益受到重创。中国航天面临“失败不起，没有退路，只能成功”的严峻形势和巨大压力。

面对严峻挑战，航天全系统深刻反思，认真汲取失利带来的惨痛教训，总结实践成功的宝贵经验，研究解决问题的方案，制定并发布了《强化科研生产管理的若干意见（试行）》（简称“72条”）、《强化型号质量管理的若干要求》（简称“28条”）。从设计、生产、检测、元器件、原材料、标准件和质量管理等方面明确的“28条”具体措施，针对性和操作性都很强，对航天科研生产质量工作影响深远。1995年，中国航天颁布《质量问题归零管理办法》，第一次明确提出“质量问题归零”的概念；1996年，中国航天制定了“质量问题归零双五条”标准。

这一时期，航天质量振兴的“四个三”计划明确要求，一是要按照“零缺陷”的目标进行“立法”，从源头抓起，防止质量问题的产生；二是要对出现的质量问题按归零五条标准归零，彻底纠正；三是要对发生的一系列质量问题，特别是重复故障、人为责任事故进行统计分析和深层次原因分析，从管理上采取措施，改进质量体系；同时明确，从执行、监督、奖惩三个方面进行落实；严格按照集团公司、研究院、厂所三个层次要求做；从人力资源、技术手段和专业机构三个方面来保证。

值得一提的是，归零双五条标准、“28条”和“72条”共110条，在航天系统内深入贯彻，尤其是归零双五条标准成为航天独创的解决问题的法宝，并在国内多个行业领域推广，日后发展形成了国家标准和中国首项航天科研生产管理领域的国际标准。自此，一系列强化航天工程管理措施相继制定并陆续发布实施，形成了零缺陷系统工程管理的基本构型。

第三节　零缺陷系统工程管理的核心要义

“零缺陷”管理是美国管理大师克劳斯比在20世纪60年代初提出的理论。它要求从业者从一开始就本着严肃认真的态度把工作做得准确无误，努力使自己的产品、业务没有缺点，并向着高质量标准目标而奋斗。它强调预防控制和过程控制，如果第一次就把工作做得符合用户要求，就可以避免浪费那些用在事后补救的时间、金钱和精力。中国航天人将“零缺陷”管理理念与航天系统工程管理方法有机结合，推动了质量管理理论和方法的创新。

航天零缺陷系统工程管理是什么？简而言之，它是以实现“零缺陷”为目标，运用系统工程方法，全员参与、全系统实施、全过程控制、全要素保证的航天质量管理理论和方法。航天零缺陷系统工程管理是具有中国航天特色的质量管理，是零缺陷理念与系统工程思想的完美结合。

一、理念与内涵

零缺陷系统工程管理借鉴了国外先进的质量管理理念，传承了中华民族优秀传统文化，更重要的是把系统工程理论应用于质量管理之中，是几十年来中国航天质量管理工作的总结，是质量管理理论的升华，也是航天企业“打造国际一流”的重要基石。

零缺陷系统工程管理的理念与内涵，随着航天事业的发展不断丰富，包括以下几个方面：

1）树牢“零缺陷”理念，追求“万无一失”目标。其内涵有三个层次：一是追求各项技术工作和管理工作第一次就做对、做好；二是力求工程研制、生产和服务中各环节、各零部件全面优质，各项操作准确无误；三是要求型号研制各项大型地面试验和各次飞行试验等任务“一次成功”。通过追求工作的零缺陷来保证产品的零缺陷，以每项工作、每个零部件的零缺陷来奠定航天工程任务“万无一失”的基础。

2）强化系统观念，实施系统管理。坚持“从源头抓起、预防为主、全过程控制、系统管理”的原则，实施零缺陷全过程控制。将严谨务实的航天质量文化融入航天人的血液中，物化到航天产品质量上。运用系统工程的理论和方法，从工程总体和方案阶段就开展系统的质量策划，注重跨单位、跨专业、跨部门的相互协同和综合集成，强调相关过程、产品、特性和资源的相互协调，合理配置资源以提升整体效能。强化型号全过程精细量化质量控制，有效识别和充分验证产品设计、工艺、过程控制的关键特性，补强短板弱项，实现总体优化、系统强壮。

3）夯实质量基础，提高质量保证能力。探索航天工程高质量的本质特征和实现规律，不断深化质量管理体系建设，建立健全质量标准规范体系。加强质量与可靠性关键技术和质量管理方法的研究与推广应用，推动先进、成熟的质量与可靠性技术的信息化、软件化、集成化。系统开展全员专业素质培训，将质量文化融入到质量管理体系、产品保证机构、质量标准规范中去。遵循全员参与、各负其责的思想，将质量责任系统分解到与工程相关的每一个组织和个人，并通过考核奖惩和责任追究促进责任制落到实处。

4）注重型号细节，控制工程风险。把握航天工程“细节决定成败”的特点，快速聚焦、充分识别影响任务成败的关键细节，突出对技术风险的有效识别、分析和控制，对产品实现的关键过程和产生质量问题的深层原因和薄弱环节加以放大，采取细化、量化的方式方法和工具手段进行控制和改进。加强产品保证能力建设，通过产品数据包的建立和完善，规范实施航天型号产品保证。

5）共享质量信息和技术进步成果，不断提高航天产品成熟度。建立质量与可靠性信息系统、数据库，实施质量问题分析、质量体系评估、质量问题快报、质量问题归零和举一反三等制度，开展成熟度评价、航天通用产品定型、科研生产管理体系评估、质量管理体系审核和最佳实践交流等工作，推进技术和管理、产品和队伍成熟度的同步提升，保证和提高航天工程的质量与可靠性。

二、理论与方法

航天零缺陷系统工程管理既具有工程技术的属性，又具有管理科学的属性，是两者交叉融合形成的综合性成果。现代科技的进步和系统工程理论的产生推动了航天事业的发展，航天事业的发展也推动了系统工程理论的完善。

系统工程方法论是航天零缺陷系统工程管理的重要理论支撑，是分析和解决系统开发、运作及管理实践中的问题所应遵循的一般程序、逻辑步骤和基本方法。它是系统工程思考问题的一般方法与规律。系统工程方法论的特点在于研究方法强调整体性，技术应用强调综合性，管理决策强调科学性。从把握航天工程高质量的本质特征和实现规律来看，系统工程方法论的主要内涵可以归结为以下“五个结合，五个转变”。

1）定性与定量相结合，由定性认识向定量认识转变。任何系统都有定性特性和定量特性两个方面，定性特性决定定量特性，定量特性表现定性特性。定性特性是定量特性描述的基础和指导，但只有定性描述，对系统特性的把握难以深入和准确，只有借助定量描述，才能对系统特性的认识更深刻、更精确。

2）宏观与微观相结合，由宏观认识向微观认识转变。宏观认识是微观认识的外在表现，微观认识是宏观认识的基础，微观决定宏观。需要在宏观认识的基础上，通过充分放大细节，探求系统内在微观变化的本质。

3）创新与规范相结合，技术活动由创新突破向规范应用转变。创新是发展的驱动力，是突破常规思维约束，寻求对问题的全新解决。而规范是创新的产物，规范形成的过程即是创新的过程。应不断固化创新成果，坚持在长期实践和探索研究中形成规范要求，实现技术活动的井然有序和技术过程的协调高效。

4）人与计算机相结合，技术作业由人工作业向自动化作业转变。人与计算机的结合，实际上是人脑与计算机能力的结合与融合，把人的创造性优势与计算机在逻辑思维方面的优势都充分发挥出来。随着技术作业信息化、智能化程度的不断提高，需要更多地发挥计算机自动化作业的能力，将人从程式化作业中解放出来，更多地发挥人的创造性，并将人为低层次错误减到最少。

5）不确定性与确定性相结合，对系统风险的把握由不确定性向确定性方向转变。确定性与不确定性不是两个完全对立的概念，而是一个连续统一体。从不确定性到确定性有一个逐渐加深的过程，要通过风险识别与控制方法的改进提高，不断减少偏差和不确定性，形成对系统完全确定性的认识。

钱学森倡导的航天系统工程是研究和处理航天工程研制过程中跨学科集成和跨部门协作的基本理论和方法，它采用系统的观点、总体最优及平衡协调的观点、问题导向和反馈控制的观点，综合运用各种手段与技术，分析、研究和处理航天工程研制过程中的问题，成为航天零缺陷系统工程管理的思想基础。

航天系统工程管理，重视发挥“两总”系统的作用，强调系统顶层设计、协同攻关和总体优化；倡导严谨务实、严慎细实的工作作风，通过放大细节、量化控制、严格管理，充分识别并有效控制影响任务成败的关键环节，把住设计、生产、试验的每一道关口，实现关键环节、关键产品的质量控制；通过迭代优化、持续改进不断提高系统设计水平和产品质量可靠性。

航天系统工程管理概括为“综合集成、集成综合、集同工作、迭代深化、总体优化、放大细节、量化控制、严格管理、持续改进、快速成熟”等10个方面。

综合集成是针对航天型号任务需求，通过跨学科、跨专业协同工作，综合各专业要素，构建组成型号任务需求的系统原型。

集成综合是针对综合集成形成的系统原型，依据任务环境条件和工作要求，以及对大系统的各方面影响因素，进行反复的综合分析、验证、完善工作，使系统原型尽可能接近真实系统的技术状态。

集同工作是“两总”系统协同攻关的组织形式，也是设计、工艺、生产、试验结合的工作方式。不同专业、领域的团队在一起，围绕共同目标协同工作，集思广益、共同研究解决问题，促进设计、工艺、生产、试验等相关工作能够按照有序的输入输出和接口关系高质量高效率协同实施。

迭代深化是航天各系统利用各方面工作取得的信息，对自身系统进行反复设计、分析和验证，加速系统的改进和完善。迭代深化的方式包括两个方面：一方面是随工程研制阶段的进展，在新阶段对前一阶段进行迭代；另一方面是通过反复识别、分析问题、解决问题并验证其有效性，持续改进系统设计。

总体优化是检验和评价各分系统、单机、部组件相关工作有效的准则之一。坚持“一切通过总体”，总体必须分析航天工程各级的任何状态变化对系统乃至整个工程的影响，确保各方协调和各分系统匹配。

放大细节是通过各种方式特别是采取现代科技手段和方法，不断深化对系统关键细节的把握程度，充分识别并有效控制影响任务成败的关键细节。

量化控制是明确具体量化要求、实施过程量化记录、开展量化分析评价，形成量化反馈的持续改进工作机制，在对航天工程规律正确认识基础上，做到需求量化、流程量化、工作要求量化、过程记录及数据管理量化，最终落实到表格化的质量确认上。

严格管理是保证航天工程实现跨学科协同和专业综合的基础和保障。只有做到严谨务实、严慎细实，才能保证各项工作的有效落实和航天工程最终目标的实现。

持续改进是实现航天工程各项工作不断完善和优化的基本途径。通过运用科学的方法工具和手段常态化地开展质量分析、质量监督与评价、质量改进，建立持续改进的工作机制，确保航天科研生产技术和管理工作精准满足航天系统工程管理规律的要求，确保各项工作的高质量完成。

快速成熟是指开发适用于航天型号的产品快速成熟的路径和方法。由于航天工程系统具有小子样研制特点，无法利用传统的工程方法完成成熟度提升，因此，必须利用系统工程的理论与方法，实现航天产品成熟度的快速有效提升，支持航天型号开展有效的质量可靠性保证工作。

实施航天零缺陷系统工程管理的重要目标之一，是实现航天产品成熟度的有效提升。产品成熟度是对产品在研制、生产及使用环节等全寿命周期所有技术要素的合理性、完备性以及在一定功能、性能水平下质量稳定性的一种度量。航天产品成熟度主要研究航天产品成熟的本质特征和内在规律，为探索复杂系统在小子样研制条件下实现一次成功提供理论基础。航天产品成熟度理论主要内容有：以设计、工艺和产品这三类关键特性的有效识别和充分验证为产品成熟的本质特征，将三类关键特性作为产品基础，在研制过程中定量控制并不断完善；应用产品数据包对三类关键特性进行全过程严格记录，确保产品质量信息可追溯；对关键特性再识别、再设计和再验证，实现成熟度提升；注重人的因素，将队伍的成熟度作为质量管理能力提升的关键。

三、核心内容

零缺陷系统工程管理是以“万无一失”和“零缺陷”为目标，运用航天系统工程理论与方法实施航天质量管理。零缺陷系统工程管理强调，质量管理要坚持系统的观点，全员参与、全系统实施、全过程控制、全要素保证，其核心内容包括：推进覆盖全员的航天质量文化建设，建立覆盖全系统的航天质量管理体系，实施覆盖全过程的航天工程质量管理，强化覆盖全要素的航天质量基础保证，体现了具有中国航天特色的质量管理模式。

（一）推进覆盖全员的航天质量文化建设

要想统一航天工程千军万马大军的步伐，首先要统一思想，而思想统一的实质是文化的认同。

航天质量文化是零缺陷系统工程管理的灵魂，它把航天精神润物细无声地融入到航天人的血液之中，为质量管理工作提供思想引领和动力保证，构成了一套完整的由精神层、行为层、物质层三个层面组成的航天质量文化体系，涵盖了质量工作的指导思想、质量理念、质量价值观、质量道德观、质量行为准则、质量制度标准规范以及质量文化物化体现的内容。通过广泛深入持续开展航天质量日、质量论坛、航天质量奖、质量案例教育、质量分析例会、群众性质量管理活动等形式多样的活动，使航天质量理念扎根于航天领域各级各类人员心底，并成为广大航天人的行动自觉。

文化认同释放的能量是巨大的。中国航天在艰苦奋斗、攻坚克难、勇攀高峰的伟大征程中，铸就了航天传统精神、“两弹一星”精神、载人航天精神、探月精神和新时代北斗精神，树立了“质量是政治、质量是生命、质量是效益”的理念，孕育了追求万无一失、倡导严慎细实的航天质量文化，构筑了支撑航天发展的质量之魂。航天人始终不忘航天报国初心，牢记航天强国使命，不断强化质量意识、风险意识、责任意识，形成了“三严”工作作风。在航天队伍里，每个人都为航天事业做贡献，每个人都为共同目标而奋斗，每个人的工作都在追求精准无误，努力实现工作一流、过程一流、结果一流。中国航天是国防科技工业领域第一个开展质量文化建设的行业，荣获全国质量文化建设示范单位，拥有一套系统完整的质量文化建设的管理理念、工作方法，其质量文化建设案例被树为全国的典范。

（二）建立覆盖全系统的航天质量管理体系

航天工程的特点及系统自然属性，决定了必须实施系统管理，建立覆盖全系统的航天质量管理体系。全系统的质量管理体系建设由组织层面的质量管理体系和工程项目层面的产品保证体系构成。质量管理体系和产品保证体系的有机结合和有效运行是实施航天零缺陷系统工程管理，实现航天工程“一次成功”的重要保证。

质量管理体系是面向组织建立的，是对组织或本单位及配套供应商质量管理的基本通用的要求。质量管理体系建设的目的是为航天工程研制构筑质量保证基础平台。航天工程研制所属企事业单位及供应商在质量管理体系国际标准（ISO 9000）和国家军用标准（GJB 9000）基础上，结合航天工程研制生产特点，制定并实施了更高要求的航天质量管理体系行业标准（QJ 9000）。航天各级组织按照 QJ 9000 建立质量管理体系。

产品保证体系是面向工程项目或产品建立的、保证产品质量的体系，是通过产品保证管理，质量保证，可靠性、安全性保证，电气、电子和机电（EEE）元器件保证，机械零件、材料、工艺保证，软件产品标准等相关活动，保证产品研制生产按规范、标准完成规定的工作项目，保证航天工程、产品安全、可用和可靠。

中国航天领域将质量管理体系、产品保证与过程质量控制三者有机结合，构建了航天零缺陷系统管理工作的基本框架，我们称之为质量管理三角形。其中，质量管理体系是三角形底边，既是质量工作基础，又是质量顶层规范；三角形左边是产品保证，是基于任务提出的量化的质量要求；三角形右边是质量控制活动，是依据工作要求形成的刚性约束和控制措施。产品保证为质量控制提供了依据，质量控制确保产品保证要求得到落实，两者在质量管理体系统一约束和支持下，相互支撑，共同实现保证系统研制任务一次成功的要求，并逐步实现零缺陷系统工程管理目标。

航天各级组织按照零缺陷系统工程管理要求，特别注重建立起适合单位特点和质量保证要求的质量管理体系，覆盖对组织配套供应商的准入管理、合同管理、绩效评价以及关系管理等工作，组织质量管理从符合性向追求卓越绩效迈进，持续提升质量管理体系的适宜性、充分性和有效性。在横向的组织质量管理体系基础上，实行以型号为纽带而建立的纵向产品保证工作系统，开展型号产品质量保证工作，并通过型号产品保证工作的推进，促进各级组织质量管理体系的持续改进。

为确保全系统质量管理体系的有效运行，通过分级开展质量管理体系评估和实施质量监督，持续完善质量管理体系，确保各项质量要求的逐级传递和落实。通过建立并实施三级联动的质量管理体系评估以及质量监督评价工作，促进了航天质量管理体系在推进组织质量保证能力建设以及支撑航天工程质量管理方面发挥重要效能。

（三）实施覆盖全过程的航天工程质量管理

全过程的航天工程质量管理是指在航天工程设计、生产、试验、发射、交付、使用等全过程实施的一系列有计划、有组织的质量管理活动。

实施覆盖全过程的航天工程质量管理是零缺陷系统工程管理的核心，要确保工程全过程质量受控，必须真正做到从源头抓起、预防为主、全过程控制、系统管理，做到方案正确合理可行，设计简捷正确可靠，系统协调匹配兼容，试验充分覆盖有效，产品受控合格稳定，操作准确协同无误。重点做到以下几点：

一是明确质量责任，实施产品保证。从航天工程立项研制开始，就建立工程质量责任制，以责任令等形式明确各级指挥员和设计师以及各承制单位的质量职责。通过开展航天工程质量工作和产品保证策划，实施以数据包为核心的产品保证工作，制定工程产品/质量保证大纲，确定工程产品保证和质量控制活动的内容、方法，明确责任者和资源保障要求，并将大纲的内容纳入工程研制程序和计划加以落实。注重数据包的系统性、完整性和可追溯性，实现全系统、全过程量化管理。

二是吃透技术，实施技术风险控制。强调从工程设计分析入手，做到“三个吃透”，一是吃透技术，二是吃透状态，三是吃透规律。工程研制要以可靠性为中心，处理好继承与创新、在研与预研、成熟与陈旧、任务成功与产品可靠的关系。“三个吃透”至关重要，采用新技术必须以有效控制风险为前提，不仅需要对新技术、新材料、新工艺的应用进行系统的风险分析，也要对技术变化带来的新状态、新环境等进行分析。有计划地组织不同工程的同行专家对关键技术项目进行设计复核复算，控制技术风险和确保研制质量。

三是注重精细化管理，实施全过程质量控制。过程控制强调“五有”，即有依据、有检查、有记录、有比对、有结论；实行元器件“五统一”管理；实施软件工程化管理；严格技术状态管理，对技术状态更改严格落实“充分论证、各方认可、试验验证、审批完备、落实到位”五条标准；进行测试覆盖性分析检查；开展质量检查确认；强化试验过程控制，试验强调“八清楚”，即任务依据清楚、岗位职责清楚、试验状态清楚、接口关系清楚、技术关键清楚、操作要点清楚、测试数据清楚和应急预案清楚。

四是实施量化质量管理，实现数据分析及利用的精细化。全面收集航天工程设计、生产、试验和交付等研制生产环节中有关质量与可靠性的各类数据、文件和相关记录，建立质量与可靠性数据包，并做好数据判读、分析与比对工作，加强设计、工艺、测试人员的集同工作，有效确定设计关键特性、工艺关键特性和过程控制关键特性，确定三类关键特性数据。做好对异常和临界数据的及时分析和处理，排除质量隐患。对出现的质量问题，实施质量问题“双归零”。从技术和管理上分析产生的原因、机理，并采取预防措施或纠正措施，以避免问题重复发生。建立质量与可靠性信息系统、数据库，不断完善知识创新与快速共享管理体系和制度。

覆盖全过程的航天工程质量管理，可以使航天工程研制的每个方面、每个环节、每个过程和每个岗位，以至每位员工，都认识到自己的工作跟一发箭、一颗星、一枚弹的成败密切相关，为确保高质量的产品和任务成功奠定坚实基础。

（四）强化覆盖全要素的航天质量基础保证

质量基础保证是零缺陷系统工程管理的重要基石，影响和制约着航天工程质量的可持续发展。中国航天注重质量基础能力建设，坚持统筹人、机、料、法、环等要素，强化全要素质量基础保证。

全要素中的“人”，指的是在队伍建设方面，通过日常质量教育、专题质量培训、领导干部和“两总”培训、技术交流、开展质量日和质量月等多种活动方式，持续提升全员质量素养。

全要素中的“机”，指的是在设备设施管理方面，通过设备设施的维护保障以及计量管理，形成航天工程研制生产全寿命周期完备的测试保障和计量保证能力。

全要素中的“料”，指的是在原材料、元器件等物资管理方面，通过“五统一”管理，确保采购物资质量的稳定性和一致性。

全要素中的“法”，指的是在方法手段方面，通过研究和推广应用先进质量专业技术，编制设计、工艺、试验和管理规范，建立健全科学规范的航天标准体系，形成完善的技术方法体系。

全要素中的“环”，不仅指的是在工作现场管理方面，通过开展“6S”达标活动、星级现场管理、看板管理等活动，确保工作现场规范有序，严格受控，确保现场管理能力满足要求；也指产品技术测试、型号地面试验环境的管理，确保测试数据可靠、试验结果可信。

为保障航天工程的顺利实施，需要加强质量与可靠性、标准、计量、软件、信息、环境试验、材料及工艺等专业技术研究，加强航天专业机构建设，全面夯实航天质量发展的基础。

第二章

润育全员的航天质量文化

中国航天文化是在推进航天事业发展的伟大实践中培育形成的核心价值观和行为准则，是继承中华民族优秀传统，弘扬科学精神和时代精神创造的宝贵精神财富。它深刻揭示了航天事业的意义、价值、地位和作用，充分彰显了航天人群体的精神状态和价值追求，既是航天队伍思想和作风建设的丰硕成果，又是航天管理思想和行为规范的实践总结。

作者认为，中国航天文化，是热爱祖国、无私奉献的使命文化，是自立自强、勇攀高峰的创新文化，是严谨务实、追求卓越的质量文化，是大力协同、合作共赢的团队文化。

不言而喻，航天质量文化是中国航天文化的重要组成部分。航天质量文化扎根于积淀深厚的航天文化沃土之中，融入到航天工程管理和航天队伍建设之中，浸润到每一个航天员工的脑海里，成为零缺陷系统工程管理的思想武器，为实施零缺陷管理创造了良好的工作氛围。

第一节　航天质量文化的精髓

航天文化包括精神文化、物质文化和制度文化。航天精神文化是航天人所秉持的哲学、道德和价值观念以及科学精神等，是航天文化的核心，影响和指导着物质文化与制度文化的建设与发展。航天物质文化是航天人创造出来的航天产品及所承载的文明状态，是航天精神文化的物化结果。航天制度文化是航天精神文化的行为体现，也是物质文化不断丰富的重要保证。

航天文化不仅见证了航天事业发展壮大的历史，始终引领航天队伍砥砺奋进，而且紧扣时代脉搏，始终与党和国家事业同频共振。60 多年来，伴随着航天事业的发展，在出成果、出人才的同时，中国航天人培育和铸就了具有崇高境界、深刻哲理、丰富内涵、特色鲜明的航天文化，形成了航天传统精神、“两弹一星”精神、载人航天精神、探月精神和新时代北斗精神等航天精神谱系。

航天精神是航天文化在不同历史时期的集中体现和继承发展，带有鲜明的时代特色，是中国航天事业之魂，中国航天文化之魂，也是航天质量文化的精髓。

航天传统精神的内涵为“自力更生、艰苦奋斗、大力协同、无私奉献、严谨务实、勇于攀登”。它是最早孕育形成的、影响深远的航天精神，记载了中国航天事业从创建之初到 20 世纪 80 年代后期的历史，体现了老一辈航天人的优良作风和崇高品质。航天传统精神和纳入中国共产党精神谱系的“两弹一星”精神、载人航天精神一起，称为“航天三大精神”。

“两弹一星”精神的内涵为“热爱祖国、无私奉献、自力更生、艰苦奋斗、大力协同、勇于登攀”。它凝练了以“两弹一星”功勋奖章获得者为代表的航天科技工作者在研制导弹、核弹（原子弹、氢弹）和人造卫星过程中培育和形成的伟大精神。20 世纪 90 年代末期，党中央、国务院专门召开大会，表彰为研制“两弹一星”做出突出贡献的科技专家，弘扬“两弹一星”伟大精神，并对其内涵作了深刻阐述。

载人航天精神的内涵为“特别能吃苦、特别能战斗、特别能攻关、特别能奉献”。它重点提炼了在1986年出台“863”计划后特别是1992年正式实施载人航天工程以来，航天科技工作者敢于拼搏、善于攻关、乐于奉献、勇于登攀的精神品质，是航天事业不断发展形成的又一宝贵的精神财富。“四个特别”的载人航天精神，为圆满完成中国航天首次载人航天飞行任务、实现中华民族千年飞天梦，提供了强大的精神动力。

探月精神的内涵是“追逐梦想、勇于探索、协同攻坚、合作共赢”。它是航天三大精神的传承，反映了中国航天人探索浩瀚太空的不懈努力和跨越星辰大海的格局担当。航天科技工作者在九天揽月的征途中勇往直前、永争第一，交出六战六捷的答卷，稳步实现“绕、落、回”三步走，创造了让世人惊叹的飞天奇迹。

新时代北斗精神的内涵是“自主创新、开放融合、万众一心、追求卓越”。它反映了自20世纪90年代启动北斗工程建设以来，“北斗”团队在推动北斗导航系统实现从无到有、从有源到无源、从区域导航到全球导航的跨越发展过程中不断进取、勇于超越的时代风貌。

航天精神拥有深厚的精神渊源，蕴含崇高的道德情怀，基于厚重的工程实践，具有连贯的思想传承，生动诠释了中国航天人坚定的理想信念、积极的价值取向、务实的工作作风、特有的智慧和情感。它们虽然产生于不同的社会历史时代，有着不同的形成背景和不同的内容表述，但核心特质一以贯之。

一代又一代航天人展现出了爱国奉献、自立自强的使命担当，勇于登攀、追求卓越的进取精神，严谨务实、严慎细实的工作作风。

第二节　航天质量观

一、质量座右铭

1966年10月27日，我国成功进行了一次震惊世界的导弹核武器试验，标志着我国拥有了用于实战的核武器。在此之前，没有任何一个国家在本国国土上进行过导弹与核弹头结合的发射试验，可见“两弹结合”难度极大、风险极高。周恩来总理专门听取试验准备情况的详细汇报，强调“两弹结合”关系重大，而且只能进行一次，要严肃认真、周到细致、稳妥可靠、万无一失，从工作态度、工作方法、工作准则和工作目标四个方面，提出了“两弹结合”试验的明确要求。参研参试人员不负党和人民的重托，严谨务实、一丝不苟地工作，确保了“两弹结合”飞行试验成功，书写了一部“铸国家基石，做民族脊梁”的壮丽篇章。

时至今日，周恩来总理提出的“严肃认真，周到细致，稳妥可靠，万无一失”的十六字方针，对国防科技工业仍具有重要的指导意义，已经成为中国航天质量工作的指导思想，成为航天人永远铭记的质量座右铭。

“严肃认真”强调的是航天人忠于职守的工作态度。航天工程研制生产必须严谨务实，来不得半点马虎，事前的严密策划、全过程的严格控制、质量问题的归零处理就是落实“严肃认真”的具体措施。

“周到细致”强调的是航天人精益求精的工作方法。航天元器件从选用、采购、监制验收、筛选复验到失效分析全过程的统一管理、研制过程的表格化管理和量化控制、测试覆盖性分析等就是实现“周到细致”的具体方式。

“稳妥可靠”强调的是航天人高标准的工作准则。开展型号可靠性系统策划与设计、分析、试验等活动，进行质量交集分析、产品成功数据包络分析，尤其是开展故障模式及影响分析，就是落实“稳妥可靠”的具体途径。

“万无一失”强调的是航天人不懈追求的工作目标。零缺陷系统工程管理就是追求“万无一失”实践中形成的管理理论和方法。第一次就把工作做对、做好，质量工作做到全覆盖、无死角，不带问题出厂、不带隐患上天，就是追求和实现“万无一失”目标的具体体现。

航天人在工作中始终遵循“十六字方针”要求。神舟一号飞船在发射前有一台设备异常，正好这台设备在飞船返回舱密封的防热大底里。飞船里的仪器上千台，涉及元器件大约有 7 万多个，信号线也是成千上万根，稍有不慎，拆大底可能对封在里面的设备造成损坏，并且防热大底里的爆炸螺栓已连接，一旦拆动引起爆炸，后果不堪设想。工程指挥部召开紧急会议开展风险分析，航天专家和各系统“两总”经过研究讨论得出结论：开防热大底风险很大，但如果组织严密，风险是可以避免的；若不开防热大底，飞船带着故障上天，达不到考核目的。“不带问题上天”是发射场铁的准则，工程“两总”最后决定暂停飞船发射、拆开防热大底。打开飞船大底后，发现一根信号线在合大底时被压断了。经过一个月的排故、分析，最终问题得到解决，确保了神舟一号飞船飞行试验成功，达到了试验目的。

二、质量理念

2003 年，在中国航天制定发布的质量文化手册中首次总结提出了“质量是政治、质量是生命、质量是效益”的质量理念。

（一）质量是政治

航天工程乃国之重器，它的成败、优劣事关国家地位和形象，事关国家的安全、统一，影响着经济建设、科学发展和社会进步。载人航天、北斗导航、探月工程等重大工程对于提高民族凝聚力和展示综合国力具有重要意义，受到党中央和全国人民的高度重视。国防现代化建设也迫切需要航天装备高质量地完成任务。因此，航天质量问题不只是技术和管理问题，首先是政治问题，讲质量就是讲政治、讲大局。提供高质量的产品是航天人高度政治责任感和历史使命感的体现。

（二）质量是生命

质量是航天的生命。航天工程的质量直接影响着国防建设，关系到战争的胜负和战士的生命。关系着航天员、航天工作者及人民群众的生命安全，也从根本上决定着航天企业的存亡兴衰。如果航天产品不能保证高性能、高可靠，航天企业便失去了赖以生存的根基，更谈不上可持续发展。

（三）质量是效益

对于企业来说，没有质量，就没有市场。市场是海、质量是船、名牌是帆。没有船，就不能在大海中游弋；没有高质量的名牌产品，就不能在市场的大海中扬帆远航。航天企业既要追求社会效益，也要追求经济效益。实践证明，确保第一次把工作做好做对，确保一次成功，就是降低成本、全面提升企业竞争力、实现最佳社会效益和经济效益的捷径。所以航天企业只能以质量求效益，追求高质量就是追求高效益。

三、航天“零缺陷”

20 世纪 90 年代，我国航天发射任务发生了多次失利，航天事业面临“失败不起、没有退路、只能成功”的严峻形势。航天工业总公司采取一系列有针对性的措施，制定了覆盖范围比较全面、实施力度很大的航天科研生产管理的文件（“72 条”）、强化型号质量管理的文件（“28 条”）、质量问题归零双五条等，针对疑难、多发的质量问题开展了质量专项治理。航天人从航天工程的成功经验和失败教训中不断总结、提炼具有中国航天特色的科研生产及质量管理工作方针、原则、措施和方法等，逐渐扭转了当时的被动局面。

1997 年年底，航天工业总公司为持续提升质量保证能力，提出了质量振兴计划，要求质量工作要按照“零缺陷”的目标进行立法，从源头抓起。

2000 年 3 月，中国航天印发了《加强航天型号可靠性工作的若干要求》（“17 条”），要求在各工程研制中贯彻执行，后续又细化编制了《航天型号可靠性守则》并逐步将航天质量与可靠性要求分解细化，形成标准规范，切实抓好航天“零缺陷”目标在航天型号质量工作中的贯彻落实。

2012 年，中国航天颁布了《零缺陷手册》，在质量是政治、质量是生命、质量是效益的理念基础上又升华出“让成功成为信仰”的理念，并开展了一系列零缺陷质量管理工作。

2013 年 9 月，中国航天针对当时的形势和任务，提出了推动质量工作实现“四个转变”的要求，即质量工作从事后管理向预防控制转变，从事后质量复查向过程质量确认转变，从依赖个人经验向依靠规范制度转变，从问题式管理向零缺陷系统工程管理转变。

从“28 条”到“17 条”再到“四个转变”，充分体现了航天“零缺陷”质量理念随着航天事业不断发展的积累和进步。零缺陷不仅是最终目标，更是对每项工作的具体要求，这在载人航天工程实施中体现得尤为突出。

比如，2001 年 10 月，神舟三号飞船进入发射场不久，在对飞船电缆进行导通测试时，科研人员发现压力传感器上有一个点不导通。经对故障插座的分解检查，发现不导通是因为部分电路与铜插针接触不良造成的。虽然对飞船内同样型号 70 多个插座 1 000 多个节点检查后，发现只有这一个不通，而且由于信号线都是双点双线相互备份的，按常理来说是没有什么问题的，但是从载人航天的要求来讲，飞船不能带问题上天，既然在地面上已经发现了问题，就必须要把它解决好，宁可推迟发射也要确保质量。于是飞船研制人员对已经密封的飞船拆开大底，将 70 多个插座全部更换为新设计、投产的插座。已经到发射场投入工作的火箭、飞船发射队撤回原单位，发射时间整整推迟了 3 个月。同时，对已经装上神舟四号飞船的同型号插座也全部进行更换，将隐患彻底排除，做到了零缺陷。

又如，2003 年年初，技术人员发现神舟四号飞船返回舱着陆时尚存残余风险，飞船座椅缓冲机构采用的拉刀式缓冲方案尚不能满足缓冲发动机备份的要求暨航天员安全所需的指标要求，过载较大。为此，研制队伍进行了多次认真研究和激烈讨论，有人认为座椅缓冲机构是航天员着陆安全的第二道保障，问题不大，且神舟五号飞船发射在即，研制新的座椅缓冲机构时间上也来不及。但为了确保航天员的绝对安全，航天人开始了新的更加安全可靠的座椅缓冲机构研制，在距神舟五号飞船发射不到 3 个月时，工程总指挥部决定用新的座椅缓冲机构替代。要在这么短的时间内研制出来，谈何容易。科研人员经过 49 天加班加点，最终攻克了研制难点，使神舟五号采用了性能更好的胀环式缓冲机构，满足了任务要求，增强了可靠性，成功经受了飞行考验。这不仅体现出航天人追求“安全至上”的严肃态度，也确保了“不带问题出厂，不带隐患上天”。

四、质量价值观

中国航天以高质量、高性能的航天产品为国家经济建设、国防现代化、科学技术发展和社会进步做出战略性贡献，为国家创造价值。中国航天把用户作为战略合作伙伴，以高质量、高可靠性、高安全性的航天产品及其服务来满足用户需求，追求用户的忠诚，与用户共同创造价值，实现双赢。在为用户创造价值的同时，也让员工从国家的强盛实力中看到个人的贡献，体验工作的成就、魅力和幸福，品尝自己人生的价值，从而建立更加有利于员工成长和价值提升的机制，努力实现企业价值和员工价值的和谐统一。概括起来说，是以高素质员工完成高质量的工作，以高质量的工作保证高质量的产品，以高质量的产品创造高效益的业绩，以高效益的业绩实现员工高质量的人生价值。以质量创造价值，以质量体现价值成为航天人的共识。

中国航天始终坚持正确的质量观，坚持“以国为重，以人为本，以新图强，以质取胜”，坚持“一次成功，预防为主，精益求精，持续改进，顾客满意，追求卓越”的质量方针，推动质量工作从精细到精益再到卓越的转变，高质量保证成功，高效率完成任务，高效益推动航天强国建设和国防建设。

第三节　航天质量行为规范

一、控制工程质量的基本要求

（一）方案正确合理可行

方案的确立应建立在科学的理论基础之上，通过科学的理论分析和计算证明方案成立，并通过地面相关试验验证方案正确，确保方案不出现反复；在满足功能、性能要求的同时，方案应力求简单、实用、可靠。在方案阶段就应当充分考虑定型状态的要求，工程研制各阶段的产品技术状态原则上应保持一致，不搞中间过渡状态。在进行方案设计的同时，必须进行可靠性设计，兼顾安全性，维修保障性，技术继承性，原材料、元器件、工艺的可实现性以及经费、进度等各种因素，综合权衡，以实现设计方案的优化，达到方案正确、可行、合理的要求。

对采用的新技术、新工艺、继承技术的适用性等方面，要进行系统的风险分析和评估，确保型号全过程技术和管理风险可控，处于可接受的范围，并通过研制阶段的不断深化、细化，把研制风险降到最低。

（二）设计简捷正确可靠

产品设计应遵循简单可靠的原则，对产品来讲，简单就是可靠。在产品设计中能直接通过设计实现的不采取间接的方法；能简化的设计不画蛇添足；能采用标准设计的不标新立异。简化设计不仅可以提高产品的固有可靠性，还可以降低维修工作量和成本。简化设计的基本原则包括：尽可能减少产品组成部分的数量及相互间的连接，尽可能采用经过考验的、有保证的标准模块、零件、组件、部件以及整机。

简化设计时，不能影响且必须确保设计的正确性。可以通过充分的理论分析、计算以及地面相关试验对设计的正确性进行验证，避免靠试错的方法确定设计。在设计过程中要充分继承经飞行试验考核的技术，对借用技术必须进行再认识，不能盲目照搬。要分析借用技术对新环境、新条件的适应性，严格控制新技术的应用，应用新技术时必须考虑进度、质量、经费的要求。在产品设计的同时，必须考虑生产工艺的可实现性；采用的新技术在方案设计评审前，必须进行工艺可行性评审。

在功能、性能设计的同时，应当进行可靠性设计。根据实际情况运用冗余设计、容错设计、防错设计、降额设计、电磁兼容设计、容差设计、裕度设计、最坏情况分析等可靠性设计方法和手段，全面开展可靠性设计，并通过相关故障模拟试验验证可靠性设计措施的有效性。通过故障模式及影响分析（FMEA）、故障模式影响与危害度分析（FMECA）、故障树分析（FTA）等分析方法，理清影响发射和飞行成败的单故障点，并加以有效控制，为制定试验发射预案创造良好的条件。

（三）系统协调匹配兼容

系统协调是指总体与分系统、分系统与分系统、分系统与单机、单机与单机之间，从任务书、接口电路、结构尺寸、安装布局等方面在文件、实物上的协调性。工程总体单位对总体与分系统、分系统与分系统之间的技术协调性负责；系统抓总单位对分系统与单机以及分系统内单机与单机之间的技术协调性负责，并对分系统与分系统之间的技术协调性负相关责任；单机设计单位对单机与分系统、单机与单机之间的技术协调性负相关责任。在系统协调的基础上，通过检查分析、试验验证，确保实物应用的匹配性、接口关系的匹配性符合要求；尤其是对在偏差或极限情况下接口的协调、匹配性，要有充分的分析和必要的试验验证。

在进行系统与系统之间的技术协调时，应充分考虑系统与系统之间在电磁环境、特定故障状态等情况下的相互兼容性，避免因一个系统出现问题而导致相关系统的故障，任何形式的技术协调必须以文字形式确认，并及时落实到技术文件上。单位间、系统间要积极主动进行技术协调，有问题共同解决，有困难共同克服，有余量共同掌握，有风险共同承担。

（四）试验充分覆盖有效

单机、分系统在产品验收前，全弹（箭）在飞行试验出厂前，必须完成试验（测试）覆盖性分析，并形成专题分析报告，纳入全弹（箭）出厂评审；首飞型号要单独进行试验（测试）覆盖性审查，并作为型号产品出厂放行条件之一。

地面试验必须覆盖弹（箭）的实际飞行状态和飞行环境，试验验证不到的环节或项目，必须分析、计算到位。全面分析单机（部件）、分系统、全弹（箭）各个环节，逐项列出产品出厂后测试不到和不再测试的项目和环节，并进行逐项分析和确认。确保测试不到要验收到，验收不到要工序检验到，工序检验不到要工艺保证到，工艺保证不到要人员保障到。设计单位对测试不到的项目要提前向生产单位提出，生产单位要根据设计单位的要求，结合产品的生产工序增加设置检查、检验点，并严格检查、检验，保证原始记录的完整性和有效性。

（五）产品受控合格稳定

产品承制单位要制定严格的生产过程质量控制措施，对生产过程的各个环节实行有效的质量控制，保证产品质量符合设计、工艺文件规定的要求，并做到原始记录齐全、完整，具有可回溯性。采用的新技术、新工艺、新器材（含新品元器件），必须经过充分论证和地面试验，并通过评审鉴定。严格控制市购产品用于型号，严禁在弹（箭）产品上使用市购产品。

设计单位在产品投产前要进行全面技术交底，及时提供完整、正确的图纸资料。提前向生产单位明确关键、重要项目，列出关键、重要件清单；明确设计下厂跟产跟试的项目，对测试不到需工艺保证的环节和关键节点，在检验过程中要做到“眼见为实”，并与检验者共同签字确认。

生产单位要细化并严格执行质量控制措施，完善、固化工艺文件，严格控制设计明确的关键或重要环节，做好生产过程记录；对生产过程中的三单实行闭环管理，保证产品质量受控、合格、稳定。

严格实施现场表格化验收，设计单位和生产单位共同制定详细的产品验收检查表。除任务书、技术条件等内容外，验收检查表还应包括生产过程的工序检查表，在实施产品实物验收的同时实施产品过程验收。

任务委托方要在合同、任务书和技术条件中，明确外协产品的各项质量控制要求，确保外协产品的质量受控、满足要求。

（六）操作准确协同无误

测试细则、产品使用说明书、工艺规程等指导性操作文件，其内容必须详细准确，不得引入易产生歧义或不具操作性的内容。有关状态的检查、测试操作表格必须固化在细则中，确保操作依据文件的准确性和可操作性。

生产和试验单位要制定完善的操作规程，细化到每个工步、动作，并使其表格化。生产和试验操作人员必须经过岗前培训，熟悉本岗位职责，具备上岗资格。在生产、试验过程中，要严格按照操作规程作业，落实岗位责任制。关键、重要的工序或试验操作，要实行双岗制。关键岗位的操作人员应相对固定，试验和操作前要进行操作演练，确保各项操作准时、准确、协同、无误。

二、把握本质质量的基本方法

（一）三个吃透

“三个吃透”，指的是吃透技术、吃透状态、吃透规律。“三个吃透”，来源于航天某飞行试验因三个没有吃透而导致的失败。由于航天工程的研制具有探索性、先进性、复杂性、高风险性的突出特点，能够借鉴的、已知的、成熟的知识和经验少之又少，所以需要从吃透入手，系统防范、合理规避和有效控制技术风险，消除设计质量隐患，确保产品固有可靠性满足任务的要求。

（1）吃透技术

吃透技术，指的是充分认识和把握产品内在固有本质。主要体现在六个方面。

首先，在设计过程中，对技术的理论、原理、应用方法、适用条件要吃透；第二，在工程设计过程中，对设计输入源头要确保吃透，明确指标参数含义，确保接口正确、协调和匹配；第三，要开展可靠性设计和关键特性分析；第四，要开展环境条件适应设计与分析；第五，要开展关键项目的质量控制；第六，在研制过程中要对关键项目研制进展和攻关情况进行阶段性检查、重点跟踪。

（2）吃透状态

吃透状态，指的是充分识别和验证产品使用过程中经历的所有环境及其影响。主要体现在七个方面。

首先，要明确技术状态基线；第二，要吃透产品各类接口状态；第三，要吃透经过飞行试验考核的成熟产品与新研或改进产品组合后的状态；第四，要吃透使用技术状态有变化的产品状态；第五，要吃透新技术状态、新产品状态、集成产品改进状态相关验证试验；第六，要吃透成熟产品制造过程新的状态变化；第七，要确保软件状态的一致性和更改受控。

（3）吃透规律

吃透规律，指的是不断研究和探索产品发展变化的规律。主要体现在五个方面。

首先，要深入研究反映产品质量状况的指标、参数；第二，要提高产品测试的覆盖性；第三，要吃透试验环境条件变化对产品性能的影响规律；第四，要吃透各系统设备对各种环境条件的适应能力及规律；第五，要吃透飞行过程的各种规律。

（二）三个再认识

基于“三个吃透”，“三个再认识”也纳入了航天工程的研制日程。“三个再认识”指的是，对各项工作从源头抓起再认识，对采用成熟产品和技术再认识，对产品测试和质量控制方法再认识。

（1）对从源头抓起再认识

质量工作要从各个源头抓起，涵盖每个流程、节点的源头。通俗地讲，就是无论江河湖海、大河小河、主流支流，所有的源头都不放过。从工程研制角度说，首先，要从认识源头抓起；第二，要从设计源头抓起；第三，要从产品源头抓起；第四，要从管理源头抓起。

（2）对采用成熟产品和技术再认识

经过飞行试验考核的成熟产品和技术，要对其固有特性进行再认识。

首先，对成熟产品在设计、工艺、质量和可靠性方面可能存在的不足和隐患进行再认识；第二，对成熟产品在新环境条件下使用的适应性、与新研或改进产品组合后的匹配性进行再认识；第三，对成熟产品制造过程新的状态变化进行再认识；第四，对继承的技术及产品的固有特性和品质进行再认识。

（3）对产品测试和质量控制方法再认识

对在总装和发射场无法测试到的系统和部件，应研究全面、客观地反映产品质量状况的评价系统和测试方法，提高测试覆盖性；要支持和加强军方监督；产品的可测试性和测试覆盖性，要从产品的设计抓起；产品的质量控制方法，没有绝对的好与坏，也不是一成不变的，要跟随产品技术的发展做相应的调整。

三、确保质量的基本行为准则

“严慎细实”是在航天工程研制过程中提炼出的航天人所必须遵循的质量行为准则，是对周恩来总理的“十六字方针”赋予的新内涵，是航天零缺陷管理的精髓。其实质就是强调严谨、审慎、细致、务实的工作作风，强调高标准、超严格、精细化的过程控制，强调责任明确、落实到位、监督有效的工作状态。胡锦涛在 2003 年 11 月载人航天总结表彰大会上对此给予充分肯定。

“严”。严的作风体现在严谨的作风、严密的策划、严格的要求、严明的纪律、严肃的处理。航天工作必须严字当头，无论是在研制工作中，还是在管理工作上，严格执行规章制度和标准规范是基本标准，是确保成功的重要基础，发现问题要严肃对待，解决问题要一抓到底，实现有效的预防和纠正。

中国航天多年来坚持“责任令”制度，把当年重点工程的责任逐级下达、逐级分解、逐级落实。凡是责任令任务圆满完成、业绩优秀的单位、个人给予表彰奖励；反之“动真格”，给单位亮黄牌警示，对责任人严肃处罚。例如某产品活门出现质量问题，操作者受到行政记大过处分，质检员受到行政警告处分，三位领导分别被解聘、降职和受到行政警告处分，多名相关人员受到经济处罚。

“慎”。慎的作风体现在对高风险的航天工程保持审慎、谨慎的工作态度。要尊重客观规律，慎重对待型号研制中的每一个技术问题，做好充分的技术论证和科学试验，吃透技术、规避风险、控制状态、综合权衡，确保航天任务稳妥可靠，万无一失。

在载人航天工程中，为了做到在火箭万一发生故障时仍能确保航天员的安全，火箭设计师审慎地在长征二号 F 火箭上增加了故障检测系统和逃逸系统。这两个系统的难点在于既不能“误逃”，也不能“漏逃”，而这一技术无法用金钱买到，资料也十分有限。为此，火箭设计师做了大量的模拟试验，设想了 300 多种火箭故障模式，对发生故障概率最高的 11 种模式做了上万次仿真试验，并最终确定了故障判据的关键参数。通过坚持不懈的努力，终于攻克难关，使长征二号 F 火箭成为真正用于载人飞船发射的运载火箭。

“细”。细的作风体现在认真细致，实施精细化管理。注重过程管理，强调过程受控，第一次就把事情做对做好，不留任何缺陷。要使制度和规范在每个流程环节都得到一丝不差的执行。

细节决定成败，软件的一个符号、电路的一个极性、结构的一个细微缺陷、状态的一个细小变化，都直接影响航天工程的成败。例如在神舟飞船的研制中，众多单机、分系统的研制都有着严格的质量控制，但是它们之间的接口部位往往是最容易被忽视的“死角”。因此飞船研制系统强调接口单位、接口部位必须“握手见面”。飞船发射前进行全船电子设备桌面连接试验，12 个分系统、600 多台电子设备和 20 多个软件模块，全部参加联试，通过联试保证每一个焊点、每一根导线、每一行软件语句不发生任何错误。

“实”。实的作风体现在脚踏实地、求真务实。要将质量责任落实，将质量基础能力夯实，将质量信息记录真实。要把质量要求在每个流程环节具体的工作中落实到位、控制到位、检查到位、整改到位，取得实效。

走进火箭总装车间，你会看到研制生产者实实在在感人的场景。他们的服装没有纽扣，鞋子没有鞋带，身上没有头饰、耳环、戒指、项链，在车间里再想美也只能美在心里。为什么这样呢？防止多余物的产生。再看看他们的工作，对螺栓螺母这样的小东西，凡批次性接收时都要进行抗拉试验，对要上箭的火工品 100％进行无损检测，对上万条金属焊缝均要进行单独的 X 射线检查和拍照，还为它们建立了质量档案，火箭出厂前甚至有专人要核对检查每一张焊缝底片。

第四节　航天质量文化建设

质量文化建设的核心就是不断提高员工的质量意识，培养员工掌握和运用质量管理方法和工程技术的能力。

航天工程的研制生产是成千上万人参与的系统工程，任何一个人的小小失误都可能导致重大的质量事故。随着科技的不断进步，产品质量越来越依赖设计工具、制造设备和测试仪器，但从哲学层面和系统层面来看，人的因素是影响产品质量的决定因素，究其根本，人的工作质量决定产品质量。因此，航天质量文化建设必须实施以人为本、全员参与的方略，灵活运用多种形式营造浓厚的质量文化氛围，不断提高员工的质量意识，规范员工的质量行为，促使员工养成良好的工作习惯。

航天系统全面开展全员参与的质量文化建设，制定质量文化建设纲要，印发质量文化手册，编写质量启示录，出版质量案例和质量标准文献，征集、评选质量格言，开展“质量信得过班组达标”等群众性质量管理活动，充分运用报纸杂志、视频网站等媒体，进行形式多样的质量意识教育，取得较好成效。

中国航天一方面把技术和管理上成熟的经验以及群众性质量管理活动中好的做法加以固化，上升为标准，以推进质量行为规范体系的建设；一方面把质量行为规范纳入质量文化手册，并在群众性质量管理活动中广为宣传推广。

一、航天质量日

1992 年 3 月 22 日，长征二号 E 运载火箭发射澳大利亚卫星失利。中国航天在从工程技术角度查找和分析失利原因的同时，专题研究质量事故背后的深层次原因，并提出了一系列深化质量管理的举措。为增强全员质量意识，深刻吸取此次失利教训，中国航天决定设立“航天质量日”。警钟长鸣，每年的 3 月 22 日，航天系统各单位均开展质量专题活动。2004 年 9 月 21 日，航天科技集团公司研制的某工程型号批抽检飞行失败，航天科技集团公司又将每年的 9 月 21 日定为集团的“航天质量日”。

航天质量日活动已经成为每年航天质量活动的重要部分，也是全员参与的航天质量活动。在航天质量日期间，航天系统各单位结合本单位的实际，分别制定活动计划，分析质量形势、任务，宣贯质量管理措施，充分利用报纸、黑板报、宣讲、小视频、公众号等多种形式，采用经验交流会、员工手册、故障启示录、宣传栏和内部网站等多种方式开展质量意识教育，使航天文化润育全员，质量理念深入人心。

通过航天质量日活动，广大员工进一步增强了责任感和使命感，提高了遵守质量要求的自觉性和开展质量管理活动的主动性、创造性，形成了人人讲质量、人人抓质量、人人保质量的良好氛围，追求“零缺陷”和确保“万无一失”成为全体航天人的自觉行动。

二、航天质量论坛

2006 年，航天科技集团、航天科工集团联合创办中国航天质量论坛，此后每两年举办一次，成为航天质量工作领域交流学习、推广先进质量管理理念和方法、探讨航天质量管理后续思路、引导航天质量文化建设的重要平台。

每届航天质量论坛依照当时航天领域的质量形势和存在的问题，确定相应的主题，研讨、交流、推广先进质量管理理念、模式、方法。比如，首届中国航天质量论坛总结了中国航天 50 年质量管理经验，发布了在航天工程设计、生产、试验及管理中一系列行之有效的零缺陷工作方法，交流了航天零缺陷系统工程管理实践体会。也可以说，“航天零缺陷系统工程管理”就是在首届中国航天质量论坛上首次提出的。又如，第三届航天质量论坛就航天工程研制过程中的先进质量方法、航天质量管理模式建设与提升、安全与风险控制、质量分析与改进、卓越绩效管理模式、软件质量保证和其他等七个方面，收集并发布了 124 个最佳实践经验。再如，第六届航天质量论坛以“创新驱动　质量强企”为主题，以质量强企战略为指导，以传播航天质量文化、推动航天高质量发展为主线，结合航天发展面临的新形势、新任务和新挑战，征集遴选了航天质量管理模式理论与实践、智能制造/协同制造/云制造与质量管理、通用质量特性技术与方法、供应链质量管理和群众性质量管理活动实践与探索等方面共 148 篇论文。

航天质量论坛面向社会开放，调动了各方参与的积极性。参与各方不仅获得了经验共享、风险共防的信息，还更多地了解了技术走向、用户诉求、市场动态等，极大地促进了质量管理决策的科学化。

三、中国航天质量奖

2010 年，中国航天工业质量协会设立了中国航天行业质量经营领域的最高奖项——中国航天质量奖，旨在引导和激励航天各级组织和广大员工追求卓越，从而提高航天行业整体质量效益和竞争能力。中国航天质量奖分为组织、产品（项目）和团队（个人）三个类别。组织类和项目类奖是对实施全面质量管理及卓越的项目管理并取得卓越质量、经济和社会效益的单位和团队授予的在航天工业领域的最高奖项；团队（个人）类是对在提高产品质量、推动质量管理提升等方面做出突出贡献的团队或个人授予的奖项。

组织类及项目类奖每两年评审一次。在制定奖项评审管理办法和评审标准时，重点突出了我国航天质量管理的特色内容和特殊要求，参考引入了美国波多里奇国家质量奖最新评价体系和卓越项目管理的经验，依据我国航天企业管理的经验成果，从项目目标、领导力、人员、资源、过程、客户结果、人员结果、其他相关方结果、主要成就和项目结果等九个方面规定航天卓越项目的评价要求，为航天项目管理团队追求卓越项目管理和绩效提供了评价准则。中国航天质量奖的评审标准在基本框架和评价方法上保持与国际接轨，但在核心理念、评价内容和评分比重上更切合中国航天工业的实际。

中国航天质量奖特别注重为组织创造价值，这是提高组织经营质量的重要抓手。对获奖单位给予表彰和奖励，促使其在航天行业推进追求卓越的质量经营，进一步深化航天企事业单位对卓越绩效模式的理解，引导和激励航天企事业单位追求卓越。截至目前，中国航天质量奖已开展了四届组织类和三届项目类评审，共有 12 家单位和 10 个项目团队获奖；另外，2 家单位获得组织类推进奖。

四、质量案例教育

案例教育是一种视觉和心理互动的情境式教育方式，以理说理不如以例说理来得更充分、更吸引人、更具有说服力，对员工的影响更大。因此，应用质量案例来警示启迪、引导教育员工，可以取得事半功倍的效果。

航天质量管理工作中积累的经验，有很大一部分都是在处理各种质量问题的实践中总结出来的。中国航天经常性地印发质量问题汇编，自 2006 年开始，每年都编发航天工程《质量问题警示录》，拍摄质量问题警示片在航天所属各单位播放，下发质量案例光盘供研制和管理人员学习。例如《星箭故障案例集》《载人航天工程质量问题案例集》和《故障启示录》等基于航天工程质量问题的案例集，就从故障案例入手，鼓励员工对号入座，查找落实行为规范的差距漏洞，反思航天质量管理体系中的不足之处，体现航天人实事求是的态度，正视问题、直面差距的勇气。质量案例教育对培养和提高全体员工的质量意识，不断提升质量管理体系自我诊断、自我完善的能力，努力将航天特色质量管理要求固化于制、内化于心、外化于行，大有裨益。

航天所属各单位也积极行动，定期将本单位航天工程研制和型号飞行任务中暴露的典型故障案例汇编成册，对每一个质量案例的故障定位、问题启示和采取的有效措施，进行详细阐述，为今后预防和控制类似问题提供十分有益的参考。有的单位还把国内外质量案例动态收集、及时成册，以便引以为戒、举一反三，堵住航天型号在设计、生产、试验、飞行中可能出现的漏洞。如中国运载火箭技术研究院自 2011 年以来每年都编写《国内航天产品质量问题案例集》和《国外航天产品质量问题案例集》。中国空间技术研究院等单位自 2010 年开始，每年都组织编写工程质量问题警示录，并制成警示教育片在单位内部播放。

大量的质量案例使航天人破除了“航天特殊论”的思想束缚，学会了从偶然性的质量问题中寻找必然性，纠正了以小概率事件掩盖大问题的倾向。质量案例教育也使得“零缺陷”的观念潜移默化地扎根在航天人的脑海里。“任务成功不一定代表技术成熟，技术成熟也不一定代表产品完全可靠”“既要从失败中找出原因，也要从成功中查找隐患”“小概率事件可能隐藏大隐患”等，逐渐成为航天人的共识。

五、质量分析例会

航天一直以来就注重开展质量分析，通过质量分析来识别问题，找出薄弱环节，总结经验教训，持续改进。航天按厂（所）、院、集团公司，自下而上逐级建立质量问题分析例会制度，并纳入各级质量管理体系文件中，以实现质量分析工作的制度化和规范化。各院每季度、厂（所）每月、班组和车间每周组织召开质量问题分析例会，各院的质量问题分析例会建立在厂（所）、型号例会的基础上，厂（所）的质量问题分析例会建立在班组、车间（研究室）例会的基础上。质量分析例会要求做到“主题明确，分析透彻，措施到位，记录完整”。通过质量分析例会，定期开展面向产品、面向组织的质量分析，以分析质量形势，识别问题和薄弱环节，控制工程科研生产风险，持续提升航天质量保证能力。

航天质量分析工作以基层组织为重点，尤其注重发挥基层班组、车间（研究室）等科研生产一线人员的作用，做好对产品质量信息的采集、聚焦与放大，重点从设计、工艺、设备、器件、软件、操作和管理等方面对质量问题原因进行归类和深入透彻的分析，将关注点聚焦到共性、重复性、批次性问题及问题复发、关键和通用产品上，对造成质量问题的深层次原因与产品的薄弱环节“小题大做”，制定针对性的措施并实施改进，彻底解决问题，从而促进质量体系持续改进，不断提高产品的成熟度。

各单位、各部门的一把手均参加质量分析例会。会上，质量部门传达重要质量会议及文件精神，做月度或季度质量综合分析报告，全面梳理暴露的质量问题；生产部门通报科研生产任务进展和影响任务的短板、瓶颈等；技术部门通报各工程技术状态情况，瓶颈环节的工艺攻关进展以及工艺纪律检查结果等。与会人员可以在质量分析例会中整体掌握科研生产任务进展及存在的问题，进而主动查找和弥补本单位、本部门可能存在的不足，针对短板弱项加大攻关力度，推动质量问题归零和系统改进。

六、群众性的质量管理活动

20 世纪八九十年代起，航天开展了群众性的 QC 小组活动，开展全员质量管理知识培训。QC 小组是一种员工自我教育、互相启发、共同提高的群众性参与的质量管理活动小组，是全面质量管理在基层的一种组织形式。QC 小组活动是中国航天质量领域开展时间最长、参加人数最多、取得成效最显著的一项群众性质量管理活动。QC 小组活动充分发挥质量管理小组推进者、班组长主导作用，调动研制生产一线员工积极参与，立足本岗，结合身边的质量问题开展活动。QC 小组运用包括零缺陷系统工程管理在内的科学方法解决了大量科研生产和管理中存在的实际问题，对提高产品质量和管理水平，做出了积极的贡献。

航天所属各单位大力推广“质量信得过班组建设和达标”活动，强调党、政、工、团协同，把质量管理与班组建设相结合，受到基层员工的喜爱。各单位每年结合形势任务特点，开展主题鲜明的职工建功立业活动，开展以“万人献万计、天天有改进、降本增效益”“一次劳动竞赛、一次技术比武、一次建言献策、一次成果发布、一次技术架桥”“我承诺、我奉献、我创新、我超越”等为主题的员工经济技术创新创效活动，将劳动竞赛、合理化建议和质量提升等作为班组建设的重点工作。此外，在班组中广泛开展学习型组织建设，坚持传帮带机制，搭建实践平台，传承科学作风，将工作经验和创新成果以“文件库”“软件库”等形式固化下来形成“货架技术”，推动员工之间的知识交流和经验共享。

2003 年，中国航天推行以“整理、整顿、清洁、规范、素养、安全”为核心的 6S 管理，组织各单位对 6S 管理样板进行观摩学习和经验交流。2015

年，中国航天又在6S管理的基础上启动了生产现场管理星级评价工作，发布了实施指南和评价手册，分级分类组织开展评价工作。6S管理的实施，使现场环境得到了显著改善，工作效率和管理水平得到了明显提高，推动了航天工程生产现场质量管理水平的提升。到2017年年底，实现了所有生产现场达到三星级以上水平的目标。

七、全员质量培训

中国航天重视全员培训，编制了针对领导干部、工程技术人员、管理人员和生产人员的质量培训与考核大纲，编写了《3F技术培训教材》《型号可靠性知识培训讲义》等基础教材，举办了多层次、多类型、多种方式的培训活动，重点开展了工程两总和设计人员可靠性工程培训。质量案例教育，也是全员培训的内容。根据航天正反两方面经验教训和可靠性技术研究成果提炼形成的《航天型号可靠性守则》在全系统发布，供型号研制人员使用。

班组是企业的细胞，是完成科研生产及产品保证工作的落脚点，发挥班组长“兵头将尾”等关键人物的作用至关重要。按照统一教材、统一教员、统一考核标准、统一授证的原则，设计、工艺、生产、试验、检验、管理和软件等七类专对班组长的质量培训教材应运而出，科研生产一线的班组长和管理人员几乎全部参加了系统的质量培训。

全员参与航天质量文化建设，航天质量文化又进一步浸润全员，使得“以国为重、以人为本、以质取胜、以新图强”的企业核心价值观，润物细无声地融入到航天人的脑海中。通过开展形式多样、丰富多彩的质量活动，航天人加深了对“质量是政治、质量是生命、质量是效益”涵义的理解，真切地明白了“对质量隐患要‘小题大做’，对质量问题要‘聚焦放大’”的道理，逐渐养成了“严慎细实”的工作作风，“精益求精细操作，慎之又慎严把关”“斩除万分之一侥幸，收获百分之百成功”成为大家的质量格言。

全员参与的航天质量文化建设，得到了社会、市场和用户的广泛认可，也大大提升了中国航天的品牌价值。航天企业、项目和优秀个人陆续获得了全国质量奖、中国十大杰出质量人、质量技术奖、质量信得过班组、质量标杆、管理创新奖、国优QC小组等国家级、省部级、国际质量管理奖项。2013年，航天科技集团公司荣获首届中国质量奖，航天质量管理成为国家质量管理的一面旗帜。

第三章

全系统的航天质量管理体系

贯彻航天质量方针，实现航天质量目标，有效地开展零缺陷系统工程管理活动，必须建立健全质量管理体系。质量管理体系建设是航天产品研制单位的一项战略决策和基础性工作，对推动可持续发展、实现一次成功具有重要作用。

航天工程系统复杂、配套层级多，需要跨单位、跨领域研制生产，任何一个细小环节出现问题都可能影响到最终产品质量和任务的成功。因此，必须运用系统工程的思想方法，建立健全并持续改进承担航天工程任务的各级各类单位的质量管理体系。

全系统的航天质量管理体系覆盖集团公司、研究院、厂（所）三级及其配套单位。为确保各项质量要求有效落实和质量管理体系有效运行，持续提升各级质量管理体系的规范性、适宜性和有效性，要注重体系的纵向衔接和横向延伸，理顺三级组织的质量工作定位和接口，确保形成合力。一方面，加强厂（所）际质量保证体系建设；另一方面，对全级次的供应商实施有效的质量管控。要实施全级次的供应商管理，通过建立合格供应商名录，开展供应商准入管理、过程控制、绩效评价和关系管理，建立供应商管理信息系统，确保供应商提供合格稳定的产品。

全系统的航天质量管理体系还包括系统开展面向产品、面向过程、面向组织的质量监督以及进行质量管理体系的评估，以促进质量管理持续改进和质量保证能力的持续提升。

第一节　航天质量管理体系

质量管理体系是在质量方面指挥和控制组织的管理体系，世界著名的质量管理大师费根堡姆在20世纪70年代所著的《全面质量管理》中就提出了建立质量管理体系的理念和方法。对于任何一个组织，质量管理体系都是客观存在的，是组织质量管理工作的基础和平台。质量管理体系的要素包括组织和职责、资源管理、运行过程管理以及持续改进等，质量管理体系的成熟程度反映了组织的质量保证能力。质量管理体系标准出现后，按照国家标准或国家军用标准建立质量管理体系，已成为航天各级各类组织实施质量管理的普遍方式，航天质量管理体系建设的内容也随着航天科研生产模式的变化和航天工程质量保证需求的变化而不断深化拓展。

航天质量管理体系的建设在航天起步阶段就随着航天工程任务的质量保证需求而同步产生，并由最初的粗放式管理逐步走向规范化管理，最终实现依据标准开展质量管理体系建设并进行体系认证。质量管理体系建设的目的并不是获取认证证书，而是为产品研制生产构筑质量保证基础。从厂（所）级、厂（所）际质量管理体系建设到院级质量管理体系建设再到集团公司整体质量管理体系建设，航天质量管理体系实现了基于航天特色质量管理的持续改进。

组织建立质量管理体系的目的在于形成稳定地提供满足顾客要求以及法律法规要求的产品和服务的能力，并证实其具备这种能力，而航天企事业单位建立质量管理体系需要满足的相关要求远远高于一般行业。为此，中国航天结合实际情况，一直在探索建立并不断完善具有航天特色的质量管理体系，以质量问题归零双五条标准为代表的航天特色质量管理方法已经成为质量管理体系的重要组成部分。为满足航天型号产品过程质量控制的特殊要求，航天质量管理体系紧密围绕型号科研生产任务，建立了集团级、院级、厂所级（简称“三级”）质量管理体系，并通过开展质量管理体系评估，实现了航天整体质量管理体系的持续改进。

一、航天质量管理体系的演进

中国航天事业创建之初，由于缺乏管理经验，产品实现过程管理基本停留在质量管理的初级阶段，制造过程主要靠检验系统来保证质量，设计过程主要靠设计师系统知识和经验的自我保证，实行拟制、校对、审核和批准的技术责任制，设计师作为产品的首要责任人监督着制造过程的产品质量。

20 世纪 60 年代，航天工业以周恩来总理提出的“十六字方针”为科研生产及质量管理工作的指导思想。特别强调要树立“三严”作风，组建专家组，培训质量管理干部，推行统计质量控制方法和可靠性技术，并于 1965 年组建了质量控制专业研究所，质量专业机构开始在航天产品质量管理工作中发挥专业支撑作用，推动和支撑质量技术和质量管理在研制单位发挥保证质量的作用。

20 世纪 80 年代初，航天质量管理工作已经涉及设计、工艺、设备、生产、计划等多个部门，各单位逐步建立了质量管理部门，负责全面质量管理的策划和推进工作，各重点型号开始制定并实施可靠性保证大纲。同时将生产部门中检验的职责独立出来，开始独立行使检验职责，向单位最高领导负责。特别是在 1984 年 4 月，国务院、中央军委发布了《武器装备研制设计师系统和行政指挥系统工作条例》，将“两条指挥线”以法令的形式加以确定，对设计师系统与行政指挥系统的构成、各自职责以及两个系统之间的工作原则和工作关系都做了明确规定，质量职责也通过这两个系统在型号研制中得到进一步落实。

1987 年，我国颁布实施的《军工产品质量管理条例》（以下简称《条例》），在总结我国国防工业质量工作经验的同时，引进了以美国军用标准 MIL－Q－9858A《质量保证大纲》为代表的国外质量管理的一些有效方法。1988 年至 1992 年在贯彻《条例》的过程中，航天产品承制单位依据《条例》建立了质量保证体系，国防科工委依据《条例》及相关文件进行了对所有航天产品承制单位质量保证体系的审核。《条例》中明确提出了“研制、生产复杂武器装备，应当建立厂际质量管理体系”的要求。为落实该要求，国防科工委 1988 年发布了 GJB/Z 288《厂际质量保证体系工作指南》。航天企业以航天工程研制的总体院（或总体设计单位）、总装生产单位牵头组织协作配套单位建立了厂际质量管理体系，加强了厂与厂之间的横向联系，对航天产品承制单位之间质量信息等事项的协调和管理发挥了积极作用。

1992 年，航天产品承研承制单位开始依据等同采用 ISO 9000 标准的 GB/T 19000系列国家标准，建立质量体系，并申请通过由国防科工委指定的认证机构实施的质量体系认证审核。1996 年，国防科工委组织制定发布了国家军用系列标准 GJB/Z 9000《质量管理和质量保证》。该系列标准采用“A＋B”的模式，在全面采用质量管理体系国际标准框架和内容的基础上，增加了国防工业的特殊要求。1998 年，航天总公司制定发布了 QJ 9000《航天质量管理和质量保证标准》。该标准不仅借鉴了国际宇航工业实施产品保证的经验，更为重要的是吸纳航天工业质量工作的成功经验，尤其是在“72 条”“28 条”“质量问题归零管理”中总结出的成功经验，规范了航天行业各单位的质量体系建设和运行要求，把产品保证与质量管理更紧密地结合起来，进一步提高了单位的质量保证能力。2001 年，采用“A＋B”模式的新版质量管理体系国家军用标准发布实施，航天产品承研承制单位据其开展了质量管理体系换版认证工作。

2002 年，航天两大集团公司共同组织专家，在质量管理体系国家标准的基础上，将国防科工委、航天两大集团公司的质量管理文件以及国防科工委、总装备部质量管理体系标准两个版本中的要求都纳入其中，制定了 2003 版 QJ 9000A 标准。该标准以巩固和推广航天工业质量工作的成功经验为目标，把“设计复核复算”“技术状态更改控制五条要求”“元器件破坏性物理分析（DPA）”“拒收拒付”“产品质量履历书”“质量问题归零双五条要求”等质量工作的成功经验以标准的形式固化下来，所提出的一系列具有中国航天特色的质量管理要求形成了业内的广泛共识并得到进一步落实，切实提升了组织的质量保证能力。自此，许多航天特色质量管理方法推广到了整个国防科技工业领域。该标准也为后续 GJB 9001 标准 B 版、C 版的修订奠定了基础。

经过贯彻《条例》和质量管理体系国家军用标准的过程，从事航天产品设计、生产、试验的研究所、生产厂都依据质量管理体系标准要求开展质量管理体系建设，并取得了质量管理体系国家军用标准认证证书。在航天研究所、生产厂开展质量管理体系认证基础上，航天各研究院基于各院自身的管理职责定位，也依据质量管理体系标准要求陆续开展院级的质量管理体系建设和认证工作。中国运载火箭技术研究院是第一家申请院本级质量管理体系认证的研究院，在质量管理体系建设上进行了探索，其质量管理体系覆盖院机关有关部门、火箭总体设计部、火箭总装厂的总装车间等，超出了质量管理体系认证一般是面向一个独立法人组织开展的传统惯例。而后，航天其他有关研究院也先后通过了院本级质量管理体系认证，院级质量管理体系覆盖的产品范围包括了其承担的全部航天型号任务的研制生产全过程，其质量管理要求实现了从院级到厂所的贯通和落实。

二、航天“三级”质量管理体系

航天“三级”质量管理体系是伴随着集团公司、研究院、厂所的航天三级组织架构的形成而产生的。航天“三级”质量管理体系由集团公司、研究院、厂所三级质量管理体系组成，支撑其有效运行的核心是三级质量管理体系工作系统，内容涉及管理职责、资源管理、产品实现以及测量、分析和改进等。航天“三级”质量管理体系基本模式如图 3－1 所示。

（一）集团公司级（集团公司总部）质量管理体系

集团公司总部作为航天科研生产战略决策中心、资源配套中心、重大任务管理中心，一般不直接从事具体型号产品的研制生产，主要是对型号产品实现过程的监督管理，其质量工作内容主要包括制定质量战略规划，制定质量规章和标准文件，组织实施集团公司质量基础能力建设，构建集团公司质量基础能力体系，组织对重大型号研制关键节点进行技术评审，对科研生产进行监督检查，为型号研制生产提供一定资源保障等，工作结果载体体现在合同、规划、方案、规章制度、标准等方面。集团公司级质量管理体系的输出是研究院开展质量管理体系建设的重要输入。

集团公司级质量管理体系建设的核心，是推动集团公司质量战略、立法和重点工作的策划，通过集团公司层面相关职能部门组织实施。一方面，实现集团公司质量工作的顶层策划，如：系统总结航天多年质量工作的经验，制定《航天型号精细化质量管理要求》《航天型号可靠性管理要求》，并结合质量发展的形势和要求进行动态更新，有效地推动了航天质量管理的精细化发展。另一方面，实现集团公司主业产品研制生产全过程的有效质量监督管理，如：建立集团公司质量监督代表制度，授权质量监督代表对航天产品实施质量监督；按年度分级组织开展质量管理体系评估工作，促进集团公司、研究院、厂（所）各级对质量管理现状再认识和质量管理流程再梳理以及对相关质量制度、标准的进一步落实。通过质量监督代表制度和质量管理体系评估工作的实施，

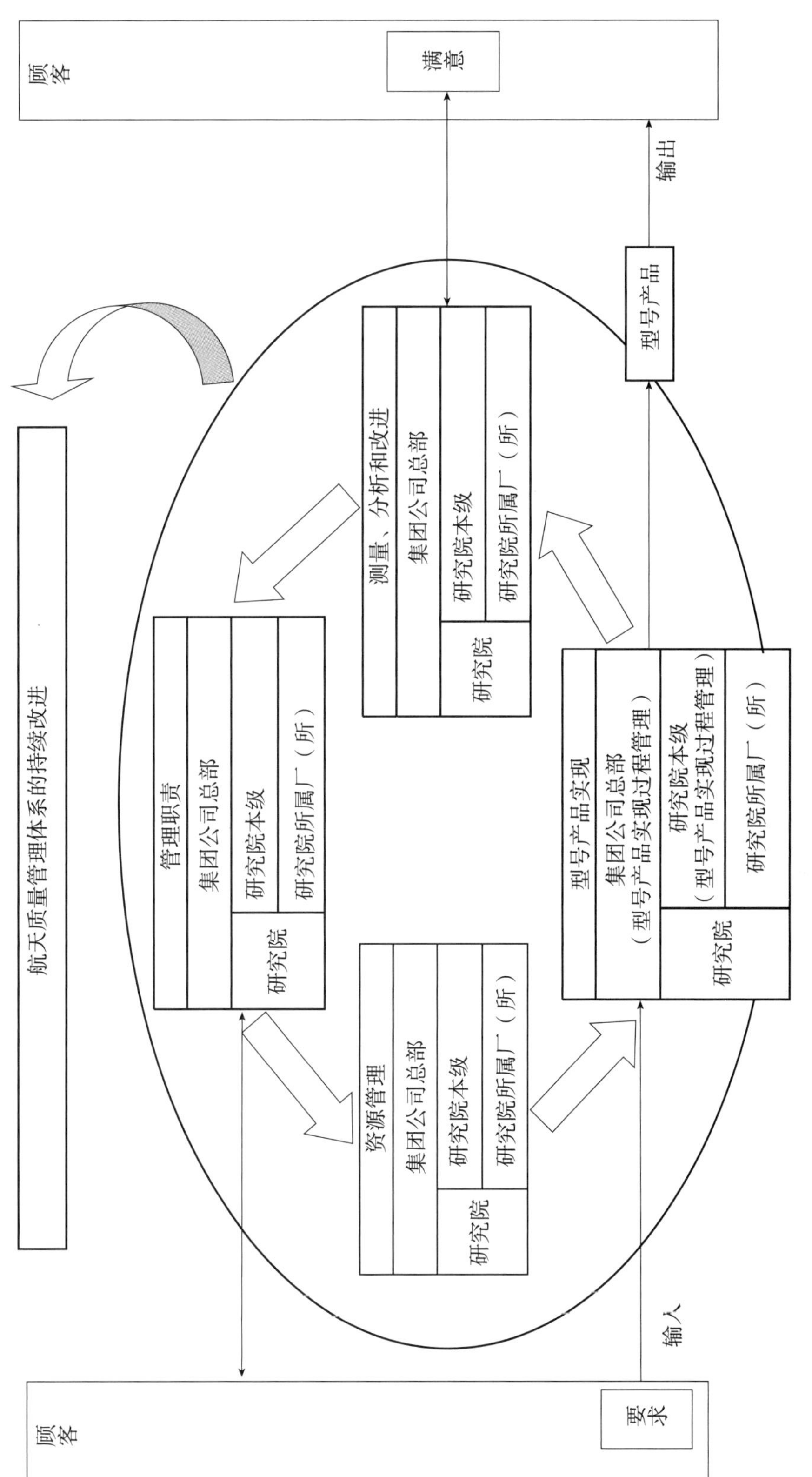

图 3－1　航天“三级”质量管理体系基本模式

建立了航天质量管理体系的自我完善和持续改进机制。

（二）研究院级质量管理体系

研究院一般包含了产品的设计、生产和试验单位，是航天科研生产任务组织实施的责任实体，负责本院承担的型号科研生产任务质量。研究院级质量管理体系是航天“三级”质量管理体系的重要一环，发挥着承上启下的作用。研究院本级质量管理体系的输入是顾客、集团公司、厂（所）的需求或要求，输出是涉及总承包项目管理或者分承包项目管理的各项服务性质的工作，包括产品实现策划、合同评审、设计过程管理、生产过程管理、试验过程管理、技术评审、质量监督检查等。这种服务不仅仅是一般意义上的机关职能管理，与集团公司级质量管理体系的输出服务的区别在于，研究院级的服务更加直接面向于具体型号产品的研制全过程。

近年来，航天研究院加强了院本级的质量管理体系建设，从系统整体来策划和实施质量管理控制，并不断规范管理。研究院本级质量管理体系建设主要围绕研究院所承担的主业产品的质量管理，重点覆盖与产品研制生产关系密切的部门及相关人员，如市场开发部门、质量管理部门、型号的科研管理部门、人力资源管理部门等。

研究院级质量管理体系建设的核心，就是要实现产品质量保证要求的逐级展开落实，确保院本级质量管理体系与集团公司质量管理体系以及厂（所）级质量管理体系有机衔接，确保院整体质量管理体系的规范和有效。

任务抓总研究院对抓总任务质量负主体责任，任务配套院对配套任务质量负主体责任。目前航天任务抓总研究院本级均通过了 GJB 9001 质量管理体系认证，通过实施 GJB 9001 标准，保证了各单位质量管理体系能够满足型号研制的基本要求，为任务抓总研究院开展系统设计提供了基础条件。此外，航天任务抓总研究院通过产品（质量）保证管理来实现质量抓总，如中国空间技术研究院等单位均开展产品保证管理，促进了质量管理体系要求在产品研制过程的实施，覆盖并深化了型号全寿命周期质量管理工作，从而避免质量管理体系和型号质量管理“两张皮”的现象。

实践证明，院级质量管理体系建设对于研究院适应不同产品的研制特点和质量保证需求，提高研究院质量工作的规范性和有效性，加强对基层单位的管理，同用户建立良好的合作关系，提高研究院整体的质量管理水平，促进基层单位质量管理体系的持续改进和有效运行是十分必要的。

（三）厂（所）级质量管理体系

厂（所）是完成航天科研生产任务的主体，负责本单位质量保证能力和产品质量。厂（所）落实航天质量管理体系建设要求，建立并有效运行本单位质量管理体系；组织实施承研承制型号（产品）全过程质量控制，确保提供合格产品，对本单位发生的质量问题实施质量责任追究。

厂（所）质量管理体系建设的核心，是将上级的质量管理要求和用户的需求落实到位，负责本组织范围内各工作系统的建设与运行工作，同时进行研制流程架构和本级质量管理体系的持续优化，持续提升本单位质量管理体系的有效性。

航天研究所、生产厂都依据质量管理体系标准要求建立了质量管理体系并通过了认证，质量管理体系建设的模式和思路基本一致，质量管理体系建设相对比较规范和成熟。

三、航天质量管理体系建设要点

航天产品研制生产特点决定了航天产品质量管理的难度，航天质量管理体系需要充分反映航天产品的高可靠、高风险、多接口的特点，切实在保障航天产品质量方面发挥重要作用。航天质量管理体系的科学建立与有效实施是保障最终航天产品质量的一项重要基础工作。

航天所属院本级及院属厂（所）根据本单位的产品和服务的性质和管理的具体情况，按照质量管理体系标准建立并运行质量管理体系，在实践中不断规范质量管理活动，逐步细化和落实质量管理体系文件，并通过开展内审、管理评审和质量管理体系评估等工作，进一步完善质量管理体系。

（一）质量管理体系建设过程

质量管理体系建设的过程包括策划、建立、运行、评价和完善。在建立和实施质量管理体系时，一般工作步骤为：

1）策划。质量管理体系策划的准备工作包括顾客和相关方的需求和期望的分析，本单位业务流程诊断，质量管理体系推行工作准备。质量管理体系策划的主要工作包括质量方针和质量目标的策划，业务流程、过程的设计策划，职能分配、职责、组织结构的策划，体系文件的策划。

2）建立。质量管理体系建立包括规范的建立、文件的编制和人员的培训，其中培训又包括对标准和体系文件编制人员、内部审核员的培训。

3）运行。强调体系各要素按规定的程序、流程和方法系统实施并进行过程控制。

4）评价和完善。主要工作包括内部审核、管理评审、评估以及质量管理体系的完善和改进。

在质量管理体系建设的实践中，航天高度重视体系运行的实际成效，结合自身特点做好体系的策划、建立、运行、审核与评估等工作，特别注重加强单位质量管理体系与型号研制管理系统的紧密结合，开展厂际质量保证体系建设，强化对供应商的质量管理，使体系建设向深度和广度发展，有效地落实了航天质量管理要求。

（二）质量管理体系策划

航天产品研制过程是复杂的系统工程，涉及多个部门和过程，为保障研制过程工作质量和产品质量，质量管理体系的总体策划尤为重要。

质量管理体系的策划要考虑系统性、预防性、经济性、适用性和长远性，要充分考虑用户和型号的质量要求。策划工作包括确定质量方针和质量目标，并将目标在各个层面展开落实。质量目标应该是可分解、可测量、可评价的。在体系总体策划中，要确定组织机构和各级人员的质量职责，尤其是最高管理者和各级管理人员的质量职责以及围绕产品实现全过程明确相关质量要求和工作项目；要规范单位的质量手册，明确要编制的程序文件和作业指导书。程序文件的编制要确保针对性、实用性和可操作性，还要明确质量管理体系监督审核的时机、方式和内容，逐步建立起质量管理体系自我完善、持续改进的长效机制。

（三）质量管理体系审核

质量管理体系审核活动能够发现体系建立和运行过程中的薄弱环节和存在的主要问题，针对这些问题实施质量改进后，能够进一步提高质量管理体系运行的有效性。

质量管理体系审核包括了内审和外审。内审是单位的质量管理部门定期组织的依据有关标准对单位质量管理体系进行的符合性审核，它既为外审做准备，同时也是单位质量管理体系自我评价、持续改进的一种方式。外审是第三方认证机构依据有关标准要求对单位质量管理体系进行的审核，主要是通过相关检查来完成审核工作，审核重点是质量管理体系标准的要求是否形成文件、文件的规定是否落实、执行过程记录是否完整等，审核结果为单位的用户提供一种产品质量的保证和信任。

航天产品承研承制单位主要是依据《军工产品质量管理条例》进行质量管理体系的审核。GB/T 19001 和 GJB/Z 9000 系列标准发布后，航天产品承制单位开始依据标准开展质量管理体系的内审，一些单位还邀请有经验的外审人员参与到单位质量管理体系的内审工作中，提高工作的有效性。针对单位质量管理体系运行中发现的问题和薄弱环节，航天开展了质量管理体系专项监督审核。随着具有航天工业特点的 QJ 9000 标准的发布，单位内审的标准进一步细化，标准更加具体，针对性和可操作性更强，这对及时发现质量管理体系中的问题并持续改进，逐步建立起质量管理体系的自我完善机制，提高质量管理体系的规范性和有效性起到了重要的推动作用。

（四）单位质量管理体系与型号研制管理系统的结合

航天型号研制是跨单位的，其研制质量是通过产品保证的组织管理模式和实施项目管理、依靠指挥系统和设计师系统的工作来保证的。一个单位可能承担的是一个或多个型号中的一个子系统、整机或部（组）件的研制，而每个型号都有自己型号的项目管理体系。单位质量管理体系作为保障型号研制质量的一个重要部分，必须同型号研制管理系统有机结合，才能充分发挥单位质量管理体系在保障型号研制质量方面的重要作用，提高质量工作的有效性。

为了确保单位质量管理体系与型号的质量工作紧密结合起来，首先在体系总体策划的时候，就应该充分考虑到型号质量管理和产品保证工作的需求，做好单位组织、人员、资源、技术支持等基础方面的有效配置，确保质量管理体系基本构架能有效支撑不同型号产品保证工作。其次在质量管理体系文件的编制过程中也要考虑到各型号研制管理的程序和特点，建立基础、通用的产品保证文件体系，综合权衡不同型号对质量管理和产品保证工作的要求，纳入单位质量管理体系的程序文件和作业指导书中。特别强调，型号在研制过程中出现的质量问题也要从单位质量管理体系上查找原因，弥补单位质量管理体系的缺省链。

以中国空间技术研究院为例，该研究院依据产品保证工作特点，合理策划设置了产品保证组织结构（如图 3－2 所示）。

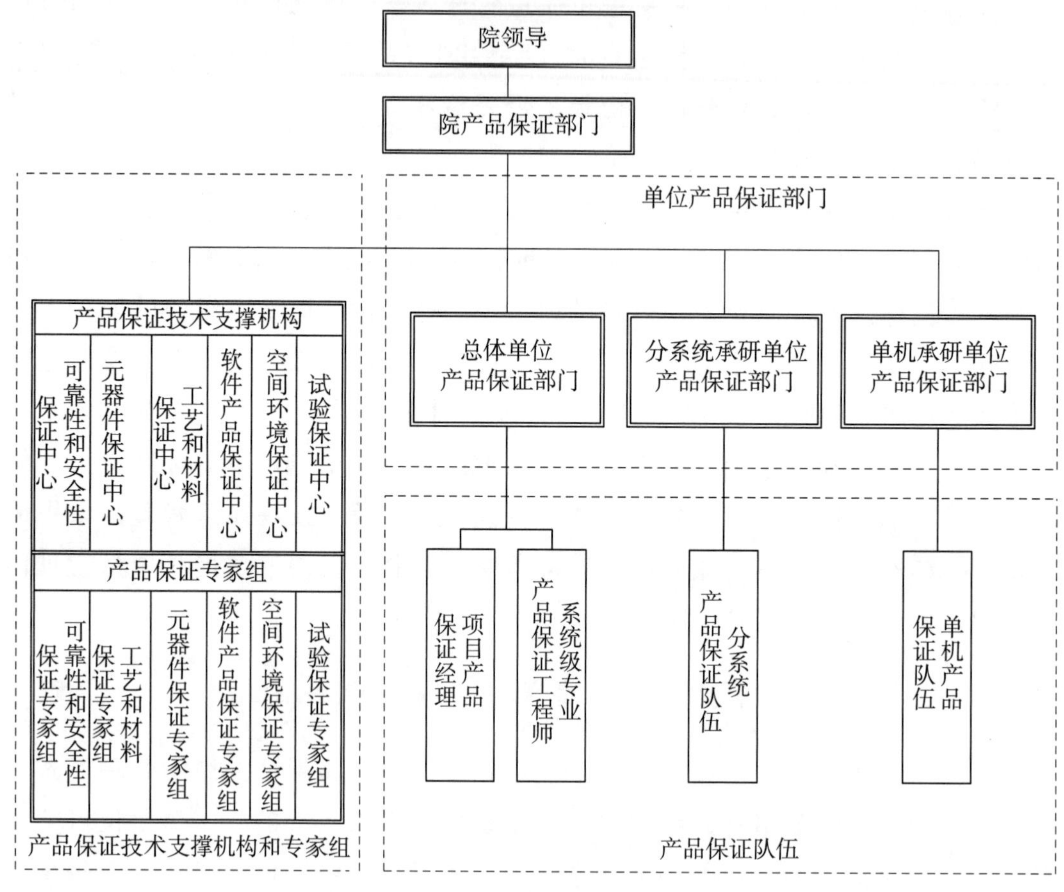

图 3-2　产品保证组织结构图

（五）厂（所）际质量保证体系建设

基于航天型号的研制是一项跨单位、多协作配套的复杂系统工程，往往一个整机产品研制单位的质量管理体系不能覆盖该产品所有的研制生产过程，造成产品的质量要求得不到具体落实，开展厂（所）际质量保证体系建设十分必要。厂（所）际质量保证体系是以整机级以上产品为对象，以保证和提高产品质量、满足使用需要为目的，按照科研、生产协作的客观要求，运用系统工程的观点，由整机总装单位和有关协作配套单位共同组织起来的横向质量保证的有机整体。开展厂际质量保证体系建设的目的就是保障在产品研制过程中能够系统地策划、实施和控制各项质量工作，提高型号研制过程质量控制能力。厂际质量保证体系由总体总承单位牵头，将与一个产品研制生产相关的所有单位，包括协作配套单位，组织形成一个有机整体，明确各体系成员工作任务与规则，加强信息的沟通，确保型号产品质量受控。在航天《厂际质量保证体系工作指南》标准中，规定了厂际质量保证体系的组成、工作原则、机构与职责、质量保证与考核等的一般要求，明确了按照产品级别和需要分级建立厂际质量保证体系，明确了“产品研制阶段由研制总体单位负责建立厂际质量保证体系，产品由研制转入生产阶段后，生产总体单位负责建立厂际质量保证体系”，强调了体系单位成员应当严格执行国家和军工质量法规及相关标准，按照有关标准建立本单位的质量管理体系，强调严格履行合同中的质量保证条款，实施过程控制，确保产品质量满足合同的要求。

厂际质量保证体系工作的推行，是系统工程理论在航天质量管理方面的具体实践，对于明确航天产品各承研承制单位的质量职责，提高相关单位之间质量信息传递的有效性和效率，系统地开展航天型号质量工作，促进各单位质量管理体系建设起到了很好的推动作用。

（六）对供方和用户的管理

单位质量管理体系建设不局限在本单位内的产品研制过程，要将体系向供方延伸，加强对采购过程的控制，加强对外购外协和配套单位的质量控制，注重与供方质量管理体系的接口管理和质量信息管理，与供方建立良好的合作关系。

航天产品承制单位在采购的控制方面开展了一系列系统的工作，如采购过程控制方面：编制合格供方的名单，作为选择、采购的依据，根据对供方质量保证能力的评价，动态更新合格供方名单；制定采购产品优选目录，选择名单和目录外的供方和产品，须对供方质量保证能力和产品质量进行评定，并履行批准手续；航天产品的配套产品的采购，由被授权的职能部门或组织进行，并明确采购任务各相关组织接口关系；进口原材料、元器件等基础配套的产品，须对其质量、性能、采购渠道进行充分论证，选择合格供方，应经审批，使用前应按规定进行检验测试。此外，采购信息、采购产品的验证以及采购新设计和开发产品的控制等方面也有规范的文件化要求，同时实施第三方评定制度，以加强对供方的监督和控制。一些研究院还成立了物流中心，其研究院下属厂（所、站）在产品研制生产中所需原材料等物资的采购由研究院的物流中心统一管理。

单位的质量管理体系还需要向用户延伸，用户满意是单位所追求的目标，用户的需求也是单位质量管理体系的一个重要输入。单位要将对用户的管理纳入质量管理体系中，加强对用户需求的分析，加强与用户的信息沟通，关注用户使用产品的反馈意见，加强产品交付后的技术服务制度的建设。需要说明的是，在航天科研生产体系内，既有产品最终使用用户，也有产品协作配套用户，更多的是，上游产品单位是下游产品单位的用户。如：单机研制单位是部件研制单位的用户，分系统研制单位是单机研制单位的用户，系统研制单位是分系统研制单位的用户。

通过单位质量管理体系的延伸扩展与管控，产品研制质量工作更加系统完整，研制过程的供应链体系实现有效地建立并运行，也在一定程度上为单位质量工作提供了更多的有用信息，确保了质量工作的效果和效率。

（七）质量法规、标准和规章文件支撑体系

质量法规、标准和规章文件体系的建设是确保单位质量管理体系的可操作性和有效运行的必要条件。一个单位的质量制度与标准往往是质量管理工作成功经验的总结和行之有效的做法提炼。缺少了具有行业特点的质量法规、标准和规章文件支撑质量管理体系的运行，单位质量管理体系也就成了空中楼阁，就不能与科研生产实际衔接，无法有效发挥作用进而保障产品实物质量。航天在 60 多年的发展过程中，十分重视质量标准和规章制度的建设，不断推进航天标准体系建设，各单位及时总结经验、固化成果，形成了一系列可操作、可检查、有效管用的标准和制度文件。实践证明，这些标准和制度对促进质量工作从“人治”转变为“法治”、从经验管理转变为科学管理、建立有效运转的质量管理体系起到重要的推动作用。

第二节　航天型号供应商管理

航天型号是系统工程，其技术难度大、产品组成复杂，需要大量的协作配套单位一起，才能确保研制任务的顺利完成；同时，绝大部分航天型号是典型的“01”工程，其任何一个零部组件出现问题，都将影响发射、飞行与在轨运行任务的成功，因此，对协作配套产品的质量提出了极高的要求。据不完全统计，1999 年以来由供应商引发的重大质量事故约占 45％，航天型号供应商管

理不可忽视，必须高度重视。

广义的航天型号供应商管理主要包括国内生产的型号物资、型号外协外包、民用物资、民用外协外包、生产保障物资、固定资产、办公类、服务类等八大业务领域的供应商管理，本书主要对航天型号物资以及型号外协外包领域实行的供应商管理进行重点阐述，包括供应商准入管理、合同管理、绩效评价以及关系管理。

一、航天供应商管理概况

20 世纪 50 年代末至 90 年代初期，中国航天推行型号产品逐级验收制度。这一时期，我国处于计划经济和有计划的市场经济时期，航天型号供应商处于国家扶持发展的阶段，主要是国家有关部门用计划手段进行管理，采取“分工定点”方式。所有参研单位怀着高度的政治责任感开展研制攻关工作，建立完善了产品逐级验收制度，由型号系统对协作配套产品质量进行验收把关，确保产品质量。

20 世纪 90 年代，我国军工领域在推行质量保证体系考核的基础上，要求所有研制单位建立质量管理体系并通过认证，从组织上对供应商提出要求。同时，对于交付的产品仍由型号系统开展逐级验收工作，形成了型号与组织双管控的供应商及协作配套管理模式。

1999 年，国防科技工业改革重组，成立了中国航天两大集团公司，标志着中国航天科技工业按照社会主义市场经济发展的要求进入了一个全新的发展阶段。这一阶段，航天型号研制和发射任务急剧增加，“高强密度”成为新常态，航天型号供应商管理工作坚持继承、完善和发展的原则，逐步向精细管控发展，集团公司、各研究院和厂所，结合外协外包和物资供应商特点，逐步推行差异化的供应商管理。

2006 年始，为保证型号物资的长期稳定供应，加强型号物资供应商管控，航天组织开展型号物资供应商资质审查和第二方认定工作，探索实施了型号物资统一需求规划、统一评价认定、统一选用管理、统一组织采购、统一质量保证的新“五统一”管理，发布集团公司统一的物资供应商名录，各研究院在集团公司名录基础上建立本单位的名录。2011 年起，集团公司针对外协外包供应商出台了供应商质量认证管理办法，陆续发布了供应商准入、绩效评价标准及程序，实施了供应商管理。各院和厂所结合产品和供应商特点，对外协外包供应商资质进行认定，并对其产品实现过程实施管理和监督。

2017 年以来，航天为切实履行“航天强国”“质量强国”神圣使命，适应高强密度发射等研制生产任务的新常态，探索运用现代供应链管理的理念和方法，推进以质量为中心的航天型号全级次供应商管理及体系建设，初步实现了全级次供应商差异化管控，摸清了全级次供应商家底，开展了产品分级分类，推进标准规范横向一致性工作，开发了供应商管理信息平台，逐步实现“全领域、全级次、全过程、全要素”（简称“四全”管理）覆盖，提升了对全级次供应商的管控能力，助推航天科研生产管理模式转型升级。航天型号供应商管理工作进入一个新的阶段。

“四全”管理的全领域是指供应商管理要涵盖航天抓总型号以及协作配套的全部航天型号任务。全级次是指航天型号配套各级次的供应商，其中“级”是指按照型号产品结构，从总体、分系统、单机、部组件逐级往下分解，直到最末级；而“次”是以单位为主体的协作配套层次，直接为本单位配套的供应商为一次供应商，为本单位一次供应商配套的供应商为二次供应商；依次类推，包括一次、二次乃至多次。全过程是指航天型号产品的设计、生产、试验、售后服务等全寿命周期过程涉及的外包外协和外购产品、服务。全要素是指以质量为核心，综合考虑进度、成本、创新、技术、服务等全面要求在供应商管理中的落实。

二、全级次供应商管理

航天型号全级次供应商管理不只是管到协作配套的下一级，下一级再往下配套，配套之后再往下配套，所有级次都应该包括在内。航天型号全级次供应商的管理，须摸清全级次供应商家底，根据分类实施差异化管控。航天型号全级次供应商的管理坚持以质量为中心，强调严格供应商准入条件，实施供应商过程管控，开展供应商绩效评价，重视供应商关系管理，建立和完善供应商信息平台，确保各级各类产品“配套关系清楚、责任关系清楚、执行规范清楚”，全面提升全级次供应商管理能力和水平。

（一）型号全级次差异化管控方法

航天型号的系统、分系统和关键单机、关键部组件等核心产品的供应商由型号抓总研究院负责供应商准入管理，按型号领域建立核心产品供应商名录。型号各级配套单位在抓总研究院核心产品供应商名录内选择核心产品供应商。

多家供应、通用性强、技术成熟的航天重要单机、重要部组件等重要产品供应商由各研究院负责供应商准入管理，建立研究院重要产品供应商名录。研究院所属各单位及各级配套单位在研究院重要产品供应商名录中选择重要产品供应商。

型号物资、核心产品涉及的特殊过程，航天特殊专业鉴定、检测、试验等共性基础产品和服务的供应商，由集团公司组织各研究院开展供应商准入管理，建立航天统一的共性基础产品和服务合格供应商名录。型号各级配套单位在航天合格供应商名录内选择共性基础产品和服务供应商。

其他供应商由各研究院确定供应商准入管理和供应商名录建设要求。

各单位按照要求，根据本单位科研生产和经营活动需要，建立本单位合格供应商名录。对于已建立合格供应商名录的产品或服务专业门类，各单位应在合格供应商名录内选择供应商，选用名录外的供应商时应办理超名录选用审批手续。

（二）航天型号供应商准入管理要求

供应商准入管理是对供应商是否具备承担协作配套任务的基本资质和专业技术能力的评价管理，是供应商管理把控的第一关口。型号各级供应商按照航天统一标准实施全级次供应商准入管理，且型号一次供应商准入管理时，应将次一级供应商的资质、能力等情况作为衡量供应商整体实力的重要指标。

任务提出方首先要审查供应商的基本条件是否符合要求，基本条件应至少包括：

1）具有合法经营主体资格。

2）具备与产品或服务相适应的国家、行业或专业机构认证的质量、安全、保密、环保以及其他生产经营许可。

3）具有履行合同所必需的设备和专业技术能力。

4）具有良好的商业信誉和健全的财务会计制度。

在基本条件满足要求的情况下，按照全级次管理要求，成立相应的审核组。质量保证能力评定工作具体由各研究院、部/厂（所）组织开展，从基本条件、质量管理体系改进能力、过程质量控制能力和质量基础能力四个方面，对航天型号外协外包产品供应商进行评价。其中过程质量控制能力包含基本质量控制能力、设计过程质量控制、生产过程质量控制、试验过程质量控制、交付过程质量控制以及售后服务要求等航天供应商应遵循的过程控制要求。然后，航天组织各研究院按照评价准则对航天型号物资供应商及其物资专业门类进行共同考核认定，包含基本条件、质量保证能力、生产供货能力、技术服务能力、经营发展能力和企业文化等六个方面，并优先选择国家有关部门或行业支持和认可的供应商，认定合格的供应商纳入集团公司名录。

（三）航天型号供应商过程管控要求

（1）供应商选用及合同签订要求

各单位、各型号严格在合格供应商名录内选择供应商，避免“超名录”选用。坚持谁选用、谁负责，严格对选用环节把关不严的问题进行追责。

与供应商开展航天产品或服务协作时，合同中重点明确产品或服务的技术要求、质量保证要求、验收要求等条款。特别是要明确提出其供应商管理相关要求，严禁外协供应商将全部协作任务转包到其他单位，同时针对三次及以上供应商应给予重点关注。

（2）协作配套过程控制要求

各研究院、各厂所完善细化产品协作过程的监督管理，通过技术交底、管理交流等方式，监督供应商落实合同条款的质量要求。各单位技术人员应根据实际业务需要参与产品设计评审和转阶段评审等关键节点评审。必要时，可派专人进行下厂监制，重点对要求传递和执行情况、过程质量管控情况等进行监督，及时了解研制过程中的相关信息，确保产品和服务的质量。

（3）验收要求

各研究院、各厂所依据合同的有关规定开展产品验收工作，产品验收内容一般包括产品实物、试验（测试）、产品质量记录、产品实现有关环境和产品实现过程等检查验收工作。验收时应严格执行航天产品拒收制度，拒收未经供应商质量部门检验合格的产品、生产过程无质量记录的产品、质量证明文件不齐全的产品和数据包不符合要求的产品。

把好供应商准入关十分重要。为降低供应商选择风险，可建立外包供应商承制产品分类矩阵表。矩阵表纵向为产品分类，横向为产品规格，根据产品尺寸、供应商加工能力和技术、质量稳定性，将外包产品分为小型、中型和大型三类。通过矩阵表的建立，对工序外包任务进行了“定点”分工，建立矩阵式外包供应商选择模式，为供应商选择提供科学依据。如航天某一研究所针对多家供应商承制的工序类外包产品，以本所业务量较大的机加工工序外协产品为试点，根据产品结构特点，将机加工工序外包产品分为舱体/壳体类、舵/翼面类、本体类、导轨/舵轨类、壁板/梁类、环/法兰类、支架/框架类、轴套/轴杆类、块/箱体/罩体类、半球/膜片类等10类，根据外包供应商类型，结合供应商加工能力、产能特点以及本所任务当量，每类产品指定2家供应商，明确供应商的优选原则，即同类产品战略型供应商优先，优选型供应商次之，形成了“机加工供应商承制产品分类矩阵表”，有效降低了供应商选择风险。

（四）航天型号供应商绩效评价

各单位按照“一单一评、一年一评、三年一清”的原则对合格供应商实施履约绩效评价。其中，“一单一评”是指由合同甲方根据合同履行过程中质量、进度、成本、服务等方面的成效及时开展的评价。“一年一评”是指按照自然年度对供应商供应情况实施的年度综合评价和等级确定。“三年一清”是指对连续三年无承制任务的供应商，从合格供应商名录中剔除。

“一单一评”为单个合同履行情况评价，实行百分制，包含“质量”“进度”“成本”“服务”四个一级指标和“交付合格情况”等五个二级指标。

“一年一评”为供应商年度综合绩效评价，实行百分制，包含“合同履约评价”“质量问题及归零情况”“体系运行情况”“次级供应商管理情况”四个方面。

绩效评价是定量评价和定性评价相结合的方法，以定量评价为主。供应商绩效评价结果分为“优秀”“良好”“合格”“基本合格”“不合格”五个等级。绩效评价为“基本合格”的供应商须按要求进行整改，整改通过后可继续列入合格供应商名录，整改不通过将取消其供应资格。绩效评价为“不合格”的应取消其供应资格，被取消资格的供应商再次申请准入的，应重新按照初次准入的标准实施准入管理。

（五）航天型号供应商关系管理

根据管理需要与合作层级，将供应商分为战略供应商、优选供应商、合格供应商三类。对获取战略性资源和提升核心竞争能力具有重要贡献和战略意义、需要长期友好合作且产品产能和质量性能具有竞争优势或垄断地位、在多个业务领域与集团公司有合作关系的供应商，列为集团公司战略供应商。

航天各单位实施业绩引导，在新产品开发、采购份额分配、产品价格、订货优先权、付款优先权、领域深度合作等方面向业绩优秀的供应商倾斜，建立紧密合作伙伴关系，形成稳定的“供应链联盟”。同时，加强与供应商的沟通和交流，及时了解掌握供应商的动态，帮助供应商提高技术和能力，增强其供应配套能力和竞争能力，促使供应商能更好地为航天提供产品和服务。

各单位名录内的供应商出现以下情况之一的，将取消其合格供应商资格，从合格供应商名录中剔除，并列入航天供应商黑名单。

1）在招投标、合同签订和履约过程中，违反法律法规，采取商业贿赂、虚假欺骗等不正当手段的；

2）提供假冒伪劣产品或以次充好、以假充真、弄虚作假；

3）不按照合同规定履行或擅自终止合同；

4）擅自把外包合同全部任务转让、转包和分包；

5）供应商拒不配合年度审核工作的，责令限期整改拒不整改的；

6）发生质量问题拒不配合归零工作的；

7）出现重大违法违规行为，受到政府部门或用户重大处罚的。

航天某一研究所优化供应商结构，按照不同类型对供应商进行分类，梳理同类别供应商数量，分析该类型供应商数量是否合理，组织研究所内各相关部门进行评审，优化供应商结构。要适当减少群体大的同类型供应商数量，并分析单一供应商是否存在风险。对三年未发生业务往来的供应商进行重新评估，留用则进行评审手续，未来无合作的供应商则进行相关删除程序。建立供应商绩效考评机制，在保证供应商结构稳定的前提下引入竞争，淘汰产品质量不稳定、无法及时交付产品的厂家。结合厂所降本增效工作，对供应商进行分级分类，合并同类型供应商，拓展单一供应商及优化考评机制。通过实施航天型号供应商关系管理，在任务量增长的情况下减少了供应商数量，在保证产品质量和进度的前提下优化了供应商结构，提升了产品质量和生产效益。

（六）航天型号供应商管理信息系统

全级次供应商管理工作的逐步开展，对统一的信息系统提出了强烈的需求，需要依靠先进的信息化管理手段，解决供应商管理数据收集难、数据利用率低下、业务不规范、统计工作烦琐、人工工作量大等实际问题，全面支撑航天型号供应商管理“信息服务、业务支撑、决策支持和风险管控”工作。

航天建立了包含供应商综合管理、供应商信息管理、供应商知识管理、产品数据结构以及供应商决策管控等功能的全级次供应商管理信息平台，建立了航天型号全级次供应商数据库，进一步摸清了航天型号全级次供应商家底，实现了航天型号全级次供应商数据的实时统计。在此基础上，实现了对型号物资供应商培训、资质认定、名录管理、绩效评价等各类信息的统一归集与管理。具体如图 3－3 所示。

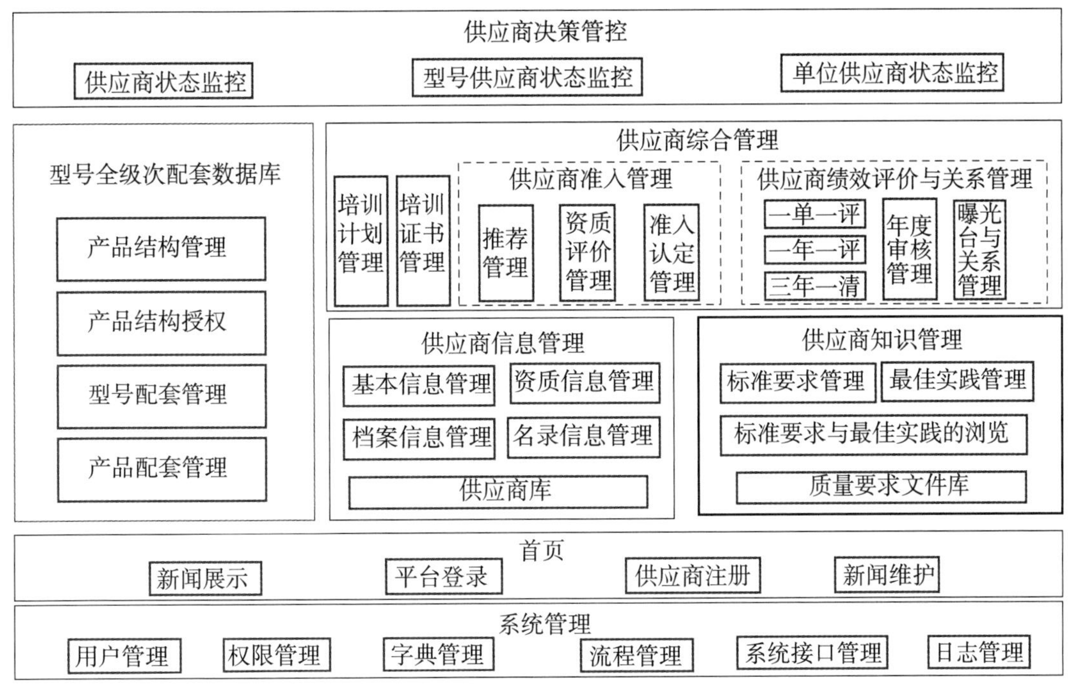

图 3－3　全级次供应商管理信息平台

有的航天生产厂家优化航天型号产品外包管控模式，成立协作配套中心作为专门机构，重点优化配套管理措施，参与供应商绩效评价、能力提升，落实供应商奖惩措施等工作，在保证外包产品交付质量与进度的同时，实现与供应商共赢发展。

（1）制定外包保证工程师岗位作业指导书

编制外包保证工程师岗位作业指导书，明确外包保证工程师在外包过程中的具体职责和要求，包括产品投产前的风险识别与管控、过程问题处理、绩效评价收集与反馈、供应商监督检查和指导提升等内容。

（2）培养供应商质量工程师

制定供应商质量工程师管理要求，明确任职资格、岗位职责和评价要求，开展上岗培训和考核颁证；定期开展供应商质量工程师履职评价并纳入供应商绩效评价，针对评价结果开展复训复评；根据供应商质量工程师工作情况，结合产品分级分类和供应质量情况，任命供应商质量工程师为外包产品质量放行代表，通过细化数据包、明确验收项目表等要求，确保验收过程受控；制定外包产品免验规范，实现部分产品免于入厂复验。

（3）建立内外部统一的通用规范

以机加工为试点，重点编制阀门产品、大件产品、复杂结构类产品的机加工通用执行规范，涵盖技术方法、操作要求、验收标准、产品防护等内容，做到内外部执行规范一致。通过组建培训师队伍，对供应商进行通用规范培训、现场指导和教学，提升其加工生产及产品保证能力。

（4）完善供应商评价及奖惩机制

完善差异化的供应商绩效评价体系，通过外包产品质量放行代表过程评价和供应商质量工程师履职评价，准确、全面地获取供应商绩效评价基础数据，及时反映当期供应商绩效水平；基于绩效评价结果，完善供应商激励及约束机制，指导供应商比选和外包产品财务付款。

第三节　航天质量监督

航天质量监督工作是航天质量管理体系建设的重要组成部分，它伴随着我国航天事业的发展而不断推进，为我国航天事业从小到大，从弱到强起到保驾护航的作用。

面向航天发展的未来，面向国家重大工程需求，面向高质量高效率高效益目标要求，航天人以“零缺陷”意识砥砺前行，不断创新航天质量监督理念、方法和模式，从体系监督到产品监督，从过程监督到专题监督，逐步规范化、制度化。20 世纪 80 年代末开始，实施了军贸产品的质量监督验收制度，军贸产品质量监督验收代表对承制单位检验合格的产品实物质量实施监督验收并对验收质量负责。20 世纪 90 年代中期，为应对严峻质量形势，航天工业总公司建立了质量监督代表制度。近年来，为适应航天发展新形势，在运载火箭领域试行了质量监理制度。在实施军贸产品质量监督验收制度、航天总公司质量监督代表制度、运载火箭质量监理制度的基础上，又创新了质量监督的模式，探索建立了航天一体化质量监督体系并开始全面实施，使质量监督代表制度及其实施进入完善发展推进的新阶段。

一、军贸产品质量监督验收

改革开放后，我国军工行业加大对外合作力度，陆续有军贸产品出口。1989 年，按照国家有关要求开始实施军贸产品的质量监督验收制度，验收代表对承制单位检验合格的实物质量实施监督验收，并对验收质量负责。国防科技工业主管部门于 2011 年发布了关于进一步加强军贸产品质量监督管理工作的要求，明确“军工集团公司要结合自身军贸出口的特点，建立起承制单位、军贸公司等各方职责明确完善的质量责任体系，落实质量责任制，对所属单位承担的军贸产品论证、研制、生产、试验和服务质量实施监督管理”。

根据此要求，航天两大集团公司向承制军贸产品的总体院派驻军贸验收代表，设立质量监督验收代表室。代表室设总代表 1 人，设副总代表 1～2 人，根据需要聘任质量监督验收代表若干名。总代表根据任务需要，向有关厂（所）派出监督验收代表，组成厂（所）代表室。总代表、副总代表由总承制研究院推荐，集团公司审批并予以聘任，行政关系隶属原单位，业务上接受集团公司相关业务部门的指导。

军贸质量监督验收代表依据有关要求对军贸产品论证、研制、生产、试验和服务质量实施独立的监督。军贸质量监督验收代表负责对军贸产品研制生产和售后服务全过程进行质量监督，对承制单位检验合格的产品实物质量进行监督验收，并对验收质量负责，对军贸产品质量监督验收信息进行收集和报告。

2018 年年底，《航天军贸产品质量监督验收要求》（QJ 20904—2018）、《航天军贸产品研制过程质量监督要求》（QJ 20905—2018）、《航天军贸产品生产过程质量监督要求》（QJ 20906—2018）三项航天行业标准发布实施，规定了航天军贸产品质量监督验收要求以及研制、生产过程方面的质量监督要求，为进一步规范航天军贸产品质量监督工作提供了指导。

军贸产品质量监督验收以合同为依据，以用户满意为宗旨，以提升集团公司军贸市场竞争力和可持续发展为目标。主要工作包括：研制管理、设计鉴定管理、批生产管理和售后管理四个阶段的工作。质量监督工作的重点是：质量问题归零、转阶段评审、设计鉴定分级管理的把关、满足合同履约要求的审查等。由于组织健全，职责明确，方法得当，军贸产品质量监督验收工作成效不断显现，取得了明显的经济效益和社会效益。

二、航天质量监督代表制度

1995 年 1 月，针对航天严峻质量形势和繁重的科研生产任务，航天工业总公司首次提出实施独立的质量监督要求，下派质量监督员，监督检查航天总公司及所属研究院和厂所的质量规定执行情况。同年 7 月至 10 月，航天工业总公司出台了《质量管理改革方案》，明确“建立总公司质量代表制”；下发《中国航天工业总公司派驻质量监督代表实施办法（试行）》，规定了质量监督代表工作的性质、任务、工作方式、特点和机构设置；分别向各研究院、研制基地派驻第一批质量监督代表共 15 人。至此，航天正式开始实施了质量监督代表制度的探索试点工作，从而使质量监督工作步入正轨。

1999 年 7 月，为大力推进质量监督工作，在总结以往经验和调研的基础上，航天科技集团出台了《质量监督代表工作管理办法》，从性质、任务、职责、工作原则和工作方法等五方面对代表工作予以明确规范。2008 年，航天进一步明确了“质量监督代表工作系统是航天质量管理体系的重要组成部分，是独立于被监督单位质量管理部门和型号系统，以监督检查规章制度执行情况、发现问题、查找薄弱环节为主要工作内容的质量监督把关系统”。2009 年，航天科技集团发布了《派驻质量监督代表工作考核评价要求（试行）》，并适时进行了年度考核，实现了对监督代表工作闭环管理。

2011 年，为落实对质量监督代表的相关要求，深入做好质量监督工作，加强对质量监督问题的分析，切实提高质量监督工作的“五性”，即独立性、权威性、及时性、有效性、规范性，航天出台了《关于进一步加强独立质量监督和质量监督问题分析工作的通知》。派驻各院、厂所的质量监督代表认真履行职责，将“零缺陷”理念落实在监督过程的每个项目、每个细节上。对航天产品的设计、生产、试验过程进行监督，评价航天产品质量和被派驻单位质量工作情况，监督被派驻单位和重点型号队伍执行有关质量法规、管理规章的情况，帮助和督促被派驻单位质量工作的持续改进，并参与被派驻单位重大质量问题的调查和审查。质量监督代表做到“四不”，即不干预正常的航天产品研究生产活动，不负责处理质量监督中发现的问题，不替代型号指挥系统和设计师系统决策，不改变型号指挥系统和设计师系统的质量责任。在监督过程中，力求做到“三性”（监督证据定位准确，事实清楚，具有真实性；监督准则现实有效，条款具体，具有可查性；监督发现是监督证据和监督准则比对的结果，表述明确，具有可信性）。

航天质量监督代表在航天产品研制生产全过程中展现了其工作的有效性，随着质量代表监督制度的不断完善，航天质量监督工作的效能得到进一步提高。

三、运载火箭质量监理制度

2016—2017年，航天型号连续出现多起重大质量问题，从发生问题的频次、层次，涉及单位的范围，涉及产品的种类来看，运载火箭问题最为突出。为应对严峻的质量形势，加强航天产品质量管控，航天在运载火箭领域试行了质量监理制度。其工作方式充分借鉴了重大设备监理、卫星监造等领域的成熟经验和有效做法，面向航天产品，面向过程，突出重点和质量问题预防，质量监理人员针对被监理航天产品和过程的重要程度、复杂程度、质量控制的难易程度、技术风险的高低等因素，采取文件见证、现场见证和日常巡查的方式对航天产品研制生产中质量管控的关注重点和薄弱环节实施质量监理，为确保航天型号发射成功提供支撑。

2018年1月起，航天运载火箭质量监理工作正式实施。航天集团公司向承担运载火箭研制生产任务的研究院派驻质量总监理、副总监理和质量监理，组成质量监理室，该室由总监理1人、副总监理1人和质量监理若干人组成。质量监理实行聘任制，质量总监理、副总监理、质量监理由院、厂（所）提名，集团公司选聘，质量总监理和副总监理试行跨院聘任制。质量监理人员的聘任周期一般为三年，聘任期满，职务自行解除。

质量监理人员依据集团公司相关要求及质量监理计划和相关标准、规范、细则等对运载火箭型号研制、生产、交付等过程中的重要节点、关键环节实施质量监理。同时要对型号出厂出具独立质量监理报告，对型号研制转阶段、产品验收交付、质量问题归零以及型号正（试）样阶段技术状态更改，独立签署意见。对质量监理中发现的重大质量问题和重大质量隐患，质量监理可行使否决权。对发现的问题，以“不符合项报告”的形式通知问题责任单位并跟踪落实，各质量监理室按月向集团公司提交质量监理报告。

质量监理是质量监督工作的深化，进一步明确了质量监督队伍的职责，进一步完善了质量监督的规范，强化了质量监督的独立性、权威性和规范性，提升了质量监督工作的效能，交付后产品质量问题数大幅下降，2018 年航天全年 37 次运载火箭发射任务都取得了圆满成功。

四、航天一体化质量监督体系

随着航天事业发展的需要，航天质量可靠性要求越来越高，航天产品的高质量、高可靠要求，又对航天质量监督提出更高、更新的要求，航天质量监督工作也需要不断探索、创新。

2019 年，为构建新时期航天科研生产管理体系，整合优化质量监督工作，在融合前期有关质量监督、质量监理工作实践经验的基础上，紧密结合当时的发展实际和未来的需求，开始实施航天一体化质量监督。航天一体化质量监督工作旨在整合优化集团公司质量监督资源，统一队伍、统一要求、统一管理，形成统一协调的航天质量监督体系。它以重大型号为主、一般型号为辅，统一聘任专职、独立的质量监督人员，采取见证、巡视和专题监督等方式，代表集团公司开展质量监督。

航天一体化质量监督系统是航天质量管理体系的重要组成部分，是航天各级单位开展质量管控的重要手段，也是支撑质量评价和质量决策的重要方式。在航天集团公司级一体化质量监督工作基础上，各研究院推进院级质量监督工作系统建设，组建专职、兼职的质量监督队伍，完善院级质量监督的制度规范。院级质量监督工作与集团公司级一体化质量监督工作、院科研生产和质量管理工作有机协同，面向所属单位及承担项目单位开展常态化独立质量监督。

各级质量监督代表依据质量监督计划，采取日常抽查和专项监督检查的方式进行监督，对重要的和共性的问题，以“质量问题监督通知单”的形式通知责任单位。质量监督信息实行重大质量问题报告制度及“两报”（即《月质量监督综合报告》《型号质量监督专题报告》）制度。质量监督代表在质量问题归零报告上签署意见，在型号出厂时出具监督报告，发表意见。

在这一时期，航天建立了质量问题督察反馈制度，使质量监督代表对型号产品的监督抽查工作延伸到了对问题的处理和整改。为更好地发挥监督作用，跟踪问题落实，组织开展专题监督，集中监督检查人员力量并配齐专业队伍，加强监督检查的系统性和针对性，以便抓住薄弱环节和重点项目，更好地从源头发现问题，更好地发现深层次的问题，从而提高质量监督工作的成效。

航天质量监督发展经历的每种模式，都是依据当时航天科技发展的实际和航天重大工程任务质量保证需求以及在已有模式运行经验的基础上提出的。各种模式既有共性，也有个性。在共性方面，功能定位都是代表航天实施有关监督，都明确了具体的组织形式、监督对象、依据、职责和方式，在各自配套的制度中都有明确的工作准则，在监督工作中突出监督证据的真实性、监督准则的可查性以及监督结果的可信性。在个性方面，各种模式在组织形式、监督范围等方面都存在差异。航天一体化质量监督扬长避短，人员由集团公司总部层面统一聘任，由此解除了前面隶属被监督单位、兼职等方式而导致的独立性、权威性欠缺和工作精力不足的问题。该模式明确各院质量监督室纳入院组织建制，弥补了因受建制外限制而导致质量信息传递不到位或质量信息缺失等问题。该模式还明确了质量监督代表的薪酬提升比例和有关福利待遇，明确了考核奖惩和责任追究规定，进一步增强了质量监督人员的责任感和获得感。

正在运行的航天一体化质量监督模式虽初见成效，但本着实践/认识/再实践/再认识的理念，仍需要在实践中不断完善。面向未来，航天仍需不断推动质量监督模式的创新发展，以适应新时代航天发展要求，为航天事业再创辉煌保驾护航。

五、质量监督的准则与方法

据不完全统计，2011—2017 年间，航天质量监督涉及数百个型号 80 余万份技术文件，签署质量问题归零报告 3 000 余份，编写监督报告 1 000 余份，提出监督建议 16 000 余条，采纳率 97.7%。由于采纳了大量的针对性强的航天质量监督建议，大大减少了质量问题的出现，提高了航天产品的最终质量，起到了保驾护航的作用。

航天在质量监督方面不断进行探索实践，为实现“万无一失”的目标，确保航天产品研制一次成功，逐渐形成了质量监督的新模式，也形成了质量监督准则与方法。

质量监督的“五性”准则是：独立性、权威性、及时性、有效性、规范性。

质量监督的“五三”方法为：讲好“三依靠”，即依靠领导重视，依靠全员支持，依靠自己努力；做好“三沟通”，即代表与单位沟通，代表与型号两总沟通，代表之间沟通；抓好“三结合”，即产品与体系监督结合，过程与节点监督结合，个人与专题监督结合；做到“三坚持”和“三到位”，即坚持掌握标准，提出问题依据到位；坚持严格要求，出现问题反应到位；坚持跟踪监督，促进问题整改落实到位。

纵观航天质量监督模式的不断演进，可以归纳航天质量监督工作的“八要素”是：航天型号监督、航天产品监督、质量体系监督、质量专题监督，以及监督准则、监督方法、监督结果、监督管理。

质量监督工作必须在把握全局的基础上抓住重点，关注关键点。航天质量监督工作的“八抓”和“八关注”是：型号监督抓重点，关注系统和风险；产品监督抓典型，关注关键、多发病；体系监督抓运行，关注职责连续性；专题监督抓策划，关注特性和顽症；监督准则抓“五性”，关注权威性、独立性；监督方法抓“五三”，关注归零和跟踪；监督结果抓剖析，关注共性和深层；监督管理抓机制，关注激励和保证。

第四节 航天质量管理体系评估

航天质量管理伴随着航天工程的实践在不断发展和完善，已经形成了一系列具有中国航天特色的质量管理方法。2009 年，航天结合新的形势和任务需求，总结和提炼多年航天质量管理成功经验，尤其是 1996 年以来质量管理方面的有效做法，发布实施了《航天型号精细化质量管理要求（2009 版）》（简称“新 28 条”），首次明确提出了“精细化质量管理”的概念。

为推行精细化质量管理，推进“新 28 条”要求的有效落实，航天研究和实施了质量管理体系评估工作，每年制定质量管理体系评估年度工作计划，组织专家开展质量管理体系评估工作。通过质量管理体系的评估，建立了集团公司、研究院、厂（所）三级的质量管理体系的自我完善和持续改进机制。

一、总体思路

航天质量管理体系评估是结合航天科研生产组织管理以及质量管理体系建设的特点，借鉴包括卓越绩效模式评价、麦肯锡质量管理成熟度评价、日本科技联盟质量管理体系评价等国内外质量评价的模式和方法，研究提出的质量管理体系评估工作机制。它通过建立系统完整、分级实施的质量管理体系评估机制以及健全的评估队伍体系，建立了反映航天质量管理特点、规律和要求的、覆盖质量管理体系运行过程和结果的评估模型和评估准则，明晰了评估要素，采用成熟度等级的定量化评价方法对质量管理体系的成熟度等级进行判定，形成了完善的评估组织管理体系和系统的技术管理文件体系。

质量管理体系评估总体框架如图 3-4 所示。

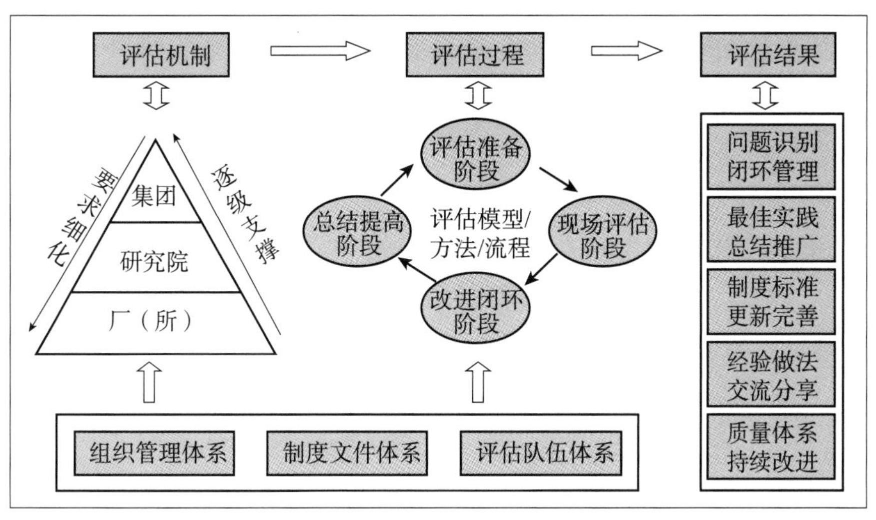

图 3-4　质量管理体系评估总体框架

航天质量管理体系评估的特点主要包括以下几个方面：

1）建立适应航天企业集团多级管理特点的质量管理体系持续改进机制。集团公司、研究院、厂（所）三级联动，各级质量管理体系评估遵循自身的科研管理模式和产品特点进行，弥补了主要以单位质量管理体系审核和上级质量监督检查的方式推动组织质量管理体系改进的不足。这为多级母子公司型企业集团从顶层牵引分级建立质量管理体系的持续改进机制提供了可借鉴的模式。

2）建立航天面向组织质量管理和面向型号质量管理的定量化评估的模式和方法。针对航天型号研制跨单位以及组织质量管理和型号质量管理相互独立又相互联系和影响的特点，实施以型号质量保障为中心，将单位质量管理和型号质量管理有机结合的质量管理体系评估模型以及评估要素和评估准则，在一定程度上解决了单位质量管理和型号质量管理要求衔接不够紧密的问题。同时，采用成熟度等级的评价方式，建立定量化的评估方法，针对质量改进、过程质量控制、质量基础、体系运行结果等方面评估要素进行定量化评估，有效获得型号以及组织质量管理的成熟度水平。

3）为各级质量管理制度、标准规范的落实以及动态管理提供有效手段和载体。在系统梳理和分析航天独特质量管理要求的基础上，结合对航天质量管理的特点和关键环节的分析研究，确定评估模块、评估子模块、评估要素以及评估要素的评估准则，在评估准则中突出评估要素的核心关注点，为相关制度要求的落实提供有效载体和明确指导。通过评估过程中最佳实践的挖掘推广以及薄弱环节的识别与改进，推进了航天质量管理要求的逐级细化落实，各级质量管理制度、标准规范以及评估准则也得到进一步发展、完善。

二、评估模型和评估要素

质量管理体系评估模型如图 3－5 所示。

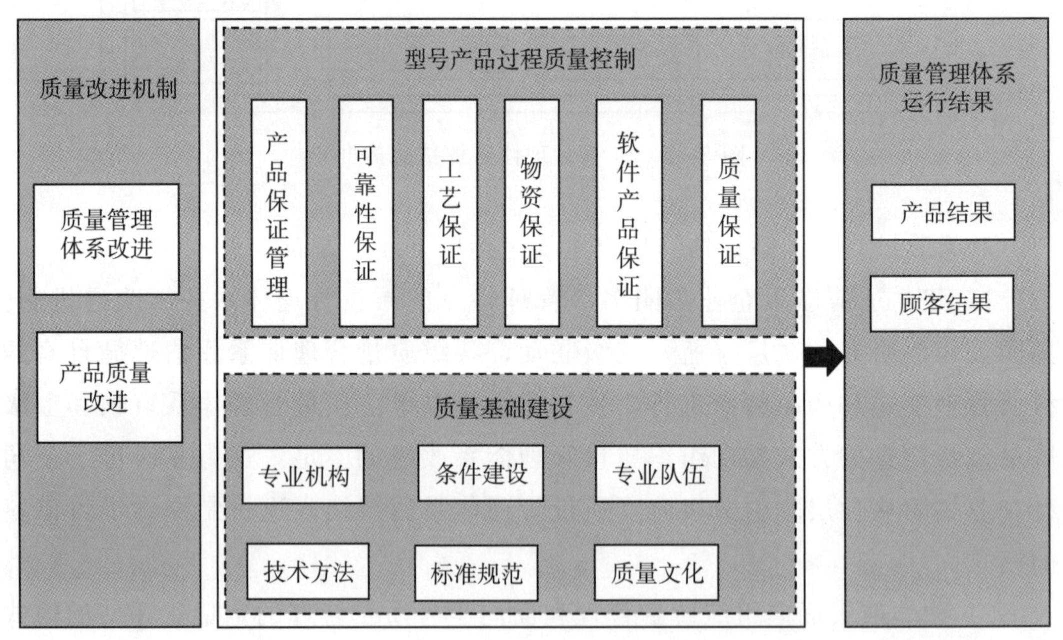

图 3－5　质量管理体系评估模型

注：“可靠性保证”中“可靠性”指的是广义可靠性概念，包括可靠性、安全性、维修性、保障性、电磁兼容性等方面的内容。

评估模型主要包括过程和结果两个方面，其中，过程包括“质量改进机制”“型号产品过程质量控制”“质量基础建设”三个模块，体现了航天质量管理的三方面重点工作，即质量改进、型号过程质量控制以及质量基础能力建设，结果包括“质量管理体系运行结果”一个模块。

“质量改进机制”模块，重点是从组织层面的质量管理和质量改进的角度来评估，包括“质量管理体系改进”和“产品质量改进”两个子模块：“质量管理体系改进”模块是单位质量管理体系及改进机制建设方面的内容；“产品质量改进”模块是提升产品成熟度的产品改进方面的模式和方法。“质量改进机制”模块的主要内容与 GJB 9001 标准的“管理职责”和“测量、分析和改进”章节相对应。

“型号产品过程质量控制”模块，重点是从项目层面的质量管理和过程控制的角度来评估，主要包括六个子模块，即产品保证管理、质量保证、可靠性保证、物资保证、工艺保证和软件产品保证，这六个子模块的设置是借鉴国外先进的面向复杂产品研制生产实施的产品保证的思路确定，覆盖了型号产品过程质量控制的主要工作。“型号产品过程质量控制”模块的主要内容与GJB 9001标准“产品实现”章节相对应。

“质量基础建设”模块，重点是从航天所关注的质量基础建设要素的角度进行评估，包括六个子模块，即专业机构、条件建设、专业队伍、技术方法、标准规范、质量文化，这六个子模块是对“型号产品过程质量控制”起基础支持作用、专业保障作用。“质量基础建设”模块的主要内容与 GJB 9001 标准“资源管理”章节相对应。

“质量管理体系运行结果”模块，与上述三个模块是因果关系，包括两个子模块，即产品结果和顾客结果。“产品结果”子模块是指型号产品实物质量，包括型号任务成败和质量问题情况；“顾客结果”子模块反映顾客的态度，不仅受产品质量影响，还受售后服务情况的影响，该模块的内容是对 GJB 9001 标准的补充。

评估要素确定的主要依据是 GJB 9001B、《航天型号精细化质量管理要求》以及其他航天标准规范要求和集团公司质量工作关注的重点内容，其中一部分评估要素是常规重点质量工作，一部分评估要素是当前质量管理的薄弱环节，其他部分评估要素是在挖掘最佳实践基础上要推广的方法。

评估要素的确定一方面考虑了传统的质量管理体系的相关要素，如内审和管理评审、质量责任制、体系文件控制、产品检验、产品标识和可追溯性等，这些要素在通用质量管理要求的基础上，补充增加了航天质量管理的特殊要求；另一方面更加突出了航天特色质量管理的范畴和规律，反映了面向复杂航天产品质量管理和过程质量控制的重点，体现了航天质量管理的经验和成果，如共性问题的研究和解决、产品保证策划、产品数据包管理、质量问题归零管理、可靠性设计分析和验证、技术状态控制、产品验收管理、标准规范体系建设、专业技术支撑机构建设等。

根据评估要素的重要程度明确了每个评估要素的分值，分值的大小反映了其在航天质量管理体系建设和运行中的重要性以及航天质量管理体系评估的关注点。航天质量管理体系评估关注结果，包括产品结果以及顾客满意程度，同时，对于质量管理体系过程，重点关注质量责任制、质量管理体系评估机制、面向产品的质量分析、产品保证策划、可靠性设计分析和验证、关键环节控制、质量信息管理、产品数据包管理、技术状态管理、质量问题归零等内容，其相应评估要素的标准分值也更高。

评估要素会根据质量管理体系评估工作开展情况以及年度质量工作要点进行动态调整，以确保评估要素的适宜性。

评估模块、评估子模块、评估要素示例见表3－1。

表3－1　评估模块、评估子模块和评估要素及其分值

评估模块	评估子模块	编号	评估要素
质量改进机制	质量管理体系改进	1－1	质量责任制
		1－2	质量管理体系评估机制
		1－3	内审和管理评审
		1－4	体系文件的控制
		1－5	质量信息管理
		1－6	质量监督检查
	产品质量改进	1－7	面向产品的质量分析
		1－8	共性问题的研究和解决
		1－9	通用产品定型管理

续表

评估模块	评估子模块	编号	评估要素
型号产品研制生产过程质量控制	产品保证管理	2-1	产品保证策划
		2-2	技术评审
		2-3	产品数据包管理
	可靠性保证	2-4	可靠性设计、分析和验证
	工艺保证	2-5	综合工艺管理
		2-6	型号工艺管理
	物资保证	2-7	物资的选用和质量控制
	软件产品保证	2-8	软件工程化
	质量保证	2-9	三级审签、会签
		2-10	复核复算
		2-11	技术状态控制
		2-12	表格化管理
		2-13	关键环节控制
		2-14	质量问题归零管理
		2-15	外包外购产品质量管理
		2-16	产品标识和可追溯性
		2-17	产品检验
		2-18	产品验收管理
		2-19	试验控制
		2-20	检测、测试数据的分析和管理
质量基础建设	标准规范	3-1	标准规范体系建设
	专业机构	3-2	专业技术支撑机构建设
	条件建设	3-3	设备设施
	技术方法	3-4	技术方法的研究和应用
	专业队伍	3-5	质量与可靠性专业队伍建设
	质量文化	3-6	质量教育培训和群众性质量管理活动
质量管理体系运行结果	产品结果	4-1	任务成功率情况
		4-2	质量问题情况
	顾客结果	4-3	顾客满意程度

三、评估方法和流程

（一）过程类评估要素评估方法

对照评估要素的评估准则进行评估。对照评估准则的每个条款的要求，依据查阅的资料及相关证实性材料，如实记录评估中发现的问题以及好的经验和做法。其中，对于发现问题的记录应明确具体，便于被评估方理解和整改；对于记录的好的经验和做法应体现该评估要素超出评估准则的创新做法、具有推广价值的最佳实践。在集团公司对院的评估过程中，对于很多过程类的评估要素，既要查阅院本级的相关资料，了解院在这方面的制度要求是否明确，同时，也要查阅院属厂（所）的相关支撑性材料，以了解院有关要求在厂（所）层面的具体贯彻落实情况，特别是对于“型号产品研制生产过程质量控制”模块的相关评估要素，一般以选择的“型号产品”为主线进行评估，以便系统了解和掌握相关评估要素的实施过程和效果。

判定各评估要素的成熟度等级。依据每个评估要素的评估准则，采用“要求—落实—改进”的评定方式来确定每个要素的成熟度等级，以定量化评定其符合性和有效性程度。其中“要求”主要是指对照评估要素的评估内容，查看单位的有关制度文件中是否明确了相关内容要求，“要求”是否落实了集团公司的有关规定并体现了单位自身的特点和需求，“要求”是否可落实、可检查。“落实”主要是指上述的制度文件中规定的“要求”是否得到规范和有效的贯彻落实，主要体现在“要求”的逐级传递、细化，相关人员对“要求”的准确理解和执行，相关实施记录详细完整，同时对“要求”落实情况有监督检查；“改进”主要是指“要求”贯彻落实过程中，对于出现的问题，能够及时采取纠正措施，并举一反三，进一步完善了相关制度文件，建立了促进“要求”贯彻落实的持续改进机制。

每个评估要素分为四个成熟度等级，即优秀、良好、达标和不达标。其中，不达标表示该项工作不能满足航天产品质量管理的基本要求；达标表示该项工作仅满足了航天产品质量管理的相关标准和文件的最基本要求；良好表示该项工作超出达标水平，能更加有效地满足航天产品质量管理相关标准和文件的要求；优秀表示该项工作在满足集团公司现有管理要求方面达到相当完美的程度，其科学有效的做法和先进经验可以作为最佳实践在集团内推广。

每个成熟度等级对应着相应的成熟度系数，成熟度系数分值越高，该评估要素开展的工作越好。具体的判定指南见表3－2。

表3－2　过程评估要素成熟度等级和系数确定指南

成熟度等级	成熟度系数	成熟度评定要点
不达标	0,0.4	•针对该要素没有明确的要求 •要求没有在相应的过程和部门得到落实 •没有针对问题的分析方法,只有就事论事且不彻底的处理
达标	0.5,0.6	•针对该要素的主要方面,有明确的要求和基本有效的方法 •要求在主要过程和部门得到基本落实 •有基本的分析和改进活动
良好	0.7,0.8	•针对该要素的全部方面,有具体的要求和有效的方法 •要求在所有相应过程和部门都得到落实 •有系统的分析和评价的方法,对关键过程实施有效的分析和改进
优秀	0.9,1	•针对该要素的全部方面,有系统、规范、详细的要求和先进、系统、高效的方法 •要求在所有相应的过程和部门得到全面、彻底有效的落实 •基于详细信息的、全面系统的分析、评价和深入、彻底的改进,形成持续改进的机制

在对过程类评估要素进行成熟度等级评定时，对于“优秀”“良好”“达标”三个等级的判定方法是：如果前两个评定要点，即要求和落实中有一个不能满足，成熟度等级则降到下一个等级；如果前两个评定要点，即要求和落实都满足，但第三个评定要点，即改进没有满足，成熟度系数则可达到该成熟度等级的下限值，即0.5、0.7或0.9；如果三个评定要点，即要求、落实、改进都满足，则成熟度系数可达到该成熟度等级的上限值，即0.6、0.8或1。对于“不达标”等级的判定方法是：如果符合评定要点前两项中的其中一项规定，成熟度等级系数就判定为0，其他情况的成熟度等级系数判定为0.4。

每个过程类评估要素的实际得分为该评估要素的满分分值乘以其成熟度等级系数。

（二）结果类评估要素评估方法

对照评估要素的评估准则进行评估。查看结果类评估要素的相关证实材料，一般结果类评估要素都有比较明确的量化数据支撑，重点是要系统、综合地分析这些数据的来源和覆盖面，确保数据的真实、准确和可靠。

判定评估要素的等级及系数。每个结果类评估要素的评估内容都分为A、B、C、D四个等级，对于“产品结果”的评估要素来说，总体院和专业院的评估内容有所区别。A、B、C、D 四个等级的系数分别为：A 级系数为 1，B 级系数为 0.8，C 级系数为 0.6，D 级系数为 0.4。根据对相关证实材料的综合分析结果判定结果类评估要素的等级，在此基础上确定系数的大小。

每个结果类评估要素的实际得分为评估要素的满分分值乘以相应等级系数。

（三）评估结果的确定

过程类和结果类各评估要素得分之和为质量管理体系评估的最终得分。按照分值分布将评估结果分为 A、B、C、D 四个等级，其中，质量管理体系评估最终得分为 800（含）～1 000 分是 A 级，质量管理体系评估最终得分为 600（含）～800 分是 B 级，质量管理体系评估最终得分为 400（含）～600 分是 C 级，质量管理体系评估最终得分为 400 分以下是 D 级。

集团公司对研究院进行质量管理体系评估的主要流程如图 3-6 所示。

实施航天质量管理体系评估的成效主要体现在以下几个方面：

1）通过自我评估和外部评估相结合的开展，深化了集团公司、研究院、厂（所）各级对质量管理流程的梳理以及对质量管理现状的认识，强化了对相关质量制度、标准和规范要求的深入学习、理解和掌握。

2）推进了集团公司精细化质量管理制度、标准和规范以及重点质量工作的逐级细化和有效贯彻落实，进一步强化了质量管理、过程质量控制和质量基础建设，促进了集团公司、研究院、厂（所）各级质量管理能力的提升。

3）弥补了现有质量管理体系评价方式（内审、管理评审）的不足，促进了质量管理体系建设同型号质量管理的有机结合，完善了质量管理体系文件，提升了质量管理体系在保障型号质量方面的能力，提高了质量管理体系运行的有效性。

4）更加有效地识别和改进了质量管理体系中的薄弱环节和深层次问题，更加深入地认识和掌握了质量管理相关工作以及质量管理体系的成熟度水平，同时，质量管理中的最佳实践得到了比较系统的挖掘、总结和推广，各级质量管理制度、标准规范体系进一步健全完善。

5）基于“以评促建”的原则开展质量管理体系评估工作，搭建了各单位之间质量管理交流的平台，通过现场评估过程的交流和讨论以及评估专题培训工作的开展，促进了各院之间质量管理工作的交流和学习，不断追求卓越管理。

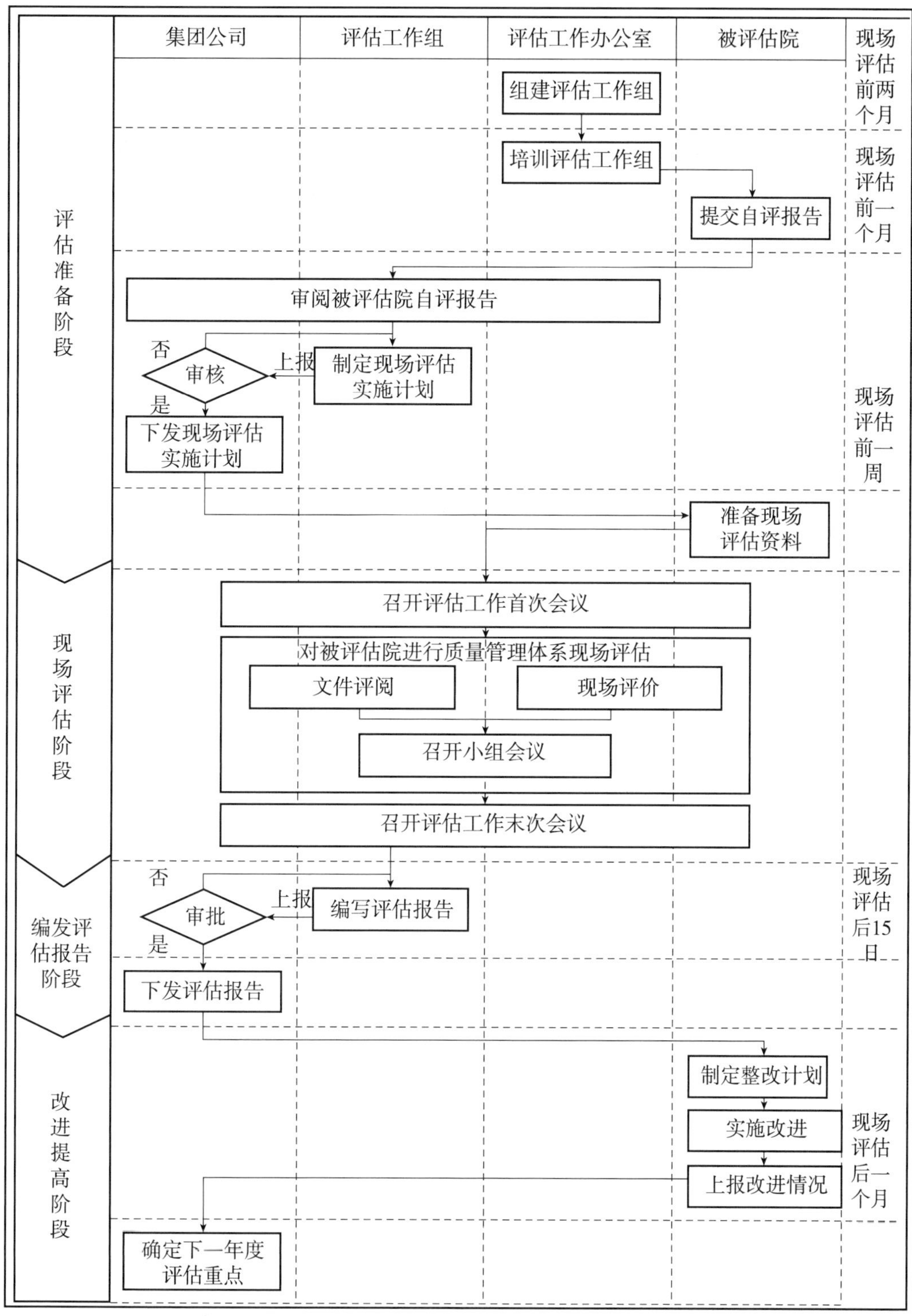

图 3－6　质量管理体系评估流程图

6）锻炼了队伍，提升了航天科研生产人员对航天质量制度、标准、规范要求的理解和贯彻实施能力，梳理、优化了管理和技术流程，提高了管理水平，型号产品质量问题数持续下降，部分型号在发射场和飞行过程中实现了“零故障”目标，有效保障了以载人航天、月球探测等为代表的航天重大工程任务和重点型号任务的成功。

第四章

全过程的航天工程质量管理

航天工程项目或航天型号任务具有投入大、涉及专业广、参研单位多、研制过程复杂、质量可靠性安全性要求高等特点。要确保工程项目研制成功和型号任务万无一失，必须把握其研制规律，实施有效的全过程质量管控。

为提高航天产品固有质量水平，航天研制必须完成设计、生产、试验、交付验收等任务过程，有的任务过程还需要反复迭代完善。在航天工程几十年的成功实践与失败挫折中，航天人逐渐认识和把握了型号研制规律，明确了航天工程任务阶段划分，制定了相应的研制程序，形成了以实施航天型号产品保证为主线，以技术风险分析和控制为核心，对影响航天工程质量的各种要素实施全面有效控制的质量保证方法，有效地落实了航天工程零缺陷管理的内在要求，体现了“从源头抓起、全过程受控、零缺陷管理、一次成功”的重要内容。

第一节　研制程序

航天型号研制程序是对航天型号每个研制阶段的任务划分及相互关系的明确规定，是型号研制规律的客观反映，是型号研制生产遵循的准则，也是型号研制管理工作的依据及型号研制阶段工作考核的标准。航天型号研制程序伴随着航天工程任务实施和科研生产模式变化而持续改进和完善，对于适应航天新形势新任务新要求，不断提升航天系统工程管理能力，支撑和保障航天重大任务的顺利实施有着至关重要的作用。

一、研制程序的产生与发展

（一）从仿制到自主研制，摸索研制规律

我国导弹研制从最初仿制苏联产品的东风一号开始，不断学习导弹基本理论，积累工程实践经验，初步建立了导弹的研制过程和导弹生产体系。1960年，苏联政府撤走全部苏联专家，我国并未停止导弹研制的步伐，加快了整个研制工作进程，培养了一支导弹研制队伍，建成初具规模的研制基地和生产配套体系，但尚未建成一套完整的研制体系。东风二号是我国自行研制的第一个中近程地地弹道导弹，由于没有自行研制的经验，1962 年 3 月东风二号首飞失败。首飞失败的原因，主要是没有将导弹作为弹性体设计和发动机强度不够，地面试验不充分，研制工作没有按照研制程序办事。

（二）规范型号研制生产工作，形成研制程序

东风二号的失败，引起了航天人对型号研制程序的重视。中国航天在摸索并总结研制规律基础上制定了研制程序，建立了两条指挥线，健全了各项研制工作制度，补充建设了研制试验用的地面设施，以加强地面试验。1962 年颁布的《国防部第五研究院暂行条例（草案）》强调按研制程序办事，明确规定型号研制工作应按八个阶段有序开展，即：确定任务、制定方案、初步设计、技术设计、试制、综合试验、定型和移交。该《条例》还指出：这八个阶段是

型号系统研制工作的必经程序，必须有节奏地进行，在某些情况下也可以组织交叉作业。文件中还规定了“如果关键技术没有在预先研究阶段突破，不得用于型号”。这些规定使航天研制工作产生了一个质的飞跃，是型号研制工作的第一个里程碑。通过进一步规范化和科学化管理，逐步建立了研制体系。

1963 年，钱学森同志进一步倡导在运载火箭系统研制中绘制型号系统研制程序图，形象地、系统地、有序地对型号系统研制实行科学管理。在中程运载火箭的研制实践中，按照研制程序掌握研制进程，顺利完成了任务。

1979 年，第七机械工业部各研究院都分别制定颁布了型号系统研制程序。其研制工作大致划分为：确定任务、制定方案、初步设计、技术设计试制、地面试验、飞行试验和设计定型七个阶段，将技术设计和试制作为一个阶段，把综合试验划分为“地面试验”和“飞行试验”。

1981 年，第七机械工业部总结以往经验，又正式颁布了《型号研制程序暂行条例》，将型号系统研制过程按逻辑划分为五个阶段，即指标论证阶段、方案阶段、初样阶段、试样阶段和定型阶段。要求其所属各院、局、基地按这五个阶段执行。

（三）实践中不断完善与发展

20 世纪 90 年代，关于航天型号研制程序的若干文件法规颁布实施，从而使研制程序的制定和实施步入了国家级规范化阶段。常规武器装备研制包括论证、方案、工程研制、设计定型、生产定型五个阶段。其中，工程研制阶段一般分为初样和试样两个阶段，技术比较成熟的配套设备可以直接进入试样阶段；产量很小的产品，可只进行设计定型；有一定批量的产品，需进行工艺定型；对于大批量生产的产品，应进行生产定型。

在这一时期，发布了关于研制程序的一系列国家军用标准和航天行业标准，如 QJ 2107—1991《导弹和运载火箭地面设备研制程序》。这些标准更好地总结固化了航天型号研制经验，可更准确、更有效地指导航天型号的研制生产。

2004 年，在航天型号管理规定中明确：“型号立项后，承制单位要按国家有关规定制定具体的型号研制程序，确定后严格执行，不得随意更改和跨越。确需修改时，必须履行审批手续。改进型号的研制程序经确认后可适当简化。”

在 2019 年发布的航天科研生产管理规定中明确：型号研制实行分阶段管理，一般按照方案阶段、初样阶段、正样（试样）阶段逐步开展研制，本阶段研制工作结束并通过转阶段评审后，方可进入下一阶段；成熟度较高的型号，可以在此基础上优化研制阶段；用户有特殊要求并符合研制规律的，可以按照其研制要求执行；商业航天和军贸类项目可以适应市场要求，采用灵活适用的研制模式。

2019 年，Q/QJA 692《航天系统工程通用要求》标准发布实施，其中对航天产品研制过程、执行和完成任务等全寿命周期进行了细化和更加明确的规定，分为概念研究、论证、方案设计、初样研制、正样（试样）研制、定型和生产部署、使用维护和退役八个阶段。对原来的第一个论证阶段进行了扩展，从应用需求和技术发展机遇出发，研究探索航天新概念、新技术、新系统，增加了概念研究阶段；论证阶段是对明确的项目或任务进行针对性的多方案设计，通过论证寻找可行的最优方案；方案设计阶段主要进行任务指标的分解，关键技术的识别和新技术原理及工程可实现性验证；初样研制阶段是对确定的航天工程方案在工程中实现的重要阶段，通过一系列的分析和试验确定初样各级产品的正式状态；正样（试样）研制阶段是按照初样确定好的状态进行生产制造和验收试验，最终确认达到设计要求的过程；定型和生产部署阶段是针对形成系列化的航天工程产品投产试验达到用户使用要求的过程；使用维护阶段是航天工程产品完成研制交付用户开始进入正式任务的执行过程；退役阶段是航天工程产品完成所有任务后采用合适的方法进行处置的过程。

二、航天型号研制程序

航天型号完整的研制可分为三大过程：论证、工程、服务和维护，如图 4－1所示。论证过程分为：概念性研究阶段和可行性论证阶段；工程过程可分为：方案阶段、初样研制阶段、正样（试样）研制阶段、定型和部署阶段；服务和维护过程分为：使用维护阶段和退役阶段。

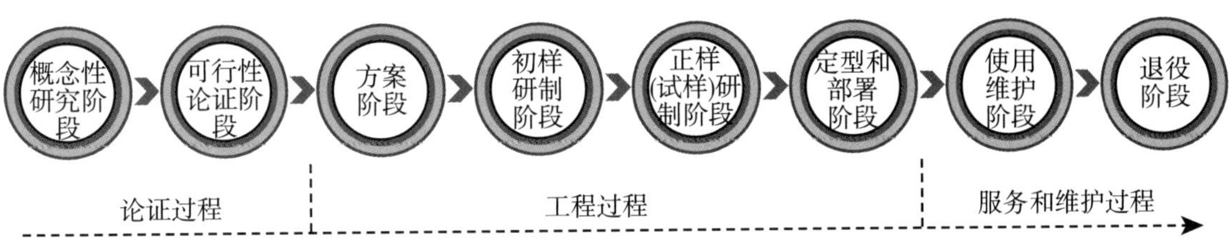

图 4－1　航天型号完整的研制过程

运载火箭、航天器、导弹武器装备在三大过程的基础上根据型号特点进行了更明确的阶段划分，如运载火箭研制划分为五个阶段：论证、方案、初样、试样和应用发射阶段；航天器研制划分为七个阶段：综合论证、可行性论证、方案、初样、正样、发射和在轨测试、在轨运行和离轨处置阶段；导弹武器装备研制划分为五个阶段：论证、方案、初样、试样和定型阶段。

每个阶段工作具有独立性，在研制活动的各阶段末期，组织各级进行评审，做出是否能够转入下一个阶段的决策，并作为该阶段任务完成的标志。根据型号具体任务的不同，研制阶段之间工作具有重叠性，进行风险评估后，方可开展两阶段重叠部分的工作。

（一）概念性研究阶段

航天型号初步方案设想，一般是根据国家批准的航天型号中长期发展规划和市场需求，以及从应用需要和研究探索航天新概念、新技术、新系统等技术发展需要出发，由用户组织、研制方参加，对航天型号任务需求进行分析和研究后提出的。初步确定航天型号系统工程目标和要求的方案设想后，进入概念性研究阶段。

概念性研究阶段要对航天型号任务进行分析，拟订航天型号的初步使用要求和战术技术指标（或技术要求）；用户会同研制部门对航天型号初步使用要求和战术技术指标的合理性和可实现性进行分析与研究；研制部门应根据用户提出的初步使用要求和战术技术指标，开展航天型号概念研究，对可选用的成熟技术以及现有条件进行调研论证；在对初步使用要求和战术技术指标实现的可能性分析基础上，进行航天型号可行性方案的初步论证。

概念性研究阶段一般要完成《航天型号立项综合论证报告》和《航天型号可行性初步方案论证报告》，并通过专项评审。

（二）可行性论证阶段

可行性论证阶段是在概念性研究阶段任务初步论证的基础上，对拟开展的项目进行任务论证，提出任务使命，对航天型号初步使用要求、战术技术指标的合理性和指标之间的匹配性进行分析，经多方案对比，提出新系统的初步技术方案和研制总要求，以及使用要求和技术指标。制定大总体方案，建立功能基线，并与《航天型号立项综合论证报告》的技术内容协调一致。开展关键技术识别与攻关活动和项目的经济可行性论证。以运载火箭、航天器为例，在可行性论证阶段主要工作内容如下。

（1）运载火箭

根据研制需求，对初步使用要求和主要技术指标，开展可行性论证，提出可达到的技术指标；在多方案比较基础上，提出总体、分系统初步技术方案以及主要技术途径和关键技术，提出初步飞行试验方案、重要研制保障条件、周期计划、经济成本等，形成可行性论证报告。

（2）航天器

根据用户初步需求，在航天器总体初步方案设想基础上，开展航天器系统任务分析。总体可行性方案可采用公用平台或成熟产品和成熟技术进行设计，进行多方案比较，提出几种技术途径以实现技术指标。初步制定研制技术流程、型号研制周期设想。对运载火箭、发射场、测控系统和地面应用系统等进行支撑性分析，提出航天器对运载火箭的初步技术要求；提出对测控系统的初步技术要求；提出对发射场的初步技术要求；提出对地面应用系统的初步技术要求。根据航天型号的可靠性要求和寿命要求，提出元器件的等级要求。在任务分析的基础上，确定关键技术和关键项目，分析在系统层次上的作用，对技术性能、不确定性和风险程度进行预测，同时组织关键技术的攻关，进行可行性论证。最后进行研制经费可行性论证，完成总体可行性方案设计。

可行性论证阶段一般要完成航天型号可行性方案论证报告和经济可行性论证报告，以支持航天器工程立项。

（三）方案阶段

以航天型号可行性方案论证报告通过评审为标志，并且航天型号立项综合论证报告得到批复后，航天型号研制可进入方案阶段。

方案阶段开展航天系统任务和技术指标分解，确定系统级功能、性能及通用质量特性指标要求，形成功能基线；将系统级要求分解到分系统，开展对新技术、新原理的验证，完成系统方案设计和原理样机或模拟样机仿真验证，确定完整的系统和分系统设计规范，形成分配基线。运载火箭、航天器在方案阶段主要工作内容如下。

（1）运载火箭

根据研制总要求定义总体和各分系统的功能和性能指标；开展关键技术攻关；完成方案设计、样机试制及原理性试验，确定总体和分系统方案。主要包括：

1）开展总体和分系统方案设计，明确初样技术总体要求；

2）完成关键技术、工艺攻关或明确解决途径；

3）编制总体向分系统、分系统向单机的初样设计任务书；

4）编制初样产品投产配套表和研制计划；

5）开展全箭风洞试验、发动机摇摆试车电气系统原理性匹配试验等大型试验。

（2）航天器

此阶段在可行性论证和工程立项批复基础上，以用户下达的航天器研制总要求为依据，开展航天器各分系统和总体方案设计以及仿真验证，完成关键技术攻关工作，编制总体方案设计报告。主要包括：

1）建立航天器系统的分配基线，并与航天器研制总要求的技术内容协调一致；

2）论证分系统的功能和技术要求，确定分系统的功能基线和分配基线；

3）论证和确定设备的类别（设备按鉴定状态分为A、B、C、D、E类①；

4）编制航天器与运载火箭、发射场、测控系统和地面应用系统的接口要求，编制设计及建造规范、电磁兼容性（EMC）规范、环境试验规范等；

5）编制产品保证要求，编制产品保证计划、可靠性工作计划等；

6）进行地面大型试验项目的论证，确定初样航天器的地面大型试验项目。

（四）初样研制阶段

在确定了航天型号分系统的功能基线和分配基线，编制了航天型号有关分系统方案设计报告，并通过了转阶段评审后，则研制任务可进入初样研制阶段。初样研制阶段主要任务是达到设计要求，并形成一套证明产品可以研制、生产、使用和维护的数据资料，用分析、比较和评定资料或设计报告的形式说明这种设计状态的正确性和合理性，编制形成项目文件。活动结束的标志是完成关键设计和评审，评审通过后确定产品及其接口的详细规定。

初样研制阶段主要包含初样设计、初样设备生产和验收、初样验证。运载火箭、航天器初样研制阶段主要工作内容如下。

---

① 具体解释说明见本章第二节产品保证中的第三部分的（六）产品鉴定状态管理。

（1）运载火箭

完成总体、分系统和单机的初样设计、产品生产、研制试验和大型试验，验证设计和工艺的正确性、可靠性和各系统的协调匹配性，完善设计、生产制造工艺。主要包括：

1）开展总体、分系统和单机的初样研制，明确试样状态；

2）有效解决方案阶段的遗留问题；

3）完成关键技术攻关，明确产品制造工艺方案；

4）编制总体向分系统、分系统向单机的试样设计任务书；

5）编制试样产品投产配套表和研制计划；

6）开展静力试验、分离试验、电气系统综合匹配试验、子级热试车试验、模态试验等大型试验；

7）确定飞行试验方案，并获上级主管部门批准。

（2）航天器

初样设计在方案设计基础上开展深化和细化工作，主要完成航天器总体、分系统和单机的详细设计，完成初样电性航天器、结构航天器和热控航天器的研制以及研制试验和鉴定试验。初样研制阶段一般还需要完成各分系统的设计和研制评审、航天型号可靠性和安全性设计与分析、航天型号总装和地面各种大型试验总结及评审、质量问题归零及举一反三、各级产品正样技术状态确定、初样型号研制总结等工作。主要包括：

1）系统和分系统的详细设计，包括机、电、热以及数据等接口设计；

2）根据有效载荷的复杂程度、质量大小和采用成熟技术、成熟产品和成熟平台的情况，确定研制状态，如：电性、机构、热控模型以及其他研制模型（如辐射试验模型等）的技术状态；

3）系统和分系统的地面支持设备的设计；

4）编制试验条件、试验矩阵等环境试验要求文件；

5）建立航天型号系统的产品基线，作为产品生产的依据；

6）初样验证，主要包括以下内容：

a）初样验证试验的准备，主要完成初样设备试验要求、初样设备试验大纲、初样设备试验细则、初样型号试验要求、初样型号试验方案、初样型号试验大纲的编制和评审；

b）初样验证试验保障条件，完成综合测试系统及设备、环境试验设备（振动台、热真空模拟器、声试验室）、EMC 试验设备、剩磁测量设备、质量特性测试设备的准备，根据试验任务要求，对满足试验要求的现有设备进行检测，对不满足试验要求的现有设备提出研制要求；

c）初样验证试验项目，完成设备级试验、分系统级试验、系统级试验（电性能、力学、电磁兼容、热平衡、热真空等）、大系统间试验。

（五）正样（试样）研制阶段

航天型号按照研制流程完成了初样研制阶段全部过程，并通过了转阶段评审，型号正样（试样）的技术状态已经确定，生产（产品）基线已经形成，则研制任务可进入正样（试样）研制阶段。

正样（试样）研制阶段主要包含正样（试样）设计、正样（试样）设备生产和验收、正样（试样）验证。运载火箭、航天器正样（试样）研制阶段主要工作内容如下。

（1）运载火箭

运载火箭试样研制阶段的任务是，完成总体和分系统试样设计、试样产品生产和验收；利用合练对全箭产品进行考核，完善设计；完成飞行试验并通过研制总要求验收评审，固化全箭技术状态。

主要包括以下内容：

1）有效解决初样阶段遗留问题；

2）固化总体、分系统和单机技术状态；

3）明确和稳定产品制造工艺，使单机具备定型条件；

4）完成发射场合练和全部大型试验；

5）完成飞行试验和飞行试验总结及结果评审。

（2）航天器

航天器正样研制阶段主要包含正样设计、正样设备生产和验收、正样检验和验证。正样设备生产和验收主要包括编制正样设备验收要求，编制正样设备验收大纲，编制正样设备验收测试细则和测试表格；正样检验和验证主要进行正样设备验收测试，正样设备验收交付。

正样设计、设备生产和验收主要包括以下内容：

1）完成正样元器件齐套、原材料的备料；

2）编制正样阶段分系统的验收规范；

3）完成结构、设备的生产和验收；

4）编写总装工艺文件；

5）编制各项试验的大纲和测试细则；

6）完成总装、测试和大型试验；

7）对研制中出现的质量问题进行了归零；

8）编写分系统、系统研制和质量总结报告；

9）编写出厂各项专项评审报告，包括元器件、软件、技术状态、质量问题归零、可靠性和安全性工作总结报告等；

10）编写型号出厂总结报告；

11）编写型号在发射场的文件，包括发射场技术流程、实施大纲、测试细则。

正样检验和验证主要包括以下内容：

1）设备级环境试验，包括验收级振动试验、热真空试验、热循环试验、老炼试验等；

2）相关分系统之间的联合试验；

3）航天型号电性能的综合测试；

4）航天型号电磁兼容性试验；

5）航天型号质量特性测试；

6）航天型号力学环境验收试验；

7）航天型号热平衡试验和热真空试验；

8）航天型号剩磁试验；

9）航天型号检漏测试；

10）航天型号精度测量；

11）航天型号与其他系统间的接口试验，包括航天型号与运载火箭、发射场、测控系统、地面应用系统等系统间的接口试验；

12）航天型号老炼试验。

正样研制阶段要完成元器件、软件、风险、技术状态、可靠性和安全性、质量问题归零等专项评审、出厂评审、发射评审。

（六）定型和部署阶段

航天型号根据任务特点不同，在定型和部署阶段工作内容也有所差异。运载火箭此阶段进行批生产、发射场测试和应用发射，促进产品成熟度提升。航天器在此阶段一般进行业务航天器生产，发射场测试、发射、在轨测试和交付工作。导弹武器装备在此阶段完成状态和分系统设计定型和工艺定型，完成定型鉴定试验及战术技术指标判定。

运载火箭定型和部署阶段主要工作内容包括：

针对不同航天器的发射需求进行适应性研制，完成发射飞行任务；通过可靠性增长和发射飞行任务验证发射飞行可靠性达到设计指标，提高运载火箭性能、可靠性和任务适应性。

批生产阶段重点加强对批组生产的控制，严格控制全箭技术状态和批组生产的技术状态，确保批组产品的可追溯性，对批组生产、批组验收、抽检飞行实施过程质量控制，批生产阶段质量管理与控制的主要工作有：

1）根据订货合同和有关要求，成立批生产厂（所）际质量保证体系，在总体系下成立相应的子体系，体系运行按有关规定执行。制定型号批生产质量保证大纲（措施），厂（所）分别制定质量管理计划和要求，落实质量保证条款；

2）各承制单位按型号批生产质量管理信息系统要求，拟定信息管理办法，搜集、反馈和处理批生产、产品交付使用期间质量与可靠性信息；

3）设计和生产单位要对不可测试项目按要求制定详细的控制措施，对关键件、重要件及关键工序要实施重点质量控制，确定检验验收项目；

4）批生产阶段初期确认技术状态，进行批次产品技术状态评审，控制批（组）产品技术状态；

5）产品投产前进行批生产准备评审，产品总装前进行批次产品总装测试开装评审，开展首件鉴定等工作；

6）开展批次产品交付总装前验收评审、总装测试质量评审；

7）开展批抽检飞行试验产品出厂评审和靶场试验结束后试验结果评审。

（七）使用维护阶段

航天型号交付之后投入使用，并按法规和合同要求提供相应的维护保障。

航天器由用户组织对平台和有效载荷的在轨测试，判断航天型号在轨运行的工作情况。主要工作如下：

1）编写航天型号飞控文件，包括航天型号在轨测试细则、航天型号长期管理要求等；

2）编写航天型号在轨使用文件，包括《有效载荷使用说明》《用户使用手册》等；

3）完成航天型号平台的在轨测试；

4）完成有效载荷的在轨测试；

5）完成航天型号在轨测试总结。

完成平台和有效载荷的在轨测试和总结评审后，航天器才可在轨交付给用户。

为做好使用维护阶段工作，应制定《航天器在轨故障预案》和《运行管理手册》，以便于航天器工作状态的监视和在轨管理。航天器在轨运行时，编制《在轨运行健康报告》，在工作寿命终止时，进行离轨操作。针对在轨运行中暴露出的问题和不足，及时进行处理，条件具备的情况下，可对航天器进行硬件重组、软件在轨维护或重构，开展设计优化改进。

（八）退役阶段

航天型号完成规定的任务后，在系统寿命末期进行退役处理。退役处理应按规定的流程和作业文件进行，要充分考虑环境、安全和可持续发展等因素开展退役工作。

第二节　产品保证

产品保证是高风险复杂项目质量管理的一种模式，其实质是通过开展系统、规范、严格的产品保证活动，确保用户和组织的产品保证要求得到层层落实和满足。

一、产品保证的产生与发展

“产品保证”是高风险复杂产品质量保证技术不断发展的结果。产品保证起源于美国，20 世纪 60 年代，美国推行质量与可靠性管理，要求负责重大军事装备项目研制的承包商制定和实施质量保证大纲和可靠性保证大纲，形成了产品保证雏形。20 世纪 60 年代至 80 年代，美国通过高性能战斗机、载人登月、航天飞机、核动力航空母舰等高技术复杂系统的研制，积累了丰富的高风险复杂系统质量与可靠性保证经验，并以此为基础建立了产品保证技术。1986

年美国发布了军用标准 DOD－STD－2107《承包商产品保证大纲要求》，要求负责重大军事装备研制的承包商制定和实施产品保证大纲。在 20 世纪 80 年代后期，欧洲空间局（ESA）也全面推行产品保证工作。之后“产品保证”概念在世界航天领域得到了推广；随着世界航天任务的发展变化，各国的“产品保证”概念也发生了演变。

（一）NASA 的“安全与任务保证”

随着美国国防部、美国国家航空航天局（NASA）开展阿波罗计划、航天飞机、国际空间站等一系列大型航天工程，NASA 逐渐形成了一套针对大型工程项目的质量管理方式，即安全与任务保证。“产品保证”概念也逐渐演变为“安全与任务保证”概念。

在 NASA 和美国国防部组织编写的《实用空间系统项目管理》一书中提出：“安全与任务保证”是一种有计划、增值的系统方法，是项目管理的重要组成部分并融入整个工程项目，贯穿项目全生命周期各阶段和系统的各产品层级，其作用是保证任务在规定的期限内无故障地实施，并满足预定的性能要求，降低生命期内任务风险。任务保证的功能和范围包括质量保证、质量工程、技术状态管理、安全工程、可靠性工程、软件保证、元器件工程、材料工程和试验、失效分析、独立评估和评审等。NASA 的安全与任务保证紧密围绕航天工程任务成功，把管理与工程有机结合，突出系统性、规范化、工程化、专业性和独立性等特点，NASA 的安全与任务保证首先针对 NASA 总部的各事业部及所属各中心和实验室，进而面向航天领域和承担 NASA 任务的组织。

（二）ESA 的“产品保证”

ESA 仍然以产品保证的模式进行各类项目的质量管理。尽管开展了一些大型工程项目，但是在完成这些工程项目时，ESA 只作为组织协调方将工程项目分解为小项目，这些小项目由各个成员国分别完成。因此，ESA 的“产品保证”概念仍然是针对普通项目的“产品保证”。在 ESA 产品保证术语标准中，对“产品保证”的定义是“产品保证是研究、策划并实施一系列活动，以保证项目的设计、控制、方法和技术能使产品达到满意的质量水平”。

ESA 产品保证的主要目标是以安全、可用、可靠的方式保证空间产品完成它们规定的任务目标。产品保证管理完全融入项目管理中，在组织管理中享有最高的优先权。ESA 产品保证要求的基本原则是尽早识别出对项目安全和任务成功有潜在危害的因素，并合理有效地预防这些因素的不利影响。ESA的产品保证以保证航天工程任务成功为目标，把管理与工程有机结合；其内涵和范围随着航天工程的发展而不断发展，尤其是参加NASA牵头实施的国际空间站（ISS）项目以来，进一步加强了风险管理和安全性工作。目前，ESA的产品保证范围包括产品保证管理、质量保证、可信性（可靠性、可用性、维修性）保证、安全性保证、EEE元器件保证、材料零件和工艺保证、软件产品保证等。ESA的产品保证工作主要由承担ESA任务的组织和成员国相关机构来完成。

（三）我国航天的“产品保证”

中国航天从20世纪90年代中期开始结合实际，在航天工程实践中学习借鉴国外产品保证模式方法，在航天型号设计、生产、试验、发射、交付使用等全过程进行一系列有组织、有计划的技术和管理活动。我国航天的“产品保证”是在学习借鉴国外“产品保证”概念的基础上形成的相关概念。QJ 2171A—1998《航天产品保证要求》中对“产品保证”的定义是“产品保证是为使人们确信产品达到规定的质量要求，在产品研制、生产全过程所进行的一系列有计划、有组织的技术和管理活动”。产品保证活动主要包括：产品保证管理、质量保证、可靠性保证、维修性保证、安全性保证、元器件保证、机械零件材料和工艺保证、软件产品保证。

我国航天系统各研究院也都结合自身实践，丰富了“产品保证”的内容。如中国空间技术研究院《宇航型号产品保证通用要求》中提出，产品保证主要内容包括：产品保证管理，质量保证，可靠性保证，安全性保证，空间环境适应性保证，EEE元器件保证，材料、机械零件与工艺保证，软件产品保证，地面支持设备保证，共计9个二层次要素。上海航天技术研究院《航天型号产品保证工作要求》中提出，“产品保证是指为使组织与用户确信产品达到规定的质量要求，在产品设计、生产、试验、发射、交付使用等全过程所进行的一系列有计划、有组织的技术和管理活动”，保证产品可靠性具有高的置信度水平和产品质量具有稳定的质量一致性，以满足用户要求，确保型号任务圆满成功。

在航天产品保证的实践中，我们认为，产品保证是在航天型号设计、生产、试验、发射、交付使用等全过程进行的一系列有组织、有计划的技术和管理活动，重点对技术风险进行充分的识别和控制，保证产品质量满足要求，保证航天器飞行任务成功。产品保证的实质是通过开展系统、规范、严格的产品保证活动，确保用户和组织的产品保证要求得到层层落实和满足。

二、产品保证的主要内容

航天型号产品保证内容包括：产品保证管理，质量保证，可靠性保证，安全性保证，空间环境适应性保证，EEE 元器件保证，材料、机械零件与工艺保证，软件产品保证，地面支持设备保证等，如图 4－2 所示。

图 4－2　航天型号产品保证内容

（一）产品保证管理

产品保证管理主要包括：确定项目的产品保证方针、原则、目标；建立产品保证组织和队伍，明确和落实产品保证经理和相关人员的职责；制定项目的产品保证要求和工作计划，明确主承包商和分承包商的责任和权利；对合格分承制方的产品保证能力进行审查、监督与评价；对产品保证要求进行层层分解和传递，对要求执行符合性进行确认；开展设计验证管理、产品鉴定及鉴定状态管理、关键项目管理、评审管理、产品保证信息管理等。此外也包含项目队伍培训。

（二）质量保证

质量保证主要包括：文件及标识（包括产品标识）管理，产品特性分析、关重件（关键件和重要件）确定与过程控制，测试覆盖性分析与检查、不可测试项目识别与控制，采购控制，检验（特别是关键检验和强制检验），验收，过程质量记录管理，不合格控制，搬运、储存、保管、包装和运输控制，生产环境控制（洁净度、污染、多余物、防静电等的控制），人员培训及特殊岗位资质认证等。

（三）可靠性保证

可靠性保证主要包括：可靠性预计与分配，可靠性设计准则（力学、热、EMC、抗辐照、防静电、降额、容错、冗余及裕度设计准则等），FME（C）A与FTA，潜通路分析、最坏情况分析，确定和控制可靠性关键项目，环境应力筛选，可靠性验证，可靠性定量评估等。

（四）安全性保证

安全性保证主要包括：确定安全性要求，识别、分析系统的危险（如火工品、推进剂、压力容器、微波与辐射产品、易燃品、刺激品以及由于故障引起的危险等），制定和控制安全性关键项目，采取措施（如容错、隔离、防故障扩散、最小风险设计等安全性设计准则）把安全性设计进产品，并得到有效的验证，将安全性的风险控制到可接受的水平。

（五）空间环境适应性保证

空间环境适应性保证主要包括：针对太阳电磁辐射、中性大气层、真空、地磁场、带电粒子辐射、微流星和轨道碎片等空间环境产生的大气阻力效应、真空效应、紫外辐射损伤、原子氧剥蚀、电离总剂量效应、单粒子效应、位移损伤效应、表面充放电效应、内带电效应等进行分析，采用防护设计，开展环境模拟试验。

（六）材料、机械零件与工艺保证

材料、机械零件与工艺保证主要包括：使用的材料与零部件清单管理，禁用的材料清单管理，材料的相容性要求，具有易燃、爆炸、剧毒、辐射等特性的材料的使用控制，非金属材料放气率控制，金属材料应力腐蚀裂纹控制，采用的工艺与工艺清单管理，未经飞行试验验证的工艺（或经过飞行试验验证但使用状态或应用环境发生变化）控制、禁用与限用工艺控制，近期多次发生过质量问题的工艺控制，产品成品合格率低或质量不稳定的工艺控制，技术状态更改的工艺控制，关键工艺与工序控制，新工艺鉴定等。

（七）EEE元器件保证

EEE元器件保证主要包括：装机元器件质量等级管理，装机产品元器件清单管理，装机信息管理，元器件选用、采购、监制与验收、筛选与复验、失效分析“五统一”管理，新品元器件、目录外元器件、质量等级不符合要求元器件、超期复验元器件、失效元器件等例外管理，元器件储存、传递管理等。

（八）软件产品保证

软件产品保证主要包括：软件配套与关键等级确定，开发步骤及评审管理，软件沿用与重用管理，关键软件模块开发控制，更改控制，测试及测试覆盖性管理，第三方评测管理，三库（开发库、受控库、产品库）管理，版本控制等。

（九）地面支持设备保证

地面支持设备保证主要包括：地面设备可靠性、安全性与维修性设计，地面设备技术状态管理，地面设备有效性保证（计量与校准）等。

三、产品保证的管理

大型、复杂、高技术密集型航天型号项目，具备承担单位多、投资大、风险高、周期长、应用环境特殊等特点，而且对其可靠性、安全性水平也有高的要求，因此在产品设计、生产、试验、发射、交付使用过程中，仅仅靠对制造过程实施控制还不能完全保证产品质量，需要运用航天零缺陷系统工程管理理论，对影响产品质量的各种要素实施全面有效的控制，采用产品保证的技术和管理手段进行管理。

型号产品保证管理是以技术风险分析和控制为核心、以关键项目为重点、以产品保证计划为抓手，由产品保证队伍详细策划和实施的型号全面质量控制通过在型号各阶段对产品保证各要素使用检验、验证、验收、确认、鉴定、审核、评审等方法，使型号产品风险可控、质量符合用户要求。

（一）产品保证组织和队伍

型号项目组建产品保证队伍，如图4－3所示，包括项目产品保证经理、产品保证助理、专业产品保证工程师、研制单位产品保证负责人。型号项目产品保证经理是产品保证队伍的核心人物，由上级派驻型号项目，在型号项目经理组成的项目团队中，对型号项目经理/总指挥负责，接受型号项目经理/总指挥和单位产品保证部门的双重领导，对项目产品保证工作负直接责任，对于出现的重大问题可直接向单位行政正职和上一级领导报告。产品保证经理负责组织开展项目产品保证的系统策划，编制并实施产品保证大纲和产品保证计划，按项目计划协调组织开展各项产品保证活动；根据任务特点和需求，设立可靠性和安全性、软件、元器件、工艺和材料等产品保证专业主管人员，负责产品保证专业活动的监督、评价和指导，在型号管理中形成一支经培训并取得资质的能独立开展产品保证活动的产品保证队伍，确保型号的产品保证要求有效传递并落实到位，对项目的风险管理、技术状态管理提供有力的支持。

（二）产品保证策划

航天型号产品保证策划是研制全过程中最基础也是最重要的工作，首先建立用户认可的、产品承制单位需要执行的型号产品保证要求，通常以型号产品保证大纲/质量保证大纲的形式形成文件，航天型号采用产品保证大纲/质量保证大纲的方式对用户做出承诺，采用型号产品保证要求的方式对型号各承制单位提出明确的质量要求。在型号产品保证要求明确后，需要根据研制程序、设计方案、技术风险等制定阶段性可执行的产品保证工作计划。

型号质量保证文件是以产品保证大纲/质量保证大纲为保证产品质量的总纲，内容包括航天产品保证各方面的要求等。为了确保产品在各研制阶段的设计、生产、试验、验收和交付等过程控制质量，应确立和编制产品保证大纲的支撑性文件。产品保证大纲的支撑性文件由《产品质量保证大纲》《标准化大纲》《可靠性、维修性、安全性保证大纲》《元器件保证大纲》《工艺保证大纲》《软件保证大纲》等组成。

质量策划一般包括质量要求和工作计划，航天型号对研制全周期需要开展的质量工作通常采用产品保证策划的方式进行筹划，形成产品保证大纲、产品保证要求和阶段产品保证工作计划等策划文件。策划工作主要包括：明确产品保证组织和管理接口，配置产品保证所需的资源；根据用户的产品保证要求制定产品保证大纲，并应得到用户会签；结合型号研制技术流程编制产品保证工作计划；确定对分承制方的产品保证要求。航天器型号产品保证策划的主要文件是产品保证大纲、产品保证要求、产品保证计划，运载火箭等型号质量策划

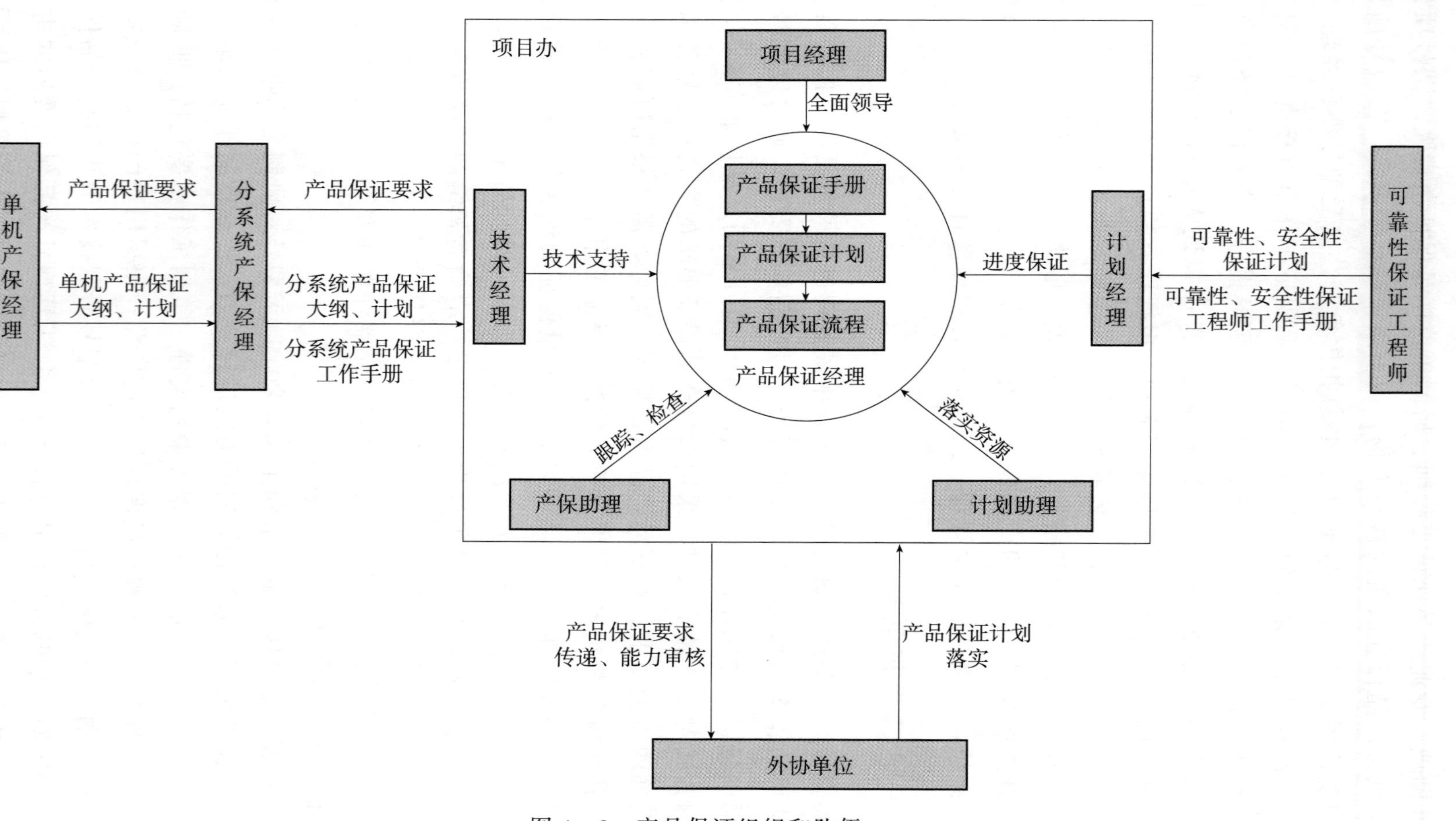

图 4－3　产品保证组织和队伍

文件通常是质量保证大纲和质量计划。

产品保证大纲是对用户提出的产品保证要求的承诺，也是对产品保证工作系统全面的策划。产品保证大纲需明确本级产品的产品保证工作目标、思路与措施，产品保证队伍及职责，拟开展的产品保证活动及所需要的资源，保证完成规定的任务，满足用户要求。

型号项目办根据用户要求、本型号产品保证大纲以及其他相关产品保证管理规范和标准，针对产品保证各要素，面向型号各分承研单位提出本型号的产品保证要求。

产品保证计划是以航天型号研制技术流程为依据，以产品保证要素为基础，对研制阶段任务特点和风险进行分析，结合型号研制计划流程，制定航天型号全寿命周期产品保证流程和各个阶段的详细工作计划。将要素化的产品保证工作项目，按照流程图的方式进行呈现，明确流程中每一项产品保证工作项目的内容、结果、责任、时机、措施等，形成各阶段可操作的产品保证工作计划，实现质量策划的流程化驱动，保证型号质量满足要求。

东方红四号平台通信卫星策划阶段和方案阶段产品保证工作流程，如图 4－4和图 4－5 所示。

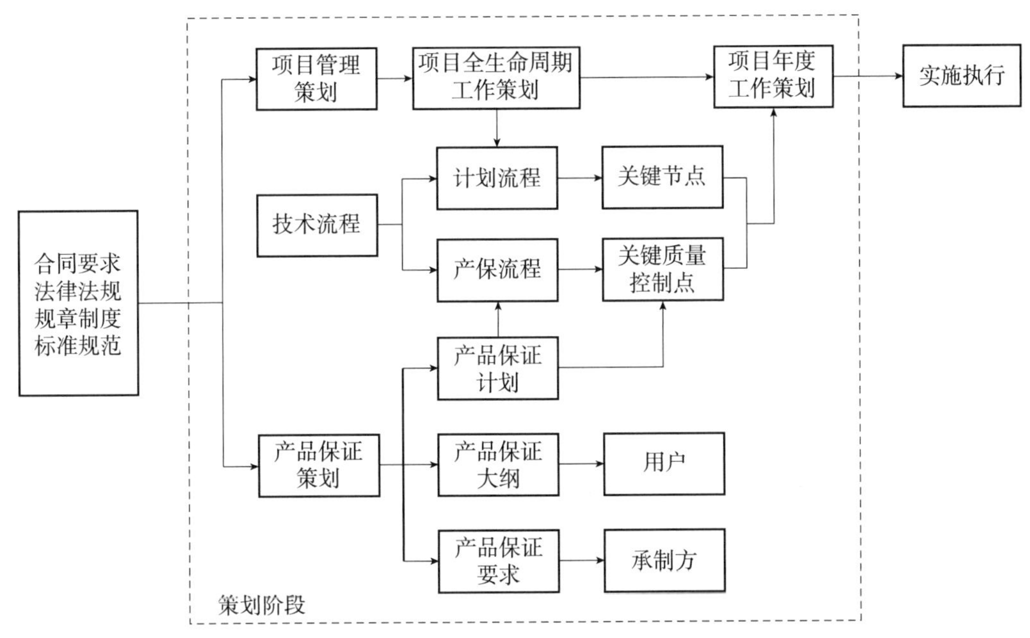

图 4－4　策划阶段产品保证工作流程

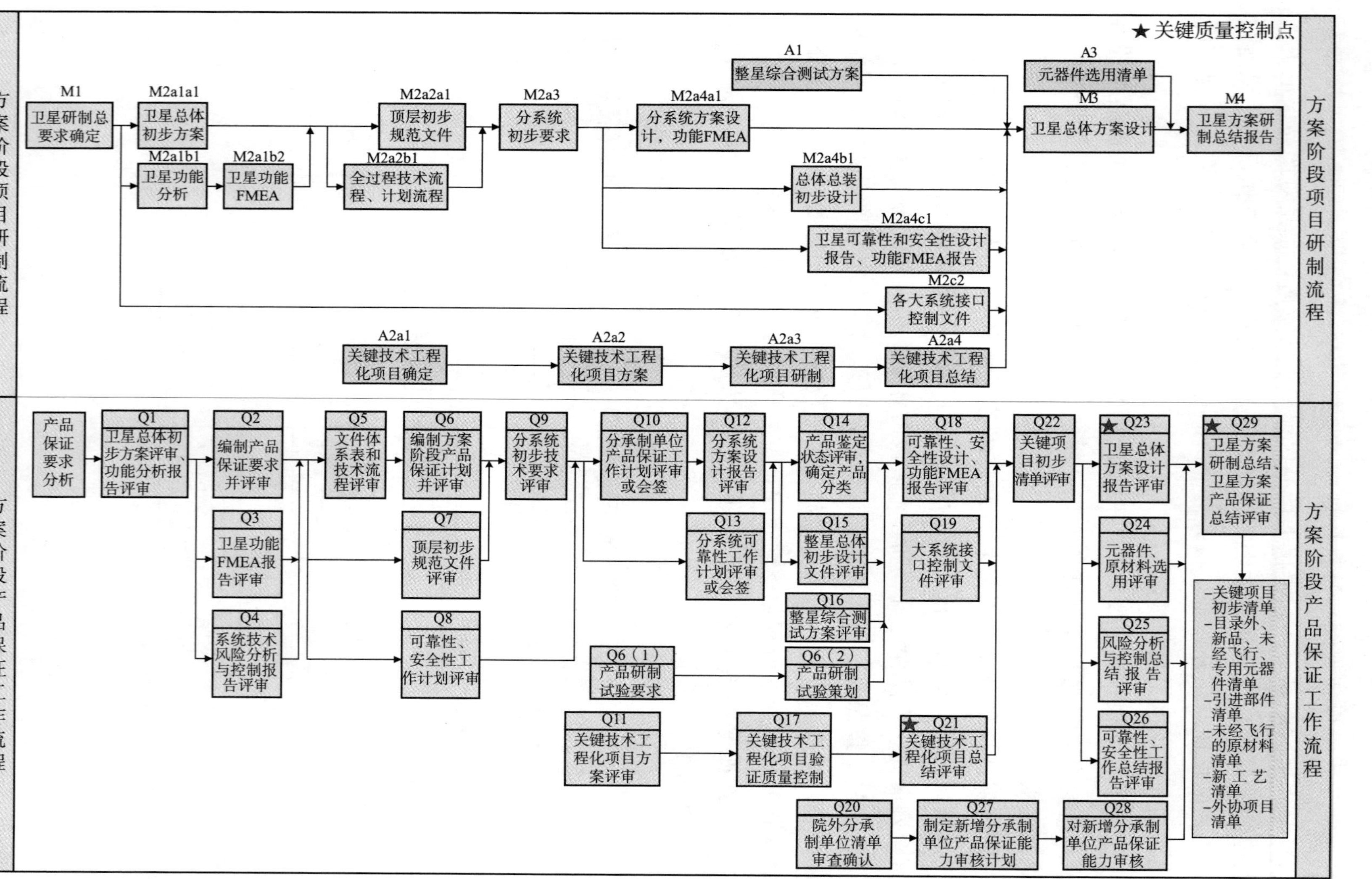

图 4－5 方案阶段产品保证工作流程

（三）对分承制方的控制

航天型号系统复杂、产品种类多、协作单位广泛，由于高可靠、长寿命等要求，对产品质量要求更高，对分承制方的要求更加严格，尤其需要把航天型号产品保证要求明确有效地传递到各分承制单位。分承制方根据型号产品保证要求及相关文件要求，结合所承担产品的研制特点，制定产品保证大纲，确保型号产品保证要求在承制产品设计、生产、试验、测试各阶段得到落实，大纲经型号总体评审和会签后方可进行下一步研制工作。

型号项目立项后，首先梳理已确定的各分承制单位，对航天系统外的产品承制单位尤其是首次承担型号任务并且承担关键产品、关键技术的承制单位，通过宣贯本型号产品保证要求和对分承制单位进行审核等方法，使外协单位相关设计师和管理人员知悉并严格执行产品保证要求中的相关规定。

型号进入初样阶段，应系统分析外协承制单位承担本型号产品的复杂和重要程度以及数量等情况，制定初样阶段分承制单位产品保证审查计划，对承担关键项目的一次外协单位，由产品保证经理带领系统级产品保证队伍对初样阶段产品保证计划制定情况进行审查，二次外协的重要单位由分承制方组织审查，纳入型号初样阶段产品保证工作计划中。通过设计评审、准备状态检查、强制检验点检验、试验见证、鉴定总结或专项审查等环节，检查各承制单位的产品保证计划执行情况。

通过初样阶段的研制情况总结分析，对分承制单位（包括二次以上的外协）质量体系运行状态不稳定、单位管理不严格以及涉及系统级单点失效的关键项目及关键过程等，应制定正样（试样）阶段外协控制检查计划，该计划可与产品保证审核、生产准备就绪检查、试验准备状态检查、试验数据确认、强制检验点检测等相结合，并按照计划检查分承制单位正样（试样）产品保证计划执行情况。正样（试样）阶段型号需理清一次、二次外协单位清单，并与初样阶段或之前型号进行比较，确认是否有变化、是否存在新的分承制单位，并对分承制单位的资质进行审查和确认。型号需针对分承制单位的特点制定专项控制检查计划，对协作单位，通过提出明确的产品保证要求，将规章制度逐级传递到分承制单位；明确提出涉及关键特性参数、关键项目、关重件等禁止二次外协的要求；针对外协单位的质量控制点及计划节点，要制定定期上报或跟产检查制度，加强过程控制和验收把关，确保外协产品质量。

（四）关键项目控制

型号关键项目是指故障发生后，造成人身、财产严重危害，导致型号系统（或分系统）功能、性能不能满足用户要求，严重影响研制进度，并造成航天器不能接受的风险的项目。关键项目的识别是伴随着技术风险分析进行的，是技术风险分析识别后需要进行特殊质量控制的项目。型号关键项目控制结果需要进行阶段性评估，这也是风险评估的一部分。

（1）关键项目识别

根据系统及分系统级 FMEA 结果和关键项目识别准则，识别和确定系统级关键项目，编制系统级关键项目清单。

具有如下特征之一的项目应判定为关键项目：

1）故障发生后直接导致系统破坏或人员伤亡；

2）故障严酷度为Ⅰ类[①]或Ⅱ类[②]的单点失效；

3）故障严酷度为Ⅰ类、Ⅱ类且发生概率大于 1×10^{-5}（或失效率大于 100 Fit）的硬件、软件；

4）故障发生将导致评价航天型号系统完成任务的重要信息丢失；

5）采用未经飞行试验考核的新技术、新产品、新程序，且一旦故障发生将严重影响分系统或系统的功能或性能；

6）难以进行地面试验验证，且在飞行试验中一旦发生故障将严重影响系统相关任务的完成；

7）具有有限寿命期（使用次数、循环周期、使用有效期）或对环境条件敏感（包括抗辐照能力差）的硬件，一旦发生故障将导致分系统或系统的功能或性能失效；

8）在产品质量与可靠性方面有不良历史；

9）发生故障后将对研制进度有严重影响；

10）难以采购。

---

① Ⅰ类故障：灾难性的，故障将导致分系统功能丧失或基本丧失，进而使航天器任务失败或出现不可接受的任务降级或人员伤亡、财产重大损失或使航天器工作寿命缩短至设计寿命的一半以下；

② Ⅱ类故障：关键性的故障，将导致分系统主要功能明显下降，对航天型号任务完成有严重影响或和使航天器工作寿命降低 1/4～1/2。

（2）关键项目清单管理

关键项目清单及系统控制措施应组织专家和有关人员进行评审、确认，由项目技术负责人批准下发。

关键项目清单在型号初样阶段形成，项目办在正样（试样）阶段，组织相关研制单位结合初样关键项目控制情况和正样（试样）研制阶段 FMEA 工作，对关键项目清单及控制措施进行修订、完善。

（3）关键项目过程控制

①一般要求

在方案设计阶段，应全面、细致地开展关键项目的可靠性与安全性设计工作。根据实际，对关键项目设计方案进行仿真或安排专项试验，以加强设计验证。工艺技术部门确定关键项目的关键工序（或关键过程），制定详细的、可操作的工艺方法，纳入关键工序工艺规程进行落实。研制单位将关键项目及其控制措施纳入航天型号研制技术和计划流程进行管理。关键项目涉及的有关产品工艺文件、测试或专项试验文件须进行评审。在关键项目研制或实施过程中，设置必要的关键检验点或强制检验点，并在工艺文件、测试及专项试验细则中进行明确，在研制过程中进行落实。关键项目在研制或实施过程中需形成完整、详细、有效、可追溯的过程质量记录。对于特殊装配、测试和试验项目按制定的措施进行监控，对于关键的生产环节和关键工艺过程，根据需要采取照相或录像措施。

②技术状态控制

涉及关键项目的Ⅰ类技术状态更改方案，由责任单位组织同行专家进行复核复算，并经技术状态控制委员会（小组）审查、确认。涉及多个航天型号的关键项目技术状态更改，报技术状态控制委员会审查、批准，并转项目办备案。

③不合格控制

在正样研制阶段，关键项目的任何超差和偏离提高一级审批，并报项目办备案。

④质量问题归零

涉及关键项目的质量问题归零由项目办组织进行评审，若质量问题涉及多个航天器时，则由质量管理部门组织进行评审，并报相关项目办备案。

⑤风险控制

风险不能完全消除时，对关键项目进行风险分析并组织专家评审，确认项目存在的风险已降至最小程度，并做出且应有不影响任务完成的结论。

⑥关键项目研制情况上报

责任单位将关键项目研制重要节点的完成情况及时上报到项目办，说明完成的进度和质量情况。根据关键项目的研制计划流程，系统总体单位或项目办对关键节点进行检查，质量管理部门负责组织有关专家进行必要的抽查。

⑦控制措施实施结果确认

承制单位在控制措施的实施过程中及时进行检查，并对发现的不符合项实施有效的纠正措施，确保实施过程质量记录的完整性、有效性和可追溯性。

产品交付前，对关键项目控制过程执行结果进行检查、汇总、分析和评价，并纳入同级产品研制质量报告，关键项目过程控制措施和落实结果检查表见表4－1。验收组在验收产品时检查产品研制过程中形成的航天产品数据包，对关键项目过程质量控制情况和有关措施落实情况进行检查，并将检查结果纳入验收结论。

表4－1　关键项目过程控制措施和落实结果检查表

型号代号：　　　　所属分系统：　　　　研制阶段：　　　　表格编号：

序号	产品代号	关键项目名称	主要控制内容和措施	确定控制措施文件的名称、编号	落实结果	落实记录/文件名称、编号	检查人

（五）产品数据包管理

航天产品数据包是指航天产品在设计开发、生产制造、试验验证、交付等过程中形成的各类文件、记录等信息的集合。产品数据包是航天产品保证工作的重要内容之一。

按照总体策划、系统分析、确定清单、形成记录、确认验证、持续改进等阶段，建立产品数据包，通过建立和完善数据包管理体系，确保数据包的系统性、完整性、正确性、可追溯性、可对比性。产品关键特性数据是产品数据包建立的核心内容，并通过在研制过程中不断完善和应用，推动产品保证体系和质量管理体系持续改进。

（1）产品数据包策划

产品数据包是产品质量与可靠性特性要求形成过程的客观记录，是产品实现过程质量与可靠性特性状态的客观证实，是产品过程控制、交付验收、质量改进的重要依据。数据包中的各项数据为生产过程的实际测量记录，包括数据和影像。

产品承研承制单位结合产品的特点，通过对产品技术要求、用户要求、产品保证大纲、本单位相关管理制度的规定进行系统梳理，从产品各阶段开展的工作项目和要求，及其实现过程和实现结果的客观记录等方面系统开展单机和软件产品数据包策划，作为产品数据包建立的输入条件。

产品承研承制单位在对产品生命周期各阶段要求系统梳理的基础上，将要求转化为应开展的工作项目，并将工作项目系统化、规范化、表格化。在此基础上对每一个工作项目提出明确、具体的内容要求，并明确其记录要求及其载体形式，如文件、表格、照片等，使每一个工作步骤都有细化、量化的要求，明确责任人。

产品承研承制单位在产品投产前形成数据包策划清单，并提交上一级产品抓总单位或型号项目办进行确认，数据包清单的审查确认可与设计评审同时进行。数据包项目清单要能明确反映出产品实现全过程各项质量与可靠性工作输入的要求、输出的结果及产品实现和验证的过程。

设计开发、生产制造不在同一个单位的产品，产品责任单位策划并形成完整的数据包策划清单。

产品数据包策划时重点关注关重项目、关重件的落实，各级产品装配、调试过程的不可测试项目和关键工序管理，尤其对反映产品重要质量状态的环节，如单板固封前后、产品合盖前后、整星运输、封舱门前、合舱板前留下数码照片，并形成相关记录。如产品实现过程关键环节无实物照片，返回生产单位进行开盖检查，确保产品质量符合要求。

产品数据包中的每一项内容应有唯一标识，确保具有可追溯性。数据包文档纳入技术档案管理系统管理，按相关规定及时存档和流转。

产品数据包包含交付和备查两个部分。备查数据包由承研承制单位留存并归档管理，在产品强制检验、验收和质量问题归零等必要的情况下提供备查，项目及内容涵盖产品在生产制造、测试试验和验收交付等环节中形成的所有文件、记录、数据和影像等信息。交付数据包随产品交付，项目及内容应满足上一级产品承研承制单位的要求。

(2) 三类关键特性

产品关键特性数据主要包括产品设计及制造过程中产生的设计、工艺和过程控制三类关键特性，是证实和评价产品质量的关键信息，主要由设计、工艺、测试等方面人员共同确定，通过产品设计关键特性表、工艺关键特性表、过程控制关键特性表来表征，并在研制过程中不断完善和应用。

具备下列条件之一的特性可确定为关键特性：

1）达不到设计要求或者发生故障时，会导致产品功能失效；

2）达不到设计要求或者发生故障时，会导致型号主要系统失效；

3）达不到设计要求或者发生故障时，会对人身、财产安全造成严重危害。

设计关键特性是在对产品技术指标、设计输入等分析的基础上，对产品设计实现过程做全面分析得出的在产品设计过程中对产品最终质量与可靠性有决定性影响的特性。

工艺关键特性是产品工艺设计过程中对产品最终质量与可靠性有决定性影响的特性。对于识别出的产品关键、重要特性，要在产品设计关键特性分析的基础上，按照研制流程，确定工艺控制或检验方法。

过程控制关键特性是产品在生产过程控制中对产品最终质量与可靠性有决定性影响的特性，须体现设计关键特性、工艺关键特性在生产过程的落实检查，要与设计关键特性、工艺关键特性建立对应关系，确保针对设计、工艺特性制定的过程控制、工艺、检验方法在生产各环节得到落实。

三类关键特性表建立与实施要求如下：

1）在特性分类分析工作的基础上，根据设计、工艺和过程控制关键特性清单制定三类关键特性控制措施，形成《设计、工艺和过程控制三类关键特性表》；其实施过程由产品研制部门负责，生产部门和工艺部门参与开展。

2）在研制各阶段对《设计、工艺和过程控制三类关键特性表》的实施工作实行动态管理，在鉴定件投产前、转正样时，根据产品研制和试验情况对三类关键特性控制措施进行完善，并升级《设计、工艺和过程控制三类关键特性表》。

3）在设计、工艺、数据包模板等文件中落实《设计、工艺和过程控制三类关键特性表》中要求的所有控制措施，关重件所含关键、重要特性以及由此确定的关键工序，在设计、工艺等文件进行标识。

（3）产品数据包审查

在型号（产品）交付验收前，产品数据包审查分级组织实施。单机产品交付验收时，上一级产品抓总单位对单机产品数据包进行百分之百检查，重点对产品关键特性表内指标满足情况、数据包中关键控制环节过程记录情况进行审查，对检查出的问题应跟踪落实情况，并在相关验收记录中形成对数据包检查的结论和遗留问题的处理意见。总体验收组在验收分系统产品时，对分系统验收单机的数据包检查结果进行确认，并对单机产品数据包进行抽查（按产品数量10%以上抽查，一般不低于两件），对三类关键特性表进行百分之百覆盖性检查。在验收组对数据包内容进行检查和确认过程中如发现产品数据包不满足相关要求，应拒收产品。

在型号出厂前，项目办组织对产品数据包进行全面分析，依据型号系统级产品关键特性表和数据包清单，重点对产品总装、综合测试、系统（或综合匹配）试验等工作环节相关数据的符合性，数据包的系统性、完整性进行审查，得出明确结论；对关键特性参数的量化记录进行分析，关键特性参数的记录百分之百量化。对于数据记录不完整的情况，必要时进行实物检查，完善数据。审查未通过的，型号不得出厂。

对飞行过多次的型号和关键通用产品，出厂前和进场后项目办应按照要求完成关键特性数据成功包络线的详细分析，对超出成功包络线的参数给出对本次任务影响的明确结论。

型号出厂前和进场后，项目办组织对数据判读和比对情况进行复查，检查数据的一致性，对数据偏离和差异的机理进行分析，对让步使用的超差项进行影响分析和确认，对数据临界项进行变化趋势及风险分析。

（六）产品鉴定状态管理

产品鉴定状态管理作为航天型号产品保证的一种方法，通过对航天型号产品开展继承性分析，进行产品鉴定状态的识别和确认，判定其鉴定状态等级、成熟度和所需开展的鉴定内容，确定和规范产品鉴定过程，为航天型号技术风险分析和控制提供依据。产品鉴定状态管理是航天型号研制初期需开展的一项重要工作，是对型谱或批产产品在型号中适用性进行分析的有效方法。

产品鉴定状态确定一般采用分析比对法，即继承产品与被继承产品进行适用性、适用程度的分析和比对，确认应开展的鉴定项目。通过对继承产品一套完整的鉴定状态数据进行审查，包括产品的继承情况、结构组成、应用的文件、技术指标要求、关键特性（包括设计、工艺和过程）、偏离和超差接受情况、工艺清单、元器件清单、材料清单、外协项目清单、鉴定试验测试的结果和鉴定试验条件等，经评估确定产品的鉴定状态及分类，并确定产品鉴定试验项目和试验条件。

（1）产品鉴定状态等级分类

产品鉴定状态有以下几种类别：

①A 类产品

完全继承已经通过鉴定的产品，在设计、制造、元器件、工艺、材料、生产单位等方面没有更改，其设计规范和技术要求（包括性能、可靠性、设计寿命、环境条件等）均不高于被继承产品，符合 GJB 1027A－2005 中相似性鉴定的要求，不需进行鉴定试验，只需进行验收试验。

②B 类产品

继承已经通过鉴定的产品，在设计、制造、元器件、工艺、材料、生产单位等方面均没有较大的更改，当继承产品的使用环境或性能要求不高于被继承产品时，需要进行验收试验或准鉴定试验，当继承产品的使用环境或性能要求高于被继承产品时，需要进行准鉴定试验或补充鉴定试验。

③C 类产品

继承已经通过鉴定的产品，但在设计、制造、元器件、工艺、材料、生产单位等方面有较大更改的产品，需要进行相应的补充鉴定或全面的鉴定试验。

④D 类产品

新研制的产品，需要进行全面的鉴定试验。

⑤E 类产品

引进产品，并且按照 A、B、C、D 等级分类原则，分为 EA、EB、EC、ED 类。

（2）产品鉴定状态控制

承制单位将设计的产品性能指标等要求与被继承产品鉴定数据包进行对比和分析，提出产品鉴定状态分类、试验项目和试验条件，形成初步的产品鉴定状态报告。

继承成熟平台的产品鉴定状态评审在航天型号立项或合同签订后进行，新研型号鉴定状态评审在方案阶段末期和初样阶段初期进行。评审由项目办组织，邀请用户、总体主任设计师、分系统主任设计师和产品保证人员等参加，对选用的产品鉴定状态进行分析和确认。

评审组根据产品鉴定状态报告讨论情况，确定产品鉴定状态分类和鉴定试验项目、试验条件，形成航天型号产品鉴定状态清单。在产品研制的不同阶段，如果产品技术状态发生变化，重新评估及鉴定状态，最终在初样设计阶段汇总产品鉴定状态评审结果，更新产品鉴定状态等级分类清单，形成最终的产品鉴定状态清单（见表 4－2）。

表 4－2　航天型号产品鉴定状态清单

产品名称和代号	所属分系统	研制单位	产品鉴定状态分类	产品成熟度	鉴定								
					鉴定试验型号	鉴定试验件	鉴定试验项目	鉴定计划	评审项目	目前鉴定试验情况	鉴定报告	强制检验点	待办事项/完成时间

（七）产品保证信息管理

型号产品保证信息反映型号研制过程中各层级基本的质量情况，型号产品保证信息的传递是型号产品保证管理的重要工作之一。

产品保证信息主要包括型号研制队伍围绕技术风险识别与控制工作开展的技术活动信息、产品保证管理活动信息、产品质量信息等。

产品保证管理方面的信息主要包括项目办公室和各研制单位产品保证例会、专题会、分析会等管理活动信息；产品保证要求制定与管控情况、产品保证大纲编制与评审情况、产品保证计划制定和监督实施情况等产品保证策划方面的信息；产品保证计划实施方面的信息，包括评审、强制检验、鉴定状态管理、审核、验收等产品保证活动信息；针对技术风险开展的管理方面的控制措施及实施结果；研制过程中发现的不合格管理情况，产品质量问题归零管理情况；各阶段产品保证工作总结和评审情况等。

产品保证信息上报分为正常上报和信息快报两种情况。型号研制产品保证要求中规定了型号产品保证信息季度报告、月报告、周报告等正常上报的信息，若在产品研制过程中出现了严重的不合格、重大质量问题等情况，需要在质量问题发生 2 小时以内送报到型号和质量主管部门。

（八）航天型号产品保证的重点内容

（1）技术风险识别与控制

识别和控制风险是型号产品保证的核心内容，根据型号（项目）特点，采用一定的技术方法，分析技术、产品的不确定环节和影响成败的关键因素，识别技术风险项目，在分析风险发生可能性与后果严重性基础上确定风险综合等级，进而采取必要的应对措施，将风险消除或降低至可接受水平。

阶段性技术风险分析结果可作为型号关键项目确定的依据之一，型号项目将风险等级排序靠前的风险项目作为关键项目进行控制，制定相应的质量控制措施，并进行过程监控和结果评价。

风险分析与识别控制的详细内容见本章第三节。

(2) 技术状态管理

航天型号技术状态管理贯穿于型号研制、生产的全过程。型号产品保证的技术状态管理内容主要包括型号技术状态基线（功能基线、研制基线、生产基线）的确认，技术状态更改、偏离和超差等的控制，定期汇总和监督技术状态控制情况，制定并实施有效的控制技术状态更改、偏离和超差的程序与方法。

技术状态控制的详细内容见本章第四节。

(3) 项目评审

航天型号在研制过程中通过开展一系列的评审活动，检查和确认各承制单位的研制工作情况，检查是否达到用户的要求、完成规定的目标、执行既定的程序等。项目评审是为型号技术决策和行政系统管理决策提供支撑意见必须进行的一项工作，在各研制阶段的重要节点，对技术状态执行情况以及所开展工作的完成情况进行评估，包括对技术和管理工作进行确认。

项目评审一般包括：阶段评审、关键点评审和专项评审。主要有：设计评审、工艺评审、生产准备就绪评审（PRR）、试验/测试准备就绪评审（TRR）、试验/测试数据评审（TDR）、产品质量评审、质量问题归零评审、技术状态更改论证评审、出厂评审、发射场加注评审等。

评审的详细内容见本章第八节。

第三节　技术风险管理

航天型号研制是一个复杂的系统工程，同时伴随着很高的固有技术风险。这是因为，开发航天产品及应用技术，常常要采用未经空间验证的新技术、新材料、新工艺；航天型号的元器件数量从几百、几千增至几万，甚至数十万，复杂性大大增加；航天型号的投资巨大，往往一个型号须投入数以亿计的资金，用户和市场需求对航天型号的质量与可靠性要求越来越高；研制航天型号要缜密组织众多的单位和人员无疏漏地协调工作；航天型号在空间的工作环境十分严酷等。航天型号在飞行试验中一旦发生故障，很可能会造成不可挽回的损失。因此，不论是航天型号管理部门，还是设计和生产部门都力求对航天型号研制技术风险进行“透明式”跟踪管理，即通过连续不断地识别、评估、消除或控制型号技术风险，对风险进行“透明”管理，以保证已知的和意料之外的技术风险不致发展为对航天型号研制费用、进度、质量产生重大影响的问题，或导致航天型号研制的失败，从而保证任务成功。

一、国内外风险管理概况

（一）NASA 风险管理

NASA 于 2002 年发布了 NPR8000.4《风险管理程序要求》，它是 NASA 在航天项目中开展风险管理的顶层指导文件，首次对 NASA 各级机构的风险管理流程和人员职责进行了具体规定和详细说明。2008 年又发布了 NPR8000.4A，它是 2002 年 NPR8000.4 的升级版，反映了 NASA 风险管理研究的最新成果，并将之用于指导 NASA 的风险管理实践。目前，持续风险管理（CRM）已成为 NASA 项目风险管理的核心。CRM 程序如图 4－6 所示。

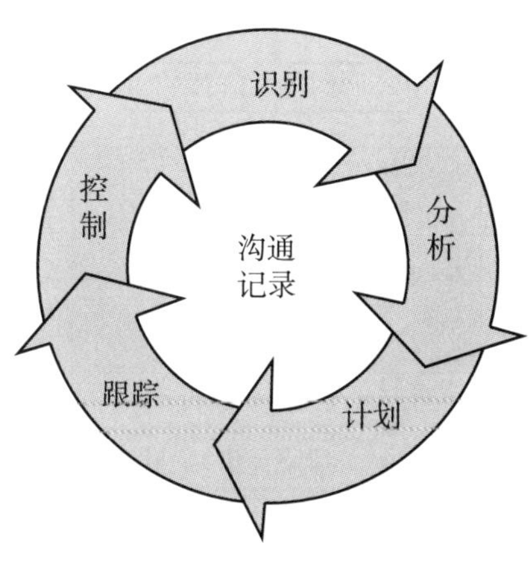

图 4－6　CRM 程序

（二）ESA 风险管理

ESA 空间项目在风险管理周期内与风险管理程序有关的工作项目如图 4－7 所示。

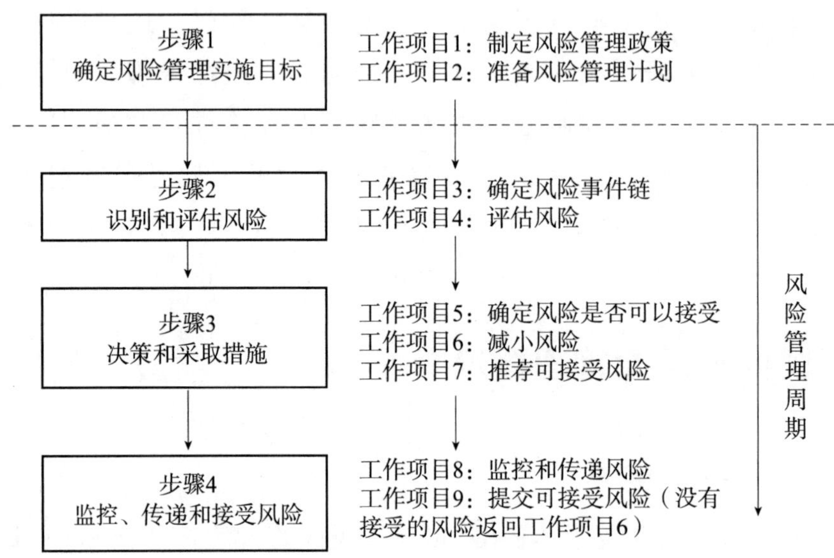

图 4－7　在风险管理周期内与风险管理程序有关的工作项目

（三）ISO 风险管理

ISO 认为风险管理过程是项目管理中的一部分，且与企业文化密切相关。ISO 风险管理过程如图 4－8 所示。

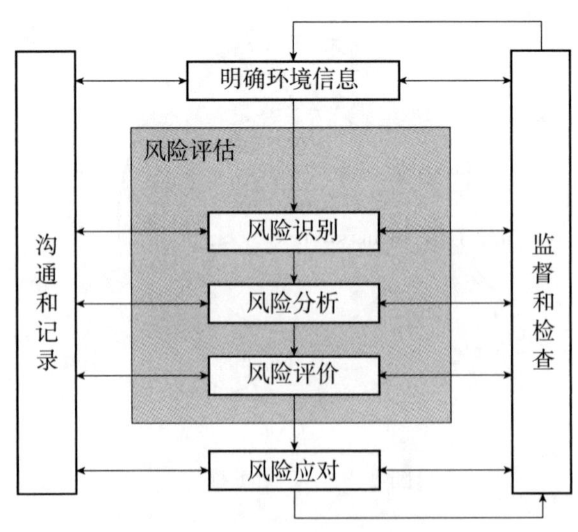

图 4－8　ISO 风险管理过程

（四）我国风险管理

我国风险管理技术起源于20世纪80年代，在主要参考ISO标准的基础上，形成了有关风险管理的国家标准、国家军用标准和行业标准，主要包括：GB/T 23694—2013《风险管理 术语》，GB/T 24353—2009《风险管理 原则与实施指南》，GB/T 27921—2011《风险管理 风险评估技术》，GB/T 20032—2005《项目风险管理 应用指南》，GJB 5852—2006《装备研制风险分析要求》，Q/QJA 670—2018《航天器技术风险管理要求》。

从“十一五”末期开始，航天推行型号技术风险分析工作。2010年，发布了《宇航型号技术风险分析与控制要求》，2011年至2013年，更新了不同版本。在总结航天型号以往成功的技术风险分析与控制经验的基础上，发布了《航天型号技术风险分析与控制要求》（2013版），明确了航天型号技术风险分析与控制工作的责任主体和各级组织的职责，统一了技术风险分析与控制的流程、方法和报告模板，强调了对高风险项目必须采取量化控制措施。通过多年的工程实践，中国航天风险管理取得了显著成效。

二、航天型号技术风险

技术风险是指造成型号技战术指标不能满足要求，危害型号任务目标实现或导致型号任务失败的不确定性，一般用发生可能性和后果严重性综合度量。

航天型号在其管理、设计、试制、试验、生产过程中包含的技术风险，包括管理的技术疏漏、新技术选择、技术指标风险、新设备或技术状态更改风险、设计缺陷、工艺缺陷等。例如，设计的技术性能指标过于先进，实际又达不到；使用环境过于恶劣，选用的原材料不能满足要求；可靠性、安全性不能满足要求；要求的零部件精度太高而工艺水平达不到等，这些都是技术风险。

航天型号技术风险的主要特征如下。

（1）客观性

技术风险是不以人们意志为转移的一种客观存在，随着科学技术的进步与项目管理水平的提高，人们认识、管理和控制技术风险的能力也在不断增强，在航天型号管理中所面临的意外事故虽然可以部分得到有效控制，但是从总体来说是不可能完全消除的，故技术风险具有客观存在性。

（2）危害性

技术风险是对航天型号成功完成任务的一种潜在危害，造成的各种后果往往都是不利的。在航天型号研制的进展过程中，风险的危害性不仅可以表现为经济价值的损失，还有可能表现为对航天型号执行任务造成的损失，对参与航天型号研制人员人身的伤害，甚至会造成不利的社会或政治影响。

（3）不确定性

从总体上说，发生技术风险是必然的，但对某个具体的时间和地点来说，技术风险的发生则是偶然的、不确定的，不确定性可以表现在两个方面：

1）时间上的不确定性。同样在航天型号研制过程中，什么时候会出现技术风险是不可预知的。

2）损失程度的不确定性。出现风险事件可能造成的损失也是不能提前确定的。

（4）可评价性

技术风险的不确定性说明风险基本上是一种随机现象，对个别风险而言是不可预知的，但随机现象总是要服从某种概率分布，因而从总体上看，对一定时期内特定风险事件发生的概率或损失率是可以正确测定的，从而可以把不确定性转化成确定性来研究。

（5）可变性

航天型号研制过程总是处在不断发展变化的进程中，各种风险也不例外。随着航天型号研制要求和技术发展的不断深入，所面临的技术风险也会发生不同程度的变化，认识风险的这种变化性，是管理与控制风险的重要基础。

（6）可控性

可控性即技术风险主体可对风险事件施加有目的的控制措施来降低其发生的可能性，减轻它造成的不利影响。

三、风险管理工作程序

风险管理是项目管理的九个要素（集成管理、范围管理、进度管理、费用管理、质量管理、风险管理、沟通管理、采购管理和人力管理）之一，其他要素均是项目的风险源，均可能引发技术风险。技术风险管理是产品保证管理的一项重要工作。

技术风险管理应按照预定的程序，采用一定的技术方法，识别航天型号技术风险项目，在分析风险发生可能性与后果严重性基础上确定风险综合等级，进而采取必要的应对措施，并随着航天型号研制工作的深入迭代开展，将风险消除或降低至可接受水平。

技术风险管理的目标是残余技术风险应可接受。对于不可接受的残余技术风险应采取相应的有效措施，将风险降到可接受的程度。

型号两总系统是航天型号技术风险责任主体，负责组织航天型号技术风险管理的实施工作，各分系统、设备承制单位对本级产品技术风险负责，并根据航天型号任务要求和产品特点，落实相关工作。

产品承制单位是产品的技术风险责任主体，应结合产品成熟度等级开展产品的技术风险管理工作。

专业产品保证机构（如可靠性安全性保证中心、软件保证中心、元器件保证中心等）应根据项目办或产品承制单位的要求，配合识别和分析专业相关的技术风险，提出减小和控制风险的措施，并对航天型号产品风险识别与控制工作提供相关技术支持与咨询服务。

（一）航天型号技术风险管理工作流程

技术风险管理应遵循“系统策划，识别全面，分析准确，措施有效，风险受控”的原则，即航天型号各级产品承制单位应从方案设计阶段起对技术风险管理工作进行系统策划，对技术风险进行全面识别，保证风险识别不漏项、风险产生的原因清楚、风险控制措施得到有效验证、残余技术风险控制在可接受范围内。要明确各级产品责任人的责任，配备必要的资源，并充分发挥专业机构和同行专家的作用，按照策划、风险识别与评价、风险应对、风险（状态）监控的步骤，开展各阶段的技术风险管理工作。

技术风险管理是一个反复迭代和不断完善的过程，具体实施程序如图 4－9 所示。

（二）航天型号技术风险管理具体实施程序及要求

步骤 1：策划。型号“两总”系统应从型号立项开始，在不同研制阶段初期系统地开展技术风险分析与控制工作策划，策划的内容主要包括：技术风险分析与控制的目标、原则、组织、职责、程序、方法、风险评价及可接受准则、风险应对策略、风险监控方式等，在型号研制阶段初期将相关工作纳入型号研制生产计划。

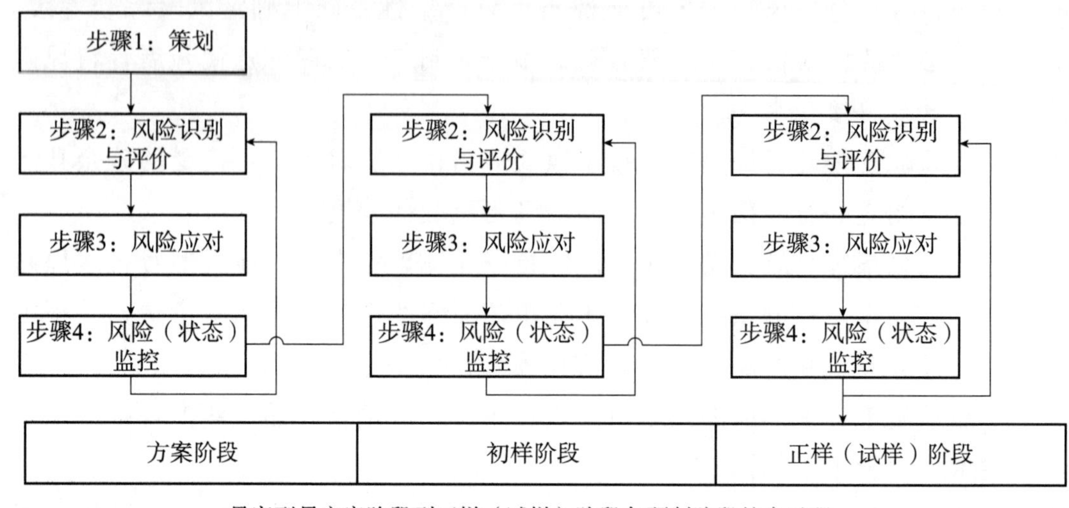

图 4－9　技术风险管理具体实施程序

步骤 2：风险识别与评价。型号“两总”系统根据本型号任务要求，充分利用已积累的国内外故障缺陷的相关标准、规范和实践经验，组织开展全系统、全过程、全要素的技术风险识别，对识别出的技术风险项目的全面性和准确性负责。将识别出的技术风险项目汇总形成清单，并经评审确认。

应结合型号各研制阶段特点，对已确定的技术风险项目组织开展定性或定量评价工作，确定技术风险项目后果严重性、发生可能性以及风险综合等级，根据风险综合评价结果，梳理确定高风险项目、中风险项目和低风险项目。

步骤 3：风险应对。对梳理确定的高风险项目、中风险项目和低风险项目分别制定有针对性地消除、降低、转移或接受风险的应对措施，确保风险应对措施充分、有效和合理。

对高风险项目，型号“两总”系统及相关单位必须制定消除或降低风险的应对措施，并落实在型号研制生产的各个环节中。应采取计算、分析、模拟、试验等手段，验证风险控制措施的有效性，加强对实施效果的评估，对采取措施后的项目重新进行风险综合评级。

步骤 4：风险监控。对中风险项目，型号“两总”系统应将其作为节点质量控制和里程碑评审的重点内容，在后续研制生产各环节中密切关注，并结合研制流程采取有效措施，保证在型号出厂前降低至可接受水平。对低风险项目，型号“两总”系统应进行必要的监控，跟踪并记录其后续状态变化情况，防止其出现或危害程度上升。要指定专门人员，负责全面收集和掌握技术风险项目状态信息，及时通报相关单位，并对技术风险应对措施及实施效果进行监控。飞行试验前，型号系统应针对未达到可接受水平的残余风险制定风险发生时的应急预案，并通过专项评审。

（三）航天型号技术风险管理工作重点

（1）以技术风险识别为源头，确保风险识别不漏项

风险识别就是将航天型号研制过程的风险因素归类和分层地查找出来。风险识别包括确定风险源、风险产生的条件，描述风险特征和确定哪些风险事件有可能影响航天型号研制任务。尽管不是所有的风险都会严重影响航天型号研制任务，但是，有时一些风险的综合也有可能会对航天型号研制产生严重影响，因此，风险识别不是一次就可以完成的事，应当在航天型号研制的整个研制阶段内不断进行，风险识别是一个反复迭代的过程。

风险识别要不断地、反复回答的三个问题：航天型号研制过程中会有哪些潜在的风险因素（包括管理技术的因素）？这些风险因素发生的可能性有多大？这些风险的严重程度如何？

要想准确回答上述三个问题，确保风险识别不漏项，必须从“全系统、全过程、全要素”三个维度识别。“全系统”是指风险识别要覆盖型号的系统、分系统及单机各级产品的产品维度；“全过程”是指覆盖产品研制的设计、生产、测试、试验、总装等全过程的过程维度；“全要素”是指覆盖各领域的风险因素的要素维度。

（2）以技术风险评价指数为标准，确保风险评价可量化

对于识别出的技术风险，必须给出风险的严重性和可能性的判别准则，并采用风险指数法进行评估，风险后果严重性等级分类（示例）见表 4－3，风险发生可能性等级分类（示例）见表 4－4，风险综合评价矩阵（示例）见表 4－5，风险综合评级（示例）见表 4－6。

表 4－3　风险后果严重性等级分类（示例）

程度	等级	风险严重性程度描述
轻微	A	1)基本不影响任务目标实现 2)无人员伤害
轻度	B	1)系统极轻微损坏或仅次要功能丧失且可以立即修复 2)人员轻微伤害

续表

程度	等级	风险严重性程度描述
中等	C	1)阶段主要任务完成或达到的目标仅为任务的主要考核目标 2)系统轻度损坏或主要功能丧失且可以修复 3)人员轻度伤害
严重	D	1)型号任务未达到主要试验目的 2)主要技战术指标不能实现 3)影响任务转场、发射窗口推迟等重大节点 4)阶段任务部分完成或仅达到部分任务目标,且未达到的目标是任务的主要考核目标 5)分系统或重要单机技术方案出现颠覆或重大反复 6)人员严重伤害
灾难	E	1)型号任务失败 2)关键技战术指标实现差距大,用户不能接受 3)阶段任务无法完成或达不到任务目标 4)总体技术方案出现颠覆 5)系统严重毁坏或全部功能丧失且无法修复 6)人员死亡

表 4-4　风险发生可能性等级分类（示例）

程度	等级	可能性程度描述
极少	a	理论上属于小概率,实际上还未发生过,或几乎不发生
		或发生概率 $p<0.01\%$
很少	b	可能发生,需要触发条件,或很少发生
		或发生概率 $0.01\% \leqslant p<0.1\%$
少	c	在型号或其他型号偶尔发生过的故障
		或发生概率 $0.1\% \leqslant p<1\%$
可能	d	在本型号中或其他型号发生过,或频繁发生
		或发生概率 $1\% \leqslant p<10\%$
很可能	e	已经在多个型号中发生过,或本型号中发生多次,或很可能发生
		或发生概率 $p \geqslant 10\%$

表 4-5　风险综合评价矩阵（示例）

可能性	严重性				
	A(轻微)	B(轻度)	C(中等)	D(严重)	E(灾难)
e(很可能)	Ae	Be	Ce	De	Ee
d(可能)	Ad	Bd	Cd	Dd	Ed
c(少)	Ac	Bc	Cc	Dc	Ec

续表

可能性	严重性				
	A(轻微)	B(轻度)	C(中等)	D(严重)	E(灾难)
b(很少)	Ab	Bb	Cb	Db	Eb
a(极少)	Aa	Ba	Ca	Da	Ea

表 4-6　风险综合评级（示例）

程度	综合等级	风险综合评价指数	备注
极低	Ⅰ	Aa、Ab、Ac、Ba、Bb、Ca	低风险
低	Ⅱ	Ad、Bc、Cb	
中等	Ⅲ	Ae、Bd、Be、Cc、Cd、Da、Db、Dc、Ea、Eb	中风险
高	Ⅳ	Ce、Dd、Ec	高风险
极高	Ⅴ	De、Ed、Ee	

推荐的风险接受准则：

1）风险指数为 De、Ed、Ee、Ce、Dd、Ec，不可接受风险；

2）风险指数为 Ae、Bd、Be、Cc、Cd、Da、Db、Dc、Ea、Eb，不希望有的风险，需作风险决策；

3）风险指数为 Aa、Ab、Ac、Ba、Bb、Ca、Ad、Bc、Cb 不经评审即可接受风险。

（3）以技术风险分析与控制表单为抓手，确保风险控制可迭代

技术风险分析与控制表单包括技术风险项目清单、技术风险项目控制检查表以及高等级技术风险项目控制表。技术风险项目清单用于识别和确定技术风险项目，明确其风险综合评级和需采取的控制措施，需经评审确认；技术风险项目控制检查表用于技术风险控制过程中，动态评估各技术风险项目的控制措施的实施效果，并对采取措施后的技术风险项目重新进行风险综合评级；高等级技术风险项目控制表适用于风险综合评级为Ⅲ级以上的技术风险项目，对于每项高等级技术风险均建立独立的风险控制表，全面描述技术风险项目相关各项信息，以便于跟踪高等级技术风险项目的控制过程。

（4）以技术风险可接受为目标，确保残余技术风险可接受

对已经识别出的技术风险采取措施后仍然存在的风险称为残余技术风险，技术风险管理的目标是残余技术风险必须是可接受的，因此对不可接受的技术

风险必须采取相应的有效措施，直至将风险降到可接受的程度为止。

技术风险管理在研制各阶段有所侧重。方案设计阶段保证风险识别全面，确保方案正确、降低固有风险；初样研制阶段保证风险控制措施验证到位，解决测试、试验验证不充分带来的风险；正样（试样）研制阶段保证过程风险控制到位，重点解决过程控制不到位的风险。风险管理重点项目见表 4－7。对经历方案设计、初样研制和正样（试样）研制全过程的航天型号，应结合风险接受准则，对所有重点工作项目进行综合分析，确定具体工作。对不需要完全经历方案设计、初样研制和正样（试样）研制全过程的航天型号，可结合航天型号特点和研制阶段，对表 4－7 中的重点工作项目进行删减，开展相关的针对性工作。如对新技术、新材料、新工艺、新状态、新环境、新设备、新单位、新岗位、新人员的“九新”分析，也已成为型号识别风险的一种方法。

需要特别强调的是，这些重点工作项目不能全面体现航天型号技术风险的所有工作，具体应用时还应根据型号产品特点和研制阶段的特点加以补充和完善。

表 4－7　风险管理重点项目

序号	重点工作项目	方案设计阶段	初样研制阶段	正样(试样)研制阶段
1	任务特点分析	▲	▲	—
2	方案正确性分析	▲	▲	—
3	继承性分析	▲	▲	—
4	新技术分析(技术成熟度分析)	▲	▲	—
5	新工艺分析	▲	▲	—
6	新器件、新材料分析	▲	▲	—
7	新产品分析	▲	▲	—
8	新单位分析	▲	▲	—
9	新人员分析	▲	▲	▲
10	曾经发生过影响成败问题的航天型号产品分析	▲	▲	—
11	关键特性识别和设计裕度量化分析	▲	▲	▲
12	各级产品接口的协调性和匹配性分析	▲	▲	▲
13	试验验证和仿真分析的全面性、充分性、有效性分析(测试覆盖性分析)	▲	▲	▲
14	环境适应性分析与设计	▲	▲	▲
15	单点故障识别及强制检验点设置充分性和控制有效性分析	—	▲	▲

续表

序号	重点工作项目	方案设计阶段	初样研制阶段	正样(试样)研制阶段
16	抗单粒子防护和供电安全措施有效性分析	□	▲	▲
17	技术状态更改影响分析	—	▲	▲
18	产品最终使用状态分析	—	—	▲
19	数据超差与临界分析	—	▲	▲
20	质量问题归零和举一反三的检查与分析	—	▲	▲
21	故障预案充分性及其验证情况分析	—	▲	▲
22	过程控制分析	□	▲	▲

注:“▲”表示“必做项目”;“□”表示“评估后选做项目”;“—”表示“不做项目”。

航天型号应遵循“系统策划，识别全面，分析准确，措施有效，风险受控”的原则，明确各级部门的责任，配备必要的资源，并充分发挥专业机构和同行专家的作用，按照策划、识别与评价、应对、监控的步骤，开展各阶段的技术风险分析与控制工作，并在型号研制各阶段迭代进行，才能取得预期的效果。

第四节　技术状态管理

技术状态管理是系统工程管理的重要内容之一，是在航天项目生命期内应用的控制变更的管理手段。当技术状态管理被应用于航天产品的设计、制造、装配、试验、集成、使用和维护等复杂系统的技术活动时，技术状态管理是工程管理的脊梁，也是全过程航天工程质量管理不可或缺的支撑。通过技术状态管理，逐步建立状态基线并保持产品属性和文档的一致性，使项目的所有参研人员在产品生命期的任意时刻的开发和决策过程中使用完全一致的状态基准。

一、概述

20 世纪 50 年代，美国国防部针对大型复杂飞行器及战略导弹研制过程中在技术状态更改控制、过程记录、技术资料管理及技术信息管理等方面存在的突出问题，提出了技术状态的概念和管理要求。20世纪60年代，美国国防部陆续发布了一系列有关技术状态管理的标准，日后逐步趋于完善。

国际标准化组织（ISO/TC176 质量管理和质量保证标准化技术委员会）于1995年4月发布了ISO 10007《质量管理　技术状态管理指南》。

我国技术状态管理要求的提出始于1987年。1987年发布的《军工产品质量管理条例》中明确提出：参与新产品方案论证、设计和工艺评审、大型试验、技术鉴定及产品定型，应实施有效的技术状态控制；承制方应建立技术状态管理制度；对于零部（组）件、加工工序、工艺装备、材料、设备的技术状态更改，必须进行系统分析、论证和试验，并履行审批程序。

20世纪90年代中期，中国航天大型飞行试验连续失利，型号科研生产质量形势严峻，压力巨大，已经到了“没有退路”的境地。低层次、重复性质量问题和人为责任事故是当时质量问题的主要特点之一。据1997年对若干型号在发射场发生的质量问题统计，半数以上的质量问题都与技术状态管理不到位有关，例如：技术状态基线论证不充分，导致产品漏电、漏气、漏油久治不愈；技术状态纪实要求不明确，导致过程记录缺失；技术状态更改随意、程序不规范，导致小错出大错；技术状态控制不严，管控责任不落实，审核/检验形同虚设，导致文实不符、质量问题频发。这些问题不但给中国航天的科研生产任务带来了重大损失，也是造成当时质量形势严峻的重要原因。

为了扭转上述被动局面，提高科研生产和质量管理水平，航天工业总公司发布了28条、72条等系统性解决方案，强化技术状态管理是系统性解决方案中的重要举措之一。与此同时，以载人航天研制团队为代表的中国航天人在航天工程实施过程中进行了航天产品技术状态管理的探索与实践。

1999年，中国航天工业总公司依据GB/T 19017—1997《质量管理　技术状态管理指南》、GJB/Z 20489—1998《技术状态管理监督规范》和GJB 3206—1998《技术状态管理》等标准要求，结合航天工业的自身特点，组织编制并颁布了中国航天工业总公司航天工业行业标准QJ 3118—1999《航天产品技术状态管理》，规定了航天产品技术状态管理的内容、方法、程序和要求。通过上述管理要求及标准的实施，有效扭转了当时航天工业的被动局面，实现了20世纪90年代质量形势走出低谷的“龙抬头”。

2006年，航天总结经验，组织编制并颁布了Q/QJA 32—2006《航天产品技术状态更改控制要求》，规定了技术状态更改“五项原则”的要求（即：论证充分、各方认可、试验验证、审批完备、落实到位），进一步细化了航天产品技术状态更改控制的实施要求。

随着我国航天工程管理成熟度的不断提升，技术状态管理也逐步得到完善。中国航天工程的管理实践证明，技术状态管理是实现航天工程成功的重要手段。有效的技术状态管理为中国航天不断创造辉煌业绩提供了有力支持。

二、管理实施

（一）技术状态管理总体要求

航天工程技术状态管理遵循以下总体要求。

（1）技术状态管理贯穿于航天工程的全生命周期

技术状态管理是航天工程管理的基础和出发点，需要根据航天工程总体技术要求、研制技术及管理水平、质量、进度、经费、资源、风险等约束条件进行项目分解并确定技术状态基线，强化产品实现过程状态管控，包括：

1）工程系统级总体技术方案、分系统研制技术要求、文件体系表、产品配套表（含硬件、软件及现场可编程逻辑阵列（FPGA））、地面设备配套表、技术设施保障条件需求表、技术状态管理标准和规范等内容；

2）按研制目标进行技术流程制定和实施、技术状态更改的审批和记录、新增技术状态验证、确认和审批程序；

3）分阶段对技术状态管理结果和技术指标实现情况进行分析确认及审核。

因此，技术状态的动态管控是航天工程全生命周期的关键、重要管理内容。

（2）明确技术状态管理责任主体及其职责

在航天工程研制过程中面临的很多不确定因素，如：用户需求模糊、认识水平不够、工艺难实现、配套产品超差或变更等，都会导致技术状态更改。为达到严控技术状态更改的目的，在航天企业内部会以行政发文的形式明确成立“技术状态控制委员会”，它由不同系统、专业的专家和负责技术决策的领导组成，负责审核技术状态更改的正确性、可行性，且按照隶属关系，成立院、厂（所）两级技术状态控制委员会。对于影响较大的状态更改，经厂（所）审核同意后，需要提交院级技术状态控制委员会审议。同时，各工程项目均成立了技术状态管理组，由工程项目总师任组长，负责从技术上对产品技术状态进行全面管理。用户代表作为相关方，也全程参与技术状态管理的监督，并在相关文件上签署意见。

在航天工程的每个研制阶段之初，设计师根据设计输入要求开展设计，形成各阶段的技术状态文件，经过工程项目技术决策人员和技术状态控制委员会评审通过后，用于指导各阶段工程产品的研制工作。

（3）编制技术状态管理计划

技术状态管理计划规定了参与者的职责、技术状态管理内容，并根据工程产品生命周期各阶段的研制特点和要求，进行必要的修订。承制方的技术状态管理计划应提交给订购方认可。

（4）监督技术状态管理实施

航天工程项目的技术状态管理贯穿其整个生命周期，对工程各级配套产品的功能及物理性能变更进行管控。通过“建立并逐步完善技术状态基线，保持工程各级配套产品属性与文档的一致性”，使所有相关的工程技术人员、质量管理人员和决策者，在工程项目生命期任意时刻的开发和决策过程中使用完全一致的数据，以保证其各级配套产品符合经批准的功能和物理需求。

技术状态管理是型号产品研制生产单位和航天工程项目质量管理的共同需求。航天工程的技术状态管理实施/监督应与型号产品研制生产单位质量管理体系监督协调一致。

（5）明确技术状态管理内容

航天型号各级配套产品（包括软件）的数据包（以下简称数据包）是产品研制过程中形成的质量与可靠性/安全性信息的客观记录，也是用户或上一级技术系统对产品技术状态进行确认的依据。因此，在航天型号管理中，十分重视规范和强化各级产品的数据包管理。应明确各级产品及零部（组）件全生命期数据包的组织管理要求、形成要求、过程管理要求、数据记录策划要求、验收管理要求及存档管理要求，保证其质量与可靠性/安全性信息记录的完整性和可追溯性，通过工程技术状态管控的有效性，保证型号目标的可实现性。

航天型号配套产品研制生产单位是建立产品数据包工作的主体，负责产品数据包工作的总体策划，明确工作内容及相关要求，并负责形成内容完整的产品数据包，建立管理制度并将其纳入本单位体系文件中。产品研制人员对数据包内容的规范性、全面性、正确性负责；各参研单位质量管理人员对本单位数据包建立过程和其完整性负责；资料档案部门负责数据包文档的归档管理。

（6）开展软件配置管理

根据 GJB 5235—2004《军用软件配置管理》的规定，软件配置管理的主要活动见表 4-8。

表 4－8　软件配置管理的主要活动

序号	活动名称	活动的主要内容
1	配置标识	• 编制软件配置管理计划 • 建立软件配置标识、基线标识 • 建立受控库标识、配置项和基线的状态标识、更改申请状态标识、配置项和基线纳入配制控制的进展情况标识
2	配置控制	• 标识和记录更改申请 • 分析并评价更改批准或否决更改申请 • 实现、验证和发行已修改的软件项
3	配置状态纪实	• 记录标识、跟踪更改、报告状态纪实
4	配置评价	• 确定配置项是否与软件配置管理(SCM)记录相符 • 说明软件产品相对于构造软件配置项的累积状态和批准的更改而言，是否完备和可用；基线是否由相关的软件配置项和各自批准的更改组成
5	发行管理和交付	• 对代码和文档按照有关组织的要求进行处理、存储、复制、包装和交付

（二）技术状态管理活动

航天工程技术状态管理包括技术状态管理策划、技术状态标识、技术状态控制、技术状态纪实和技术状态审核等相互关联的活动，如图 4－10 所示。

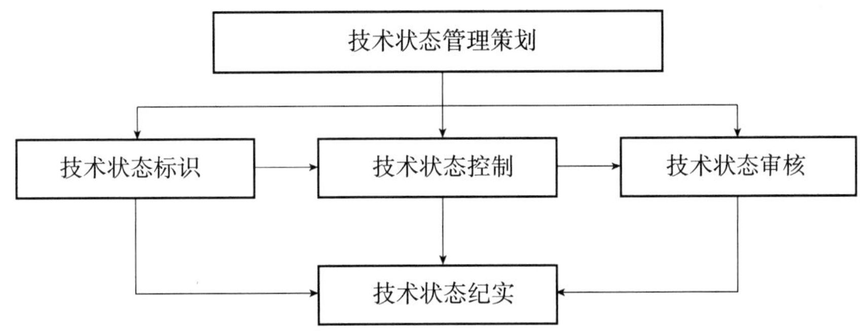

图 4－10　航天工程技术状态管理相互关联的活动

（1）技术状态管理策划

技术状态管理策划是监督和评价技术状态管理实施的主要依据。航天型号各级承制方应依据用户要求、工程管理要求、系统研制技术要求、标准要求，针对本单位所负责的项目（或产品）研制特点，对技术状态管理的范围、职责、内容、程序和要求进行全面权衡分析和确定，并在项目（任务）技术状态管理策划中明确说明。

航天型号技术状态管理策划主要包括以下内容：

1）航天型号项目的技术状态管理组织体系（包括组织结构和职责）；

2）明确对相关承制方的技术状态管理范围、职责、内容、程序和要求；

3）对分供方（供应商，以下同）的技术状态管理要求及其工作策划；

4）技术状态数据管理要求及其工作策划。

航天型号各级产品责任单位负责对涉及技术状态的数据进行系统策划，以确保产品全生命周期内数据的可用性和可追溯性，并指导承制方按合同、协议向订购方提交符合要求的数据。策划内容应纳入技术状态管理实施计划。

技术状态管理策划一般在航天型号立项批复之后启动编制，并实行版本化管理，随型号进展在各研制阶段进行动态完善。

（2）技术状态标识

技术状态标识指确定技术状态项及其所需技术状态文件，标识技术状态项及其技术状态文件，发放和保持技术状态文件，建立技术状态基线的活动。

技术状态标识的任务如下。

①选择技术状态项

技术状态项是项目的组成部分，其可以是硬件、软件或其集合体。一个产品单元被定义为技术状态项就意味着它具有单独的产品标识、设计规范/采办规范/研制标准、状态记录和使用文件，需要进行单独的验证试验和设计评审，成为技术状态管理的基本单元。

航天型号的技术状态项一般从工程项目的产品分解结构（PBS）中选取。被选作技术状态项的产品一般是：配套产品，跨单位、跨部门研制的产品，在风险、安全、完成航天任务等方面具有关键特性和重要特性的产品，新研制的产品，接口复杂且重要的产品，需单独采购的重要产品，在使用和保障方面需重点关注的产品。

②确定各技术状态项在不同阶段所需的技术状态文件

技术状态文件是规定技术状态项在设计、生产、试验/验证、测试、检验、交付等环节的功能特性和物理特性所必需的技术文件。技术状态文件由功能技术状态文件、分配技术状态文件、产品技术状态文件、软件产品技术状态文件及技术状态更改控制文件组成。其中，功能技术状态文件指规定产品整体的技术状态及（或）其符合性要求的技术文件（含数据集）；分配技术状态文件指规定产品整体要求的分解并分配给产品的技术状态项的技术文件（含数据集）；产品技术状态文件指规定产品制造、使用、维修、退役报废处置要求的技术文件（含数据集）；软件产品技术状态文件按 GJB 438《军用软件开发文档通用要求》及 GJB 5235—2004《军用软件配置管理》规定执行；技术状态更改控制文件指技术状态更改、偏离许可、不合格品处理（让步、降级使用）等过程形成的文件。

③标识技术状态项和技术状态文件

航天型号各级参研单位，建立产品标识编号制度，并按规定标识/发布技术状态项、技术状态文件、技术状态更改申请以及偏离许可/让步管控结果等，以便进行追溯管理和纪实。

④技术状态基线管理

技术状态基线指在产品生命周期内的某一时刻，被正式确认并作为今后研制生产、使用保障活动基准，以及技术状态改变判定基准的技术状态文件。航天工程生命期包括三种技术状态基线，即功能基线、分配基线和产品基线。其中：

功能基线是经正式确认/批准的功能技术状态文件，通过系统概要设计确定，用以描述航天型号系统级的基本运行流程、功能特性、物理特性、接口特性，以及验证上述特性是否达到规定要求所需进行的试验与检查要求。功能基线应与航天型号系统级的总体技术方案协调一致。

分配基线是经正式确认/批准的分配技术状态文件，是针对型号系统以下层级单元编制的，一般应至少包括型号产品分解结构的 2 级单元（如分系统）和 3 级单元（如硬件单机或软件产品）。分配基线通过型号系统方案设计确定，用以描述从航天型号系统级（如卫星）分配给下级（如分系统或单机）的功能特性、物理特性、接口特性，附加的设计约束条件，以及验证上述特性是否达到规定要求所需进行的试验与检查要求。分配基线应与航天型号各级产品的使用要求协调一致。

产品基线是经正式确认的产品技术状态文件，通过系统详细设计确定，用以描述产品生产制造的依据。通常，在工程研制阶段，承制方按合同要求进行工程设计和产品试制，编制形成产品基线所要求的产品技术状态文件。订购方在工程研制阶段末期，通过组织功能技术状态审核和物理技术状态审核，建立产品基线。产品基线应与上级技术状态文件规定及产品定型（或鉴定）要求协调一致。

功能基线一般在项目的方案阶段建立；分配基线一般在项目方案阶段末期或初样研制阶段初期建立；产品基线一般在初样阶段末期到正样（试样）阶段初期建立（运载火箭一般是在试样阶段初期，航天器一般是在正样阶段初期，武器装备一般是在正样阶段形成定型阶段初期确定）。

技术状态基线应通过技术审查方式确定。技术状态基线建立的标志是组成基线的技术状态文件全部获得订购方的确认。

⑤发放经正式确认的技术状态文件并保持其原件

发放技术状态文件是技术状态标识的一项重要内容。发放的对象是所有有关部门；发放的文件是经证实确认的；发放的范围是所有给予标识号的文件。

（3）技术状态控制

技术状态控制指技术状态基线建立后，对提出的技术状态更改申请、偏离许可申请和让步申请等所进行的论证、评定、协调、审批和实践活动。技术状态控制是在航天型号研制过程中，使工程各级配套产品的更改得到有效管理、实施和控制的过程。

工程技术状态更改指航天型号及其配套产品在研制、生产过程中，对已正式确认的现行技术状态文件所作的更改。航天型号技术状态更改遵循“论证充分、各方认可、试验验证、审批完备、落实到位”五项原则，以确保技术状态更改在受控条件下进行并具备可追溯性。

航天型号技术状态文件包括研究实验文件（如合同、任务书、大纲等）、设计文件（如图样、明细表、技术条件等）、工艺文件（如工艺规程、工序卡等）及软件文档（如需求分析、编程）等，即涉及产品功能特性和物理特性的所有文件。

工程技术状态更改类别的确定直接影响到更改方案的具体实施、过程控制方法和控制结果的有效性。因此，在航天型号研制过程中，十分重视工程技术状态更改类别的判别及其管控。根据更改对工程技术状态（包括使用性能和研制周期等）的影响程度，结合航天型号的多年实践，将航天型号技术状态更改分为三类，详见表 4 - 9。

表 4-9　航天工程技术状态更改类别

类别	定义	范围界定
Ⅰ类更改	涉及产品技术状态基线的更改，或对工程进度、经费有较大影响的更改	1)涉及产品功能特性和物理特性的重大更改(即更改功能基线或分配基线、产品基线)。如：任务书或合同要求的更改，包括设计方案、功能要求、性能指标、接口特性、热特性、外形尺寸、质量、质心、转动惯量、可靠性、维修性、测试性、保障性、安全性、生存性、环境适应性、电磁兼容性、软件代码等更改 2)设计定型后，更改技术状态文件，对产品质量或工程的维修保障有影响。如：影响原已确定的技术状态项及其零部组件的互换性，影响已交付的使用手册、维修手册，影响与保障设备、保障软件、零备件、训练器材(装置、设备和软件)等的兼容性，影响操作技能、人员配置、训练、生物医学因素或人机工程设计等
Ⅱ类更改	涉及产品技术状态变更的一般变化	涉及产品功能特性和物理特性的一般更改，但不涉及技术状态基线文件的更改。如：提高使用性能，改善表面状态，改变非协调尺寸，提高产品自身的可靠性、安全性、维修性，不影响相关产品正常工作的一般性更改，不涉及技术状态基线文件的更改
Ⅲ类更改	不涉及产品实物状态或软件代码的更改	不涉及产品功能特性和物理特性的更改。如：纠正文字错误、修正描图、统一标注方法、改变阶段标记等不影响满足产品要求或产品质量的更改和补充

航天型号技术状态更改控制程序如图 4-11 所示。

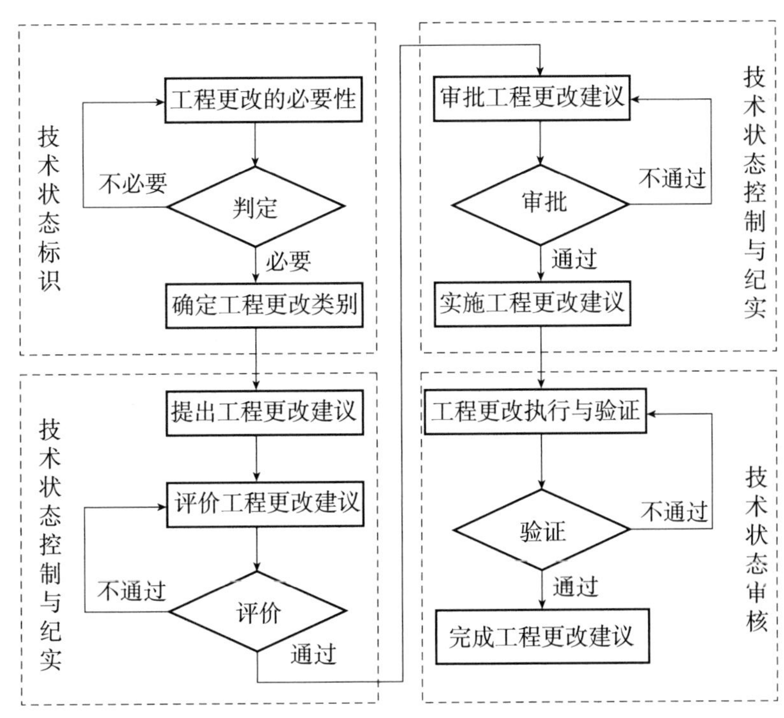

图 4-11　航天型号技术状态更改控制程序

对技术状态更改的影响分析非常关键，因为小的更改往往会造成大的隐患、问题，甚至是灾难，航天发展历程中小改出大错的案例很多，教训深刻。因此特别要做好技术状态更改负面分析，要分析技术状态更改对上下游、左右邻的影响，分析更改对产品可靠性、安全性、接口协调性等的影响，分析更改对与其相关的其他项目及文件的影响，分析更改对生产、工艺、检验、试验工作的影响等。

在航天型号研制的方案阶段和初样阶段，Ⅱ类更改申请由分系统责任单位［如：厂（所）］技术状态控制委员会评审通过即可实施。Ⅰ类更改须经总体院技术状态控制委员会评审通过后才可实施。对于产品制造和批产阶段发生的Ⅰ、Ⅱ、Ⅲ类更改申请，均须经厂（所）级技术状态控制委员会审查通过，此阶段的Ⅰ、Ⅱ类更改申请，均须经厂（所）级和院级两级技术状态控制委员会逐级通过，并报用户批准后才可实施。

此外，为了实现基于“零缺陷”理念的航天工程质量目标，航天型号各级产品研制单位成立了偏离和超差控制小组，对工程研制过程中出现的偏离和超差进行严格管控，由工程项目的技术负责人（如总师或技术经理）兼任技术状态控制组组长，组织偏离和超差控制小组成员对产品研制单位填报的“偏离/超差申请单”所涉及的偏离、超差情况进行系统分析和严格审核，负责给出最终处理意见。关键特性不允许让步（超差特许）使用，以确保航天型号任务目标的圆满实现。偏离/超差申请单见表 4－10。

表 4－10　偏离/超差申请单

产品名称：　　　　　　所属工程项目及分系统：　　　　　　研制阶段标记：

<table>
<tr><td>承担单位</td><td></td><td>合同号</td><td></td></tr>
<tr><td>产品名称</td><td></td><td>产品代号</td><td></td></tr>
<tr><td>产品编号</td><td></td><td>提出日期</td><td></td></tr>
<tr><td colspan="2" rowspan="2">受影响的基线
□功能基线 □分配基线 □产品基线</td><td colspan="2">□偏离 □超差
□关键特性 □重要特性 □一般特性</td></tr>
<tr><td colspan="2">缺陷分类
□关键 □重要 □一般</td></tr>
<tr><td colspan="2">对合同规定的进度的影响：</td><td colspan="2">对综合保障、接口的影响：</td></tr>
<tr><td colspan="4">偏离/超差的内容：</td></tr>
<tr><td colspan="4">偏离/超差的原因：</td></tr>
</table>

续表

<table>
<tr><td rowspan="2">申请单位</td><td>申请人</td><td></td><td>质量部门</td><td></td></tr>
<tr><td>审批人</td><td></td><td>分析同负责人</td><td></td></tr>
<tr><td rowspan="2">会签</td><td>总体</td><td></td><td rowspan="2"></td><td rowspan="2">批准人（技术状态控制组负责人）意见：</td></tr>
<tr><td>质量经理</td><td></td></tr>
<tr><td>申请表上报时间</td><td colspan="2"></td><td>对申请单所呈报事项处理意见的反馈时间</td><td></td></tr>
</table>

在航天型号研制过程中，承制方严格执行上述管理程序和要求，并逐级确认已批准的技术状态更改申请，准确实施偏离/超差申请单的处理意见，以满足工程系统规定的质量要求。

为了使更改措施落实到位，航天型号系统制定了技术状态更改落实情况检查表，并明确了相应的审批级别和责任人，例如，神舟飞船工程所有的技术状态变化（见表 4-11）均由两总批准，重大的技术状态变化报集团公司和载人航天工程总体批准。

表 4-11　神舟飞船工程技术状态更改落实情况检查表

<table>
<tr><td>项目名称</td><td></td><td>研制阶段</td><td></td><td colspan="2">所属系统/分系统</td><td colspan="2"></td></tr>
<tr><td>产品名称</td><td></td><td>产品代号</td><td></td><td colspan="2">批号</td><td colspan="2"></td></tr>
<tr><td>更改项目</td><td></td><td>更改申请单编号</td><td></td><td colspan="2">更改单号</td><td colspan="2"></td></tr>
<tr><td rowspan="2">更改文件类别</td><td colspan="3">更改文件名称及代号</td><td>更改人</td><td></td><td>检查人</td><td></td></tr>
<tr><td colspan="3"></td><td>日期</td><td></td><td>日期</td><td></td></tr>
<tr><td rowspan="2">接口文件及其标识号</td><td>更改前</td><td colspan="2"></td><td colspan="2"></td><td colspan="2"></td></tr>
<tr><td>更改后</td><td colspan="2"></td><td colspan="2"></td><td colspan="2"></td></tr>
<tr><td rowspan="2">产品文件及其标识号</td><td>更改前</td><td colspan="2"></td><td colspan="2"></td><td colspan="2"></td></tr>
<tr><td>更改后</td><td colspan="2"></td><td colspan="2"></td><td colspan="2"></td></tr>
<tr><td rowspan="2">产品图样及其标识号</td><td>更改前</td><td colspan="2"></td><td colspan="2"></td><td colspan="2"></td></tr>
<tr><td>更改后</td><td colspan="2"></td><td colspan="2"></td><td colspan="2"></td></tr>
</table>

（4）技术状态纪实

技术状态纪实指在航天型号生命期内，为说明型号技术状态项的技术状态所进行的记录、报告活动。

技术状态纪实任务如下：

1）记录并报告技术状态项的标识号、现行已批准的技术状态文件及其标识号；

2）记录并报告每一项技术状态更改从提出到实施的全过程情况；

3）记录并报告技术状态项的所有偏离/超差的管控情况；

4）记录并报告技术状态审核的结果，包括不符合项的状况和最终处理情况；

5）记录并报告已交付产品的版本信息及产品升级的信息；

6）定期备份技术状态纪实数据，维护数据的安全性。

技术状态纪实贯穿于航天型号的全生命期。航天型号技术状态纪实情况要求及时向相关方（含订购方和相关供方）提供，以保证状态记录的准确性、信息传递的及时性、技术状态的透明性、过程信息的可追溯性和相关接口的匹配性。

航天型号系统级及分系统级承制单位在做好自身技术状态纪实工作的同时，还负责本级配套产品技术状态纪实的监督工作，动态检查配套单位技术状态纪实是否准确、及时，记录内容是否符合要求。

为了全面反映技术状态更改、变化情况，确保航天型号各技术状态项的技术状态能够满足用户的技术要求，基于中国航天型号研制管理实践，形成了航天工程技术状态更改汇总表，见表 4－12，为航天型号技术状态管理工作提供了有效支持。

表 4－12　航天工程技术状态更改汇总表

工程项目名称：　　研制阶段：　　编号：

序号	产品名称代号	所属系统/分系统	更改前状态	更改后状态	更改原因	对系统和相关分系统的影响	各方认可情况	验证及评审情况	批准人	更改落实情况	备注

填表人：　　填表日期：　　批准人：　　共　　页　第　　页

（5）技术状态审核

技术状态审核指为确定技术状态项与其技术状态文件的一致程度而进行的正式检查，包括功能技术状态审核和物理技术状态审核。

1）功能技术状态审核指为验证技术状态项的功能特性达到功能基线、分配基线规定的要求所进行的技术状态审核。

2）物理技术状态审核指为建立或验证产品基线，对技术状态项试制试产样品的完工状态、所依据的技术状态文件而进行的技术状态审核。

航天型号及其配套产品的技术状态审核由订购方与承制方共同负责进行。承制方负责提供被审核产品的相关技术状态文件、试验文件、检验结果报告；订购方负责组织有关技术专家及管理人员进行审核，并形成审核结论。

在航天型号项目转阶段和出厂前，系统总体要编制《工程项目系统级技术状态报告》，全面阐述型号技术状态管理工作及结果。工程项目总体所在责任单位（集团、院、所）负责组织对工程项目技术状态管理工作进行转阶段和出厂前的专题评审，以确保其技术状态满足用户要求，技术状态管理结果满足“零缺陷”质量管理要求。

（三）载人航天一期工程神舟飞船项目技术状态管理实践

我国在1992年启动了载人航天工程，其中一期工程的任务是通过自主研制，力争在1998年、确保1999年前发射第一艘无人飞船（即：神舟一号飞船），在2002年左右发射第一艘载人飞船（即：神舟五号飞船）。

神舟飞船的研制历程是一个由无人飞行器逐步逼近载人飞行器的演化过程，其技术状态管理面临以下困难：

1）研制队伍跨行业跨部门，导致技术状态管理关系复杂，管理难度大；

2）研制人员对于神舟飞船工程的认识逐步加深，关键技术需要不断突破，其技术状态必须分阶段调整，从神舟一号到神舟五号，神舟飞船的技术状态随研制进展而变化，从而加大了神舟飞船技术状态管控的难度；

3）由于受到进度、经费、技术能力、基础设施及资源保障等条件的约束，使得技术状态管理的系统实施面临挑战。

为了确保中国首次载人航天任务的圆满成功，神舟飞船工程研制团队在集团公司和工程项目两总领导下，在神舟飞船工程研制过程中，对技术状态管理进行了系统的探索与实践，进一步强化了航天工程技术状态管理。

载人航天一期工程中的神舟飞船研制历程是一个逐步逼近载人飞行状态的工程演变过程。神舟飞船的技术状态管理历程可分为方案阶段、初样阶段、无人飞行阶段和载人飞行阶段，相应的技术状态管理主要工作见表4－13。

表 4-13　神舟飞船工程技术状态管理主要工作

技术状态管理内容		方案阶段	初样阶段	无人飞行阶段	载人飞行阶段
技术状态标识	选择技术状态项	√	√	√	√
	确定每个技术状态项各阶段所需的文件	—	—	√	√
	确定技术状态基线	√	√	√ 功能基线(完善项目) 分配基线(完善、新增项目) 产品基线(无更改的成熟产品)	
	监督、指导技术状态文件管理活动	√	—	√	√
	对更改、偏离、超差项目进行标识	—	—	√	√
技术状态控制	控制技术状态项及文件的更改	√	√	√	√
	制定更改、偏离、超差控制程序和方法	—	—	√	√
	确保已批准的更改得到实施	—	—	√	√
技术状态审核	功能技术状态审核	√	√	√	√
	物理技术状态审核	—	√	√	√
技术状态纪实	记录并报告技术状态已批准的文件目录	—	—	—	√
	记录并报告技术状态更改的提出和审批情况	√	√	√	√
	技术状态的审核结果	—	—	√	√
	关键技术状态项的超差和偏离情况	—	—	√	√
	已批准更改项目的实施情况及可追溯性	√	√	√	√
软件配置管理	纳入技术状态管理计划	—	—	√	√
	明确技术状态项	√	√	√	√
	规定软件的文档和标识	√	√	√	√
	建立技术状态基线	√	—	√	√
	软件技术状态更改控制	—	—	√	√

技术状态管理是神舟飞船工程系统工程管理的重要基础。飞船研制技术状态变化是影响质量、进度和实现最终目标的主要因素。正确处理飞船研制技术状态的稳定与变更之间的关系，是持续推进工程进程和确保工程目标实现的关键点之一。通过实施神舟工程全生命期的技术状态管理，在从无人飞船到载人飞船的工程演变过程中，逐步建立了工程系统的技术状态基线体系，有效实施了技术状态变更的控制管理，保证了飞船载人状态的逐步实现，圆满完成了首次载人航天飞行任务。

载人航天一期工程中的神舟飞船的技术状态管理历经了实践、认识、再实践、再认识的持续完善过程，最终在载人航天飞行阶段，形成了规范的神舟飞船工程技术状态管理的程序、方法、规范和标准。

第五节　航天产品设计质量控制

航天型号从立项批复到出厂发射以及使用服务等研制过程，需要开展系统方案、分系统以及单机产品的设计、验证、生产、装配、测试、试验等过程。设计是所有质量的基础，各级产品的质量是设计出来的，设计决定了航天产品的固有质量。设计质量不仅影响到能否有效地组织生产，所生产的航天产品能否满足使用要求，也影响到经济性。检验设计的合理性、正确性和可实现性是设计保证的重点工作。确保航天产品质量必须从加强设计质量控制这个源头抓起。设计是一个过程，因此设计质量控制就是要从设计策划开始到设计确认的全过程实施控制和验证。

一、设计策划

设计策划是对整个设计过程的工作要求、进度和资源等进行规划，目的是通过策划对具体产品的设计活动做出有序安排。

设计策划的主要工作包括：

1）根据方便管理和控制的原则，将设计工作过程明确划分为几个阶段，并规定每个阶段的工作任务、完成时间、达到的标准等，形成产品设计程序；

2）具体规定设计工作进展到哪个阶段进行评审、验证或确认，根据航天产品分解结构明确各产品层次各设计阶段的各项活动、要求及顺序等，包括责任人、参加人，形成研制技术流程；

3）根据技术流程中产品研制活动（设计、分析、制造、试验、产品验收等）的进度，协调优化执行程序和进度要求，明确它们之间的衔接、沟通方式，与外单位协作更要明确规定，形成产品研制计划流程。

对于设计策划所形成的航天产品研制程序、研制技术流程、研制计划流程等，必须经过评审及审批后才能加以实施。

此外，在策划设计活动时，应确保：

1）运用可靠性、维修性、保障性、测试性、安全性和环境适应性（以下简称“六性”）等专业工程技术进行航天产品设计。

研制生产单位应当按照立项批复、研制总要求和合同，根据所研制装备的特点、产品的层次、重要程度、经费、进度等约束条件，进行“六性”专项策划，形成特定产品的“六性”保证大纲（或工作计划)，规定具体的工作项目要求，制定并贯彻型号“六性”设计准则，提供培训和设计分析工具，有效开展“六性”专项设计、分析，实现“六性”与战术技术性能同步策划、同步设计、同步验证。在型号设计时，应进行“六性”参数指标与技战术指标之间的权衡，将顶层的“六性”要求进一步分解、细化，通过“六性”设计影响型号设计方案，最终得到最合理的设计方案，确保型号系统效能最优。

2）设计中优先采用成熟技术和通用化、系列化、组合化的产品。

“成熟技术”是指一项技术及其产品载体的技术原理、技术应用方法被完全掌握，所应用的真实产品已在使用环境下完全通过测试和试验验证，在实际运行环境中得到应用验证的技术。“通用化”是对某些零件或部件的种类、规格，按照一定的标准加以精简统一，使之能在类似产品中通用互换的技术措施。“系列化”是在基本型号的基础上，通过更换或升级的办法，衍生出同系列的不同产品，满足不同用户需要。“组合化”是按照标准化的原则，设计并制造出一系列通用性较强的单元，根据需要拼合成不同型号产品的一种标准化形式。“通用化、系列化、组合化”（以下简称“三化”）产品技术相对成熟、生产工艺完善、供应和质量稳定。

采用成熟技术和“三化”产品，充分继承和利用现有科技成果和成功经验，有助于更全面地把握技术规律和产品特性，更可以减少设计和试验工作量，减少产品品种与规格，降低研制风险，是保证航天型号研制质量、降低研制成本和缩短研制周期的重要手段之一。在航天型号设计中，应按要求开展“三化”设计、采用“三化”产品，对设计方案进行“三化”评审，必要时对关键技术开展技术成熟度评价，在满足型号研制要求和合同要求的前提下，最大限度采用成熟技术和“三化”产品，提升型号产品的“三化”程度。

3）对设计方案采用的新技术、新材料、新工艺进行充分的论证、试验和鉴定。

“新技术、新材料、新工艺”（以下简称“三新”）对航天型号产品技术进步和性能的提升具有重要的推动作用。同时，“三新”的使用也为型号设计带来较大的风险，过多地应用新技术，难以对风险实施有效的识别和控制，因此必须加强“三新”使用的管理。对必须采用的新技术、新材料、新工艺，应按照实际需要在使用前进行充分的论证、试验和鉴定，以保证其使用确实是必要的、适用的、可行的，由此所产生的风险是可接受的和可控的。在型号设计策划时，应制定和实施采用“三新”的措施计划和质量控制要求。新技术、新材料、新工艺使用前，应经过检测、试验、验证，符合规定要求。在航天型号设计方案评审时，应评审采用新技术、新材料、新工艺的必要性、适用性，必要时进行专门风险分析评价，严格履行审批手续，控制不当选用，降低风险。

二、设计输入

设计输入是确立航天产品质量目标和要求、开展产品设计开发活动的依据，也是验证设计输出和评价设计质量的基础。设计输入的主要内容是与航天产品要求有关的信息。设计输入内容的准确性、全面性、适宜性和协调一致性，对设计输出结果的正确性起着决定性作用。设计输入的内容决定着后续设计过程的组织实施、资源配备及设计输出的结果，是确保产品质量满足要求的关键环节。如果输入不充分，可能会导致设计和开发的产品不满足要求。

因此，在设计开发之前首先应确定输入要求，并在设计过程中对其实施有效控制。设计输入的主要内容包括：

（一）产品的功能和性能要求

产品的功能和性能要求一般是指航天产品合同或研制任务书中规定的产品特性和质量要求，是设计输入的主要内容，其中包括可靠性、维修性、安全性等要求，机、电、热接口要求以及环境要求。在非合同环境下，应自行编制市场调研及项目可行性分析报告，确定产品的主要功能和性能指标，产品的结构组成和物理特性，产品的使用寿命和环境条件以及可靠性、维修性等方面的要求。一般在预研项目和产品立项论证阶段经常会出现非合同环境的类似情况。

（二）适用的法律法规要求及相关标准

任何产品的设计开发都必须遵循相关的法律、法规和相关标准以及社会要求，同时应符合设计规范和准则的规定。航天产品研制人员在接受任务后就应该收集汇总适用于产品的法律、法规和相关标准以及应遵守的社会要求，并贯彻到产品设计之中。

（三）以前类似设计中证明有效的信息

任何产品设计都是继承与创新相结合的产物，一项好的航天产品设计具有先进性的同时也应是可靠和经济的，以前类似设计中证明有效的经验和信息应充分地加以利用，提高新研制产品的可靠性和经济性。

（四）设计开发所必需的其他要求

在设计开发过程中，也必须注重与航天产品有关的各种其他要求，例如：配套材料、零件要求，需开发的材料、工艺要求，以及使用条件、限制要求、环境保护、产品安全、人身安全、消防要求、行业规定、保密要求及通常隐含的要求等。

（五）设计开发输入形式

产品设计开发的输入是航天产品设计开发的重要依据，也是验证设计输出和评价设计质量的基础。因此，必须以正式的书面文件形式予以表述。一般情况由设计师系统编写一份《××型号××产品设计输入》文件，将收集到的产品的功能和性能要求、适用的法律法规要求及相关的标准、以前类似设计中证明有效的信息、设计开发所必需的其他要求汇总并纳入文件之中，便于设计人员在设计中加以贯彻。《××型号××产品设计输入》，必须经过评审及审批后才能加以实施。

三、设计输出

设计输出是设计过程的结果，是将设计的输入要求转化为可实现的航天产品的特性或规范。产品不同，设计开发的阶段不同，输出的结果也不尽相同。设计和开发的每一阶段都有其相应的输出，如论证阶段的论证报告、方案阶段的设计方案、工程研制阶段的图样和技术文件以及原理样机/试验样机等。上一阶段的设计输出是下一阶段设计的输入，设计输出的结果又是后续产品研制过程的输入，更是决定产品固有质量特性的一个重要过程。因此，对设计输出必须实施严格的控制和管理。

（一）设计输出的基本要求

1）设计输出应满足设计输入的要求。设计开发活动中形成的文件为设计输出，设计输出以能够对照设计输入要求进行验证和确认的形式来表达，并应证实满足了设计输入的要求。阶段性的输出应满足阶段性的输入要求，能够实现阶段性的预期目的。

2）设计师系统应明确航天产品在设计确认、制造、检验、使用、维修、保障时所需的文件、资料，一般包括：图样、规范、技术条件、元器件和零组件明细表以及其他目录清单等；工艺、检验、验收、试验和装配方法的文件和信息；评审、验证及确认产品设计的各项报告，如设计与试验分析报告，可靠性、维修性、安全性分析报告，FME（C）A 报告，风险评估报告等。

3）设计输出文件的签署、格式及完整性应符合相关标准化要求。

4）协调纪要、会议纪要、总体传真等经协调部门或单位代表会签后，设计师及时转化或补充到相关技术文件中，纪要、传真不能直接作为生产、检验和试验的依据。

5）设计输出的图纸、文件等须齐全，并确保文文一致。

6）设计输出应在放行前按规定得到授权人员的批准。批准前应按规定对设计输出文件进行工艺和质量会签、标准化检查。

（二）设计输出的内容要求

1）给出采购、生产和服务所需的信息，如采购或外包明细表、原材料和元器件及标准件清单、装配和调试操作说明书、新技术和新材料及新工艺的试验和鉴定报告、工艺和检验指导书等，还包括用于产品采购、生产、安装、检验和服务方面的要求，以及产品防护方面的要求，如对电子元器件、火工品防静电的具体要求和措施等。阶段性的设计输出还应为后续的设计和开发活动提供必要的信息，如样机的图纸、调试说明等。

2）应明确产品的接收准则，给出产品是否符合要求的判定依据，如产品制造验收技术条件、测量或试验验收规范、产品检验验收细（准）则等。每项产品的特性要求必须以可以验证的方式进行规定。

3）依据特性分析的结果和相关标准，在使用维护说明书中规定产品安全和正常使用所必须的产品特性，如操作规则、物理参数和环境要求等。

4）依据特性分析的结果，确定产品的关键件（特性）和重要件（特性），编制关键件（特性）、重要件（特性）项目明细表，并在产品设计文件和图样上作相应标识。

5）规定产品正常使用所必须的保障方案和保障资源要求，如备件以及有关操作、贮存、搬运、维修、保障、处置等方面的要求或说明文件。

6）软件的设计和开发输出包括：软件概要设计说明、软件详细设计说明、软件测试计划（单元和组装）、源代码、软件使用说明等。

四、设计评审

设计评审是为保证航天产品质量，由同行专家、有关职能部门及用户代表根据研制合同、设计任务书和有关标准、规范及法令要求，对设计进行正式的、综合的、系统的分析和审查。设计评审一般要找出薄弱环节，提出解决问题的建议，给出设计是否正确可行的意见，做出评审结论。

（一）设计评审的目的及一般要求

（1）设计评审的目的

1）对照阶段目标确立设计的正确性；

2）确定出现偏离时需采取的措施；

3）为能否转阶段的决策提供依据。

（2）设计评审的一般要求

1）设计评审是研制程序中的一个组成部分。主管部门应结合型号研制程序、计划流程策划设计评审，评审工作应作为考核项目纳入研制计划，在时间、经费和人力上给予保证。

2）确定设计评审的时机，原则上选择在上一研制阶段结束后、下一研制阶段开始前。设计重大修改、关键项目设计完成时，一般亦需进行设计评审。

3）设计评审必须按研制阶段进行，只有通过本阶段的评审后，才能转入下一研制阶段。在同一研制阶段内，一般应按系统的隶属关系自下而上逐级评审，原则上下一级没有通过评审，上一级不得组织评审。

（二）设计评审的分类

（1）按型号研制阶段分类

1）方案设计评审；

2）初样设计评审；

3）正样（试样）设计评审；

4）定型（或鉴定）设计评审。

（2）按产品级别分类

1）系统级设计评审；

2）分系统级设计评审；

3）设备（整机、单机、组件）级设计评审。

（3）按主办单位级别分类

1）院级或集团公司级；

2）所、厂级；

3）研究室级。

（4）按专项设计分类

1）产品重大改进设计评审；

2）关键项目或重要项目设计评审；

3）可靠性、安全性、维修性设计评审或通用质量特性设计评审；

4）计算机软件评审；

5）电子元器件、原材料、关键外协件、工艺技术的选用评审。

（5）按设计关键点评审分类

1）总体方案评审；

2）分系统评审；

3）设备或整机评审。

（6）按评审组织形式分类

1）评审组评审；

2）专家函审；

3）设计师系统审签。

（三）设计评审的组织管理

1）设计评审应根据评审的不同级别，由相应的主管部门组织。

2）设计评审工作由评审组完成。评审组设组长 1 人，成员若干人。组长由上一级设计师或相应的技术负责人担任。评审组成员要经过认真的审查，评审组成员对被评项目的熟悉程度对评审质量影响很大，评审组成员应以同行专家为主，还应包括：任务书提出单位代表，可靠性与质量管理人员，使用单位代表以及设计、工艺、计划、物资和标准化等有关技术和职能部门的代表。视被评审项目的需要，也可邀请有关方面代表参加。被评项目的主要参加者不参加评审组。

3）对设计评审的遗留问题，应由设计师系统组织落实，设计评审的主管职能部门进行跟踪管理。

4）评审通过的图样、技术文件、评审报告和评审结论报告，应进行归档管理。

（四）设计评审程序

1）被评审项目的设计师编写设计评审报告，经过三级审签，并通过评审主管领导和主管部门的审查。在评审会之前，准备好提交评审的全部资料。

2）组成评审组。评审主管部门应在评审会一周前将评审报告及有关资料分发给评审组成员进行预审，做好会前准备工作。准备工作充分，对保证评审质量至关重要。

3）召开评审组预备会，审议评审日程安排及评审重点。

4）召开正式评审会议。

5）评审会后，应视情况修改评审报告，并填写评审结论报告，评审中提出的待办事项及需要改进的问题一定要记录清楚，然后逐项组织落实。

五、设计验证

验证是指通过检查和提供客观证据，表明规定要求已经满足的认可。设计验证是通过检查和提供客观证据的手段，以确保设计输出满足设计输入要求。

（一）设计验证的时机与内容

所有新设计、改进设计的项目以及尚未经过飞行试验考核并直接影响飞行成败和安全的关键参数、指标均应组织同行专家或委托有资格的机构在适当阶段进行独立的设计验证，即对设计的结果进行检查和提供客观证据，表明已满足设计输入的要求。

（1）设计验证的时机

设计验证应在适当的时机进行，一般宜在转阶段之前进行。对关键项目、重要项目，在完成设计后至生产前的适当时机可增加一次验证。

（2）设计验证的内容

具体项目的验证内容应在委托验证任务书中做出明确规定，或依据任务书（设计技术要求）和/或合同等设计输入文件加以确定，一般包括功能、性能、可靠性、维修性、保障性、安全性、测试性和软件项目等的验证活动。

（二）设计验证的方法

常用的验证方法可能是下列一种或几种组合，视产品而定。

1）变换方法进行计算，检查原来的计算结果、设计原理参数是否正确。由同行业专家或设计师采用原计算方法或采用另外的计算方法对产品设计的重要参数进行复核复算，验证计算的正确性，确保设计参数的准确性。

2）建模和仿真能够虚拟地复制产品和过程，并能在易于获得和易于操作的真实环境中模仿这些产品或过程。在任何系统的研制中只要恰当地建模与仿真，就能带来节省费用、加快进度、提高产品质量、减小风险的好处，在某些情况下，建模和仿真是进行验证或确认的唯一途径。

3）利用新设计的产品与经过证实的类似产品设计进行设计比较，确认产品设计的正确性，多用于改进、改型产品或系列产品的设计验证。

4）进行试验或演示。实物试验验证是产品工作技术性能验证、使用性能验证和专业工程特性验证必不可少的验证方式，是产品设计验证的最根本的方式。在不同的设计阶段，实物试验的目的、方法和要求可有不同，它是阶段设计评审和转阶段的依据。

5）设计文件发布前进行评审，这种评审是指正规、系统的评审，而且往往是在大量试验基础上进行的文件发布前的正式评审，不能认为是一般图样审签。

六、设计确认

设计确认是一种证实最终产品满足预期使用目的的必要手段，它通过检查和提供客观证据，来确定产品是否符合用户的需要。

设计确认是在成功地进行设计验证后，在规定的使用条件下，对最终产品进行的确认。必要时可增加研制过程中的阶段性确认。如果有不同的预期用途，也可以进行多次设计确认。

设计确认的方式可视产品不同采用以下一种或几种方式：

1）对设计开发的产品或样机，在实际应用条件下请用户试用后，由顾客出具使用意见，可视为确认的一种形式。

2）对某些特殊产品，请专业机构进行鉴定，如计量仪表，交付顾客或投放市场前，由具有资格的计量检定机构出具检定证明。

3）在规定条件下使用各种技术手段模拟使用条件从而进行确认（如软件交付）。

4）军工产品按有关规定，完成相应定型试验或软件评测组织定型或鉴定。

5）有些产品不进行定型，而是采用产品鉴定的方式，进行鉴定确认。

6）有时某些复杂产品需在最终确认前进行阶段确认，一般采用会议评审的方式进行阶段确认。

七、设计控制要点

（一）型号系统设计控制

以航天器为例，总体设计是根据任务书和合同要求，采用系统工程方法优选航天型号总体方案，确定总体的构成，并拟定、协调、优选和控制系统各项参数及性能指标，使型号达到设计要求的过程。总体设计还包括开展航天器总体详细设计，提出分系统研制要求或任务书，制定并下发建造规范、环境试验规范等型号研制规范，协调确定航天器与大系统间接口、分系统间接口，制定航天器研制技术流程以及总装、集成与测试的要求等，支持和指导航天器单机和分系统研制及系统总装、测试与试验等。

航天器总体设计要素包括：任务分析、任务剖面分析、轨道设计、大系统接口设计、构型布局设计、总装设计、可靠性设计、安全性设计、维修性设计、测试性设计、保障性设计、空间环境适应性设计、故障容限设计、能源流设计、信息流设计、电磁兼容性设计、飞行程序设计、软件设计、空间碎片防护设计、环境试验设计、综合测试设计等。不同阶段控制要点如下：

在概念性研究和可行性论证阶段，总体课题组主要是开展需求调研，重点开展任务分析和任务剖面分析，对用户、大系统、工程实现等约束条件进行分析，选择轨道位置、载荷类型、平台配置等，初步分析该任务面临的空间环境概貌和风险等，形成多种（两个以上）方案进行比较。质量控制一般采用内部评审的方式，邀请课题组外的同行专家（一般邀请有经验的总体设计人员），聘请有经验的型号总设计师、副总设计师以及总体设计师评审把关。

型号项目立项后进入方案阶段，总体在前期论证阶段工作的基础上，进一步开展任务分析和任务剖面分析，包括轨道设计、运载火箭选型、与测控和地面系统以及发射场等接口设计、可靠性和安全性设计、空间环境适应性设计、电磁兼容性设计、能源流设计、信息流设计、飞行程序设计、系统软件构架设计、环境试验设计、综合测试设计、故障容限设计等工作。这个阶段的质量控制方式除了评审以外，还采用仿真计算、复核复算等方式，如轨道设计飞行程序等可采用仿真分析和复核复算等方式进行设计确认。总体设计方案中继承性分析也是控制要点，采用平台的成熟度和适应性、选用产品的成熟度和适用性等，可采用产品鉴定状态审查的方式进行质量控制。

初样研制阶段是总体方案确定后各级产品技术指标的工程实施和验证的重要阶段。在初样阶段，型号设计自下而上开展工作，除了采用评审方式对各级的工程设计进行质量确认，还包括采用可靠性技术，对产品的可靠性进行分析，如采用 FMEA 技术对产品单点以及严酷度等级为Ⅰ、Ⅱ类故障进行识别，并采用 FMEA 结果，以及信息流和能源流控制的设计结果进行故障容限设计。

初样阶段的系统验证工作是设计质量保证的重要工作内容。在型号研制初期需要策划系统级、分系统级和产品级试验项目，制定试验大纲和试验计划，确定验证模型。验证模型有电性模型（电性星/船）、热模型（热控星/船）、结构模型（结构星/船）等形式，验证试验通常有：力学试验、热试验（包括热真空和热平衡）、EMC 试验以及系统电性能测试等项目。要按试验大纲和试验计划开展验证试验，以验证总体设计的正确性和可制造性。所有大型试验大纲需要组织评审，型号相关设计师和同行专家参加评审，对试验项目、试验条件等进行讨论和确定。每个试验结果须采用评审的方式进行确认，对试验条件的符合性、试验测试数据等结果与设计状态进行对比分析和确认。

型号正样阶段设计工作主要是在初样研制完成后确定状态是否有更改和变化，质量保证措施是否在设计中落实。在正样设计评审时重点审查在初样阶段进行更改完善后的状态是否经过再验证，技术状态更改是否落实到正样设计上；对正样设计建立的生产基线进行确认和确定。

（二）航天产品设计控制

航天型号产品种类多、专业性强，按照专业分类有机械、电子电气、机电、光机电、发动机、火工品六类，每类产品按照功能一般划分如下：

1）机械：结构、防隔热装置、气瓶、贮箱、蓄电器、阀门、发射箱；

2）电子电气：供配电、电缆网、计算机、控制器、测控、通信、数据传输与处理、干扰机、接收机、微波、引信、电池、密码设备；

3）机电：机构、温控器、姿控执行装置、天线、雷达、时钟、定位定向瞄准、发射台、特种车底盘；

4）光机电：敏感器、激光器、相机、导引头、仪表照明；

5）发动机：主动力、姿轨控发动机、分离发动机；

6）火工品。

航天型号产品研制一般分为开发和生产两个大的阶段，开发阶段的工作主要是市场调研、设计开发和设计验证。随着航天事业蓬勃发展，空间科学探索需要的航天产品越来越多，航天产品前期的概念性研究和方案选择也发生变化，由原来的完全根据型号任务需求开发产品转变到目前提前研究航天未来需求和专业发展需要，提前对产品进行规划和进行阶段性完善，并对产品规格类型以及适应条件等方面进行整体规划，提前开发设计产品。要选择确定当前的最优设计方案，进行工程详细设计。不同类型的产品在工程设计阶段应针对性地开展相关分析、仿真和计算，在产品开发设计阶段需要做产品设计验证工作策划，制定产品设计验证计划，特别是可靠性研制试验计划，对产品各层级分解的功能性能指标采用适合的模型进行相关的测试或加以环境条件的试验，提升产品的健壮性。

在产品原理和工程设计阶段，应使用质量技术开展设计分析和验证工作。在产品方案设计阶段，需要开展功能 FMEA、可靠性预计等工作，根据分析结果选择最优设计方案。方案设计阶段的功能 FMEA 可采用评审的方式进行，但一般是由产品首席和相关专家通过充分的讨论和分析，甚至对关键指标的复算来进行，决策形成产品最终的设计方案，这也是产品质量最底层的基础。在产品工程详细设计阶段，大多采用质量可靠性技术进行硬件 FMEA，从性能指标到产品功能模块，再到硬件电路，直至分析到最底层元器件，识别出所有的故障模式，并将本机产品故障严酷度等级为Ⅰ、Ⅱ类的甄别出来，通过从设计角度增加冗余或加大余量等方法进行权衡并改进设计。同时，开展力学分析、热分析、空间环境适应性分析，电子电气类产品还需要开展降额分析、电磁兼容性分析、静电防护设计和分析、最坏情况分析、潜通路分析。这些分析均采用软件模型进行，并且在各项产品研制试验完成后要对模型进行修正，产品最终的设计状态须采用适用的模型（一般称为鉴定件）进行各种考核鉴定试验。以机械类产品贮箱气瓶为例，因为是压力容器产品，在型号中是关键产品，在产品结构设计时，安全系数在1.5以上，对产品的每个焊接无论是有密封要求还是用于结构连接，所有焊缝在设计图中都要有焊缝编号，明确焊缝等级和标准要求以及生产过程中对焊缝质量进行确认，如Ⅰ、Ⅱ等级的焊接接头均应进行X光照相，检查焊缝熔深以及内部缺陷等质量状态，产品除了进行各项环境试验，还需要开展压力验证，甚至进行爆破试验以摸清产品耐压极限情况。

电子电气产品在工程详细设计阶段采用共同设计方法，即电路设计的同时，其他专业开展相关的分析。如结构设计师进行力学分析，对机箱整体结构和敏感元器件安装等方面进行仿真和计算分析；热控设计师对产品整体热通路和发热量大的组件、器件等进行热分析；产品主管设计师对空间环境如抗辐照、单粒子防护等进行分析，对产品电磁兼容性、静电敏感器件的防护进行分析，对产品元器件承受的电、热和机械应力的降额情况进行分析；一般航天产品尤其是关键元器件（大功率、高电压、大电流、高功率密度器件等）需要按照GJB/Z 35的要求进行一级降额设计。航天器电子电气产品还增加了最坏情况分析（WCA）和潜通路分析（SCA），分析产品元器件受工作环境（温度、辐照、老化等）影响存在参数容差时，整个电路的输出特性等工作情况；分析产品在工作环境中是否会产生设计意图之外的电路。工艺设计师同期开展工艺总方案设计，根据产品工程的详细设计、产品特性分析确定的关键特性，分析生产过程需要采用的工艺、工装等情况，确定工艺流程、关键工序和关键检验点等。产品电路设计师应针对以上分析提出的不符合项和需要改进的问题完成改进设计，在设计、分析、改进、再设计中完成最终的设计状态，并且形成产品详细设计报告和各个专项的设计分析报告。要组织开展由同行或相关领域专家以及用户（或潜在的用户）参加的更高一级评审，对产品设计是否满足输入的要求进行审查和确认。

火工品在航天型号中一般都是单点产品，其失效会导致整个型号任务的失败或部分功能丧失以及危害人身安全，对于航天型号来说是不能接受也不允许发生的故障模式。火工品的设计形成了一系列的标准规范，研制过程中需要开展大量的可靠性研制试验，积累一定的数据并计算可靠度达到要求才能在型号中应用。

所有产品如果使用了新技术，一般在开发阶段的前期完成技术攻关原理验证等工作，方案设计和工程研制阶段主要解决工程实现问题，开展充分的试验、仿真、分析等工作，摸清产品的研制规律，包括关键技术指标的边界、极限工况下产品功能性能等情况。对使用的新技术、新材料、新器件、新工艺等在设计开发阶段进行充分验证。

第六节　航天产品生产过程质量控制

航天产品生产过程质量控制是确保航天产品设计质量要求在生产环节有效衔接落实以及产品质量稳定性的关键。在航天产品生产过程质量控制中，坚持预防为主思想，开展生产准备状态检查，实施工艺策划、工艺可行性分析和审查以及工艺控制，特别是对直接影响产品关键（重要）特性、产品功能（性能）指标或工艺及生产中存在不可控因素的关键过程、特殊过程、易错难操作过程等关键环节采取针对性控制措施，同时，严格多余物控制、静电防护控制，做好不合格品管理、质量检验点的设置与管理等工作，减少生产过程质量波动和质量风险，持续提升过程能力，保证产品质量的符合性和批产品质量的一致性。

一、生产准备

生产准备是航天产品生产的重要环节。实际上，我们做任何事情或多或少都要做一些准备工作，而航天产品生产准备已不是普通意义上的准备工作，它已成为航天产品生产过程中不可或缺的重要组成部分。

（一）生产准备的由来与完善

几十年来，航天产品生产准备随着中国航天科研生产体系的完善而不断完善。从大的方面说，生产准备工作开始于航天型号研制初期，工艺攻关、工艺方案确定、非标工艺装备设计和制造、工艺文件（工艺总方案、工艺规程、工艺路线、工艺定额等）编制等，都是航天产品生产准备的重要内容。型号研制阶段初期开展的生产准备工作，在验证设计方案工艺可达性的同时，还通过设计协同、工艺审查等方式，对完善设计工艺性、确定产品验收指标等发挥重要作用，更为航天产品的试制和生产打下坚实基础。

航天产品试制和生产准备的标志性工作是生产准备状态检查。20 世纪 80 年代前后的生产准备状态检查，主要针对全箭（弹）、整星产品和分系统关键产品的总装、测试等，称之为“开装评审”。随着航天事业的发展，航天型号研制生产中的型号多、状态多、批次多、研制与批产交叉进行等特点日益突出，生产准备工作尤显重要。为满足航天产品生产需要和质量管理要求，生产准备状态检查逐步应用到零部件批生产、部组件和大部段产品生产以及关键重要产品生产。在生产准备状态检查的内容和要求方面，根据各型号各单位成熟做法和经验，经不断总结和提炼，使其逐步趋于规范化、标准化。20 世纪 90 年代初，在航天产品生产准备状态检查的基础上形成了军工产品生产准备的工作标准，即 GJB 1710《试制和生产准备状态检查》（该标准 2004 年经修订后为 GJB 1710A《试制和生产准备状态检查》）。航天系统在执行标准的同时，继续创造性地开展航天产品生产准备工作，将质量体系要求以及具有航天特色的管理要求充分体现在生产准备工作之中，如将风险识别、分析与控制、多余物控制、“五环节”（测试、验收、检验、工艺、人员五个环节）分析、表格化管理、质量问题归零、易错和难操作识别及措施等纳入生产准备状态检查中，真正做到预防为主、源头抓起、全过程控制。

（二）生产准备状态检查

生产准备是航天产品生产的前提，而生产准备状态检查是对生产准备工作的对标测量。目前，在国家军用标准的基础上，已经形成具有航天特色和鲜明产品特点的航天产品生产准备状态检查。首先，在产品生产质量计划（质量保证大纲）中明确生产准备状态检查要求，确定需进行生产准备状态检查的产品清单和级别（厂所级或车间级）；生产计划部门则将其纳入型号的年度、季度和月份研制、生产计划中，明确责任单位、时间节点和考核要求等，从而保证按照型号产品研制、生产进度的节拍完成生产准备状态检查工作。

生产准备状态检查内容一般包括设计文件、生产或试制计划与批次管理、生产设施与环境、人员配备、工艺准备、采购产品和质量控制等方面。结合航天产品科研生产实际和产品特点，航天产品生产准备状态检查将以上检查内容进行了细化，使其更具针对性和可操作性，特别是将航天质量管理的新要求，过程控制的新方法、新措施等及时补充完善到生产准备状态检查中，使其能够真正落实到生产过程中。针对不同产品，航天产品生产准备状态检查在通用内容的基础上也有所不同或侧重。对全箭（弹）、整星（船）、发动机等产品总装、部装，在生产准备状态检查中，特别关注技术状态变化、多余物控制、配套产品齐套及质量情况等；对零部件产品，则将关键工序和特殊过程控制、批产质量保证等作为检查重点。

在生产准备状态检查的组织和形式方面，由设计、工艺、质量管理、检验、生产、计量等专业人员组成检查组，首先对检查单进行评审，明确具体的检查项目和检查内容，按照针对不同产品编制的检查单进行逐项检查，根据检查结果形成生产准备状态检查报告，给出能否进行生产的结论。随着型号产品复杂程度、生产进度节点精准控制和质量要求的不断提高，以及对生产准备状态检查重要作用认识的不断加深，对全箭（弹）、整星（船）总装、测试和发动机等分系统产品总装、测试以及关键重要产品的批生产等，在常规检查的基础上，航天产品生产准备状态检查又增加了由用户代表、项目办和生产单位有关人员等参加的生产准备评审的环节。在生产单位编制的《生产准备评审报告》中，对生产准备状态检查内容和检查结果详细分解说明，用表格形式列出设计文件清单、工艺文件清单、过程记录清单、生产设备及工装清单、测量设备清单、产品齐套以及上岗人员情况、上一发（批）产品质量问题归零及在本发（批）产品措施落实情况等，报告中还详述了设计交底、工艺交底、岗前培训和生产进度节点计划等。实践证明，生产准备评审是对生产条件的再次把关确认，对于协调产品技术状态、实施产品生产计划、确保产品质量稳定，作用十分显著。

具有航天特色的航天产品生产准备状态检查，体现了零缺陷的指导思想。零缺陷的基本原理告诉我们，预防的系统可以保证质量。从内容、形式和作用来看，航天产品生产准备状态检查是预防系统的组成部分，其目的就是保证航天产品生产有序、顺利进行，不出现反复，确保产品质量符合要求，一次把事情做对、做好。

二、工艺过程控制

航天工艺过程控制的着力点是工艺的不确定性和不唯一性。大家知道，工艺是劳动者利用各类生产工具对各种原材料、半成品进行加工或处理，最终使之成为成品的方法与过程，工艺制定的原则是技术上的先进性和经济上的合理性。由于航天产品生产和现代工业大规模产品生产有较大的不同，且不同工厂的设备生产能力、精度以及工人熟练程度等因素都大不相同，所以对于同一种产品而言，不同的工厂制定的工艺可能是不同的，甚至同一个工厂在不同时期选择的工艺也可能不同。可见，就某一产品而言，工艺并不是唯一的。这种不确定性和不唯一性，是航天产品工艺策划、工艺输入、工艺控制、工艺输出等环节重点关注的内容。

（一）工艺策划

工艺设计是航天产品研制生产过程的重要一环，工艺设计与产品设计紧密配合，协同工作，才能形成满足任务需求的航天产品。在开展工艺设计之前，须进行工艺策划，确定各项工艺活动和控制要求，以确保实现航天研制生产的预期结果。从型号总体和具体产品两个维度，都需开展工艺策划活动。

面向型号，工艺策划目的是识别型号研制各阶段所需的工艺过程，并确定这些过程的相互作用和顺序，对型号研制全过程的工艺质量实施有效控制，以满足设计与标准规范要求，满足航天飞行任务要求。策划结果一般为工艺工作程序或工艺保证流程。

工艺工作程序一般包括：对设计文件进行工艺性审查，确定本阶段产品的工艺技术状态；根据航天产品研制计划与预计的生产批量，制定工艺总方案，并进行评审；编制工艺技术准备计划，实施工艺技术改造；开展工艺技术准备工作，做好工艺技术文件评审和检查确认；对关键工艺技术项目，组织进行工艺攻关、工艺试验；对本阶段工艺技术问题进行清理，及时处理工艺技术问题；完成本阶段工艺检查确认工作，对工艺工作进行总结，完成转阶段工艺评审；对本阶段形成的工艺文件、资料进行整理归档。

面向产品，工艺策划是指根据产品技术要求、生产类型和承制单位的生产条件，对产品工艺进行全面策划，提出产品研制及生产工艺准备、生产组织任务和措施的纲领性技术文件，一般为工艺总方案。

工艺总方案一般包括：产品性能和工艺特性、产品研制技术状态、生产类型/规模/周期、生产线建立或调整方案、主要工艺流程、主要工艺方法、工艺攻关及验证项目、采用新工艺/新技术/新材料项目及实施途径、关键工序的工艺措施、主要检测/试验项目、工艺评审要求、首件鉴定要求、外协项目及要求、设备设施要求、工艺标准化要求、工艺文件编制及管理要求。对于新研产品，工艺总方案中应包括工艺风险分析。

不同研制阶段的工艺总方案关注点不同。方案阶段侧重于工艺的选用和技术途径分析，提出拟采用新工艺及必须增添的新设施、新设备，对重大技术改造项目进行初步论证，就相应的新工艺提出应用研究试验项目。初样阶段侧重于重大工艺技术攻关、产品主要技术指标的实现，突出工艺总方案的可行性、可靠性、协调性和可实现性。正样（试样）阶段侧重于工艺继承性分析、产品质量的稳定性，突出技术状态控制和工艺可靠性。批生产阶段侧重于工艺优化，产品质量的稳定性、一致性和可靠性的实现，突出批生产技术状态控制、生产工艺布局调整、工艺装备和设备的补充及产品实现的经济性。

（二）工艺输入

航天产品的工艺过程是与设计过程并行开展，并随着研制阶段不断迭代优化的。在进行工艺设计时，需要考虑设计工艺性、工艺可行性、制造经济性、人员安全性等要求，以便准确确定工艺设计的依据。从技术角度，采取工艺可行性分析和工艺性审查方法；从管理角度，采用集同设计和复核复审方式；从文件角度，覆盖设计方案、图样和文件，确保工艺过程输入的完整性、充分性和适宜性。航天产品工艺输入过程的标志性工作是工艺可行性分析和工艺性审查。

工艺可行性分析，是在满足产品功能和性能的前提下，在一定产量和一定生产条件下，对产品设计方案内在特性与生产工艺要素的综合情况，进行可制造性、可实施性、经济性的能力分析与评价。工艺可行性分析准则一般包括生产成本要求、材料选择原则、工艺选择原则、现有的和规划的能力对产品设计的限制、选择新技术的技术基础条件等。工艺可行性分析因素一般包括材料（元器件）选择、制造技术可获取性、制造经济性、设备能力、安全性、防差错性、标准化程度、工艺成熟度、接口协调性、可检测性、可维修性、环保程度等。

工艺性审查，是在产品图样设计阶段，工艺人员对产品和零件制造的可行性进行全面审查，并提出意见和建议的过程，是设计工作的重要环节。工艺性审查前，设计人员应向工艺人员进行技术交底，说明产品的技术性能、结构特点、使用要求等，以便工艺人员掌握设计意图。工艺性审查因素一般包括生产单位的工艺条件，如技术水平、设备能力、检测手段等；产品的研制阶段，生产批量及发展规划；新工艺、新技术、新材料、新设备等的应用状况；产品继承性和工艺继承性；工艺外协状况；技术政策、法规和标准规范等。

（三）工艺控制

工艺控制指对工艺过程实施控制，以确保工艺过程的输出满足设计要求。工艺控制方法主要包括：工艺选用、工艺鉴定、工艺评审、禁（限）用工艺控制、常见工艺质量问题与隐患控制、特殊过程确认和工艺装备控制。

下面简要介绍几种工艺控制方法。

(1) 工艺选用

工艺选用是从整体、全过程分析选择工艺方法的合理性及各种工艺方法之间的协调性，并考虑其可靠性、可检验性、可维修性、可操作性、稳定性、经济性、安全性，确定选用的工艺。

在技术层面，航天从成熟度的角度将工艺分为四类：其一，已形成工艺规范或满足航天行业标准的工艺；其二，未形成航天行业标准但是有成功飞行经历的工艺；其三，通过试验获得满意结果并经过鉴定的工艺；其四，经历过相关环境验证的工艺。产品工艺按以上顺序优先选用。同时，选用的工艺还要满足产品规定的安全系数，满足地面环境（制造、试验、包装、贮存、运输、总装)、飞行环境（发射、在轨、返回）要求和产品设计对工艺的指标要求。

在管理层面，航天实行“清单管理模式”，递进式发布正面清单——工艺选用清单、负面清单——航天产品禁（限）用工艺目录、灰色清单——工艺隐患清单。2000 年，中国航天在推进产品保证工作中，借鉴欧美同行经验，推行工艺选用清单，即按一定格式将某产品所选择的工艺方法汇总形成的明细表。产品制造单位建立的工艺选用清单，一般包括产品名称、工艺名称、标准规范、工艺流程、是否包含关重特性、是否涉及禁（限）用工艺、是否具有飞行经历、工艺实施单位等信息。2005 年，中国航天发布《航天产品禁（限）用工艺目录》(以下简称《目录》)。该《目录》以国家和航天行业标准规范为依据，并结合航天各专业技术领域典型工艺文件要求，将严重影响产品质量的工艺项目以及影响环境保护和职业健康安全的工艺方法纳入其中，并将工艺方法分为两个等级，即禁用工艺和限用工艺（见表 4-14)。禁用工艺是指从保证产品质量、维护产品技术安全和保护环境为出发点，违反国家法规、产品质量低劣、环境污染严重、危害安全生产，需明令禁止或明确淘汰的工艺方法。限用工艺是指从保证产品质量、技术安全和环境的角度出发应予以禁止，但尚无成熟替代工艺，在采取规定控制手段的前提下还可以使用的工艺方法。纳入《目录》的工艺方法，相当于被列入了黑名单，原则上禁止使用。对于必须采

表 4-14　中国航天禁（限）用工艺目录（摘要）

序号	专业分类	工艺项目	分级	内容	禁(限)用原因	采取的措施	标准或文件出处	专家处理意见
1	冷加工	切削加工工艺	禁用	精密零件精加工后有瓷质阳极化工序时，精加工不可采用乳化液冷却	采用乳化液时，会在后面的阳极化工序中造成表面腐蚀	—	《航天精加工单位典型工艺》	应严格执行
2	冷加工	切削加工工艺	限用	胶木材料零件机械加工时一般不得采用冷却液	胶木吸收冷却液会造成零件变形，也会降低绝缘性能	如采用，必须及时清洗烘干	《航天精加工单位典型工艺》	—
3	焊接及特种加工	铝及铝合金熔焊工艺	禁用	阳极化后铝合金零件严禁在阳极化膜未去除前焊接	防止焊接缺陷产生	—	QJ 2864《铝及铝合金熔焊工艺规范》	应严格执行
4	表面工程	镀覆工艺	禁用	弹性件或抗拉强度大于 1 050 MPa 钢制件，镀前不允许强酸洗	产生氢脆	—	QJ 2754《卫星结构件防护性镀覆和涂覆通用规范》	应严格执行
5	表面工程	镀覆工艺	限用	受摩擦零件表面不宜镀银	易腐蚀、不耐磨	若选用，设计部门应对能否满足产品性能进行分析	QJ 450A《金属镀覆层厚度系列与选择原则》	应严格执行
6	电装	导线端头处理工艺	禁用	镀金的导线芯线、元器件引线、各种接线端子的焊接部位，需经搪锡处理后才能进行焊接	防止金脆	—	QJ 3117《航天电子电气产品手工焊接工艺技术要求》	—
7	电装	印制板焊接工艺	限用	每个接线端子上一般不应超过三根导线	防止焊接缺陷的产生	与接线端子连接部位的导线截面积一般不应超过接线端子接线孔的截面积	QJ 3117《航天电子电气产品手工焊接工艺技术要求》	—

用的限用工艺，应制定有效的质量控制措施，并经型号两总审批。2012 年，根据型号研制过程工艺风险发生的可能性、后果的严重性及风险等级，发布《常见工艺质量问题与隐患控制清单》，并设置设计、工艺和过程的检查确认点，确保控制措施有效，风险可控。

（2）工艺鉴定

工艺鉴定是依据预定标准要求的判定准则，采用标准规定的工作程序，按明确的鉴定状态、鉴定内容、鉴定条件、鉴定程序对工艺进行评价和确认的过程。其目的是验证正样（试样）产品的工艺方案是否满足要求并具有规定的工艺鉴定余量；同时验证正样（试样）产品生产过程质量检验要求的正确性、合理性、充分性，达到科学设置检验点、完善检验程序和方法的目的。

在开展工艺策划时，根据产品功能、性能和技术指标要求，对工艺选用进行分析，明确需鉴定的工艺清单。需开展工艺鉴定的工艺范围一般包括：

1）新的工艺方法；

2）由工艺装备和设备等变化引起的工艺状态发生重大变化的工艺；

3）工艺参数或工艺状态发生变化需验证的工艺；

4）工艺应用对象发生变化或产品的应用环境发生变化的成熟工艺；

5）材料发生重大变化的特种工艺。

工艺鉴定方案要覆盖工艺过程能力要素，并有足够的鉴定裕度，保证鉴定的充分性。一般考虑工艺流程合理性、工艺参数正确性、工艺装备和设备适用性、环境适应性和工作工况覆盖性。工艺鉴定的结果形成标准、规范或操作规程，并作为该工艺方法的技术状态基线，严格管控。

（3）工艺过程确认

工艺过程确认是指对在工序完成后不能通过测量和监视来验证或证实产品满足要求的工艺过程进行确认。这些工艺过程一般包括：对过程的结果是否合格不能、不易或不可经济地进行验证的过程，如焊接、热处理等过程；由随后的检验或试验不能验证其结果，仅在产品交付使用之后问题才显现的过程，如疲劳寿命、耐腐蚀性等与时间有关的特性；使用的材料、工艺参数、设备、过程方法或接收准则不能保持固定，发生变更的过程。

20 世纪 80 年代，航天已认识到焊接、表面处理等特种工艺与机加、钣金工艺的控制方法不同，在常规工艺过程控制要求的基础上，增加了对特种工艺过程在生产实施前，需由操作者和检验员共同确认材料、方法、环境、设备符合要求，方可开工；在生产过程中，需严格监控工艺参数，并做好原始记录等。

20世纪90年代，航天各级企业即制造商陆续取得ISO 9000质量管理体系认证证书，对此类过程的控制趋于规范。在此基础上，细化了工艺过程确认要求，即工艺过程确认须按预先确定的工艺流程、工艺参数、环境、设备、人员、检验要求等技术要求，进行合格评定。

产品工艺过程确认的内容一般包括：

1）工艺过程文件中规定的工艺路线、工艺方法、工艺参数的适宜性和可操作性；

2）工艺过程操作人员上岗资格；

3）设备、监视和测量装置的精度和技术状态；

4）环境条件；

5）原材料、元器件质量；

6）合格判据。

同时，对工艺过程再确认提出了明确要求：

1）连续生产时，当产品质量无异常变化时，再确认按工艺规定的周期进行，再确认时间间隔一般为两年；

2）当出现产品质量问题严重、设备大修等情况时，应重新进行再确认；

3）当过程停工时间超过半年时，一般应重新进行再确认。

（四）工艺输出

工艺输出是工艺设计的结果，即工艺文件。工艺文件的内容、类型及其组成应根据产品的研制生产阶段、复杂程度、使用要求、生产类型等确定。工艺文件按编写内容分为五类：工艺总方案，管理用工艺文件，各类工艺规程，其他工艺文件，专用工装和非标准仪器、仪表、设备的设计分析文件；按记录信息的介质分为两类：纸质工艺文件（记录在晒蓝纸、白纸等介质上），电子工艺文件（记录在硬盘、光盘等介质上）；按表达形式分为三类，见表4－15。

表4－15　工艺文件按表达形式分类

名称	说明
文字类工艺文件	如工艺总方案、工艺细则、工艺说明书等
表格类工艺文件	如工艺路线表、工艺规程、明细表等
图样类工艺文件	如工装设计图样、非标准仪器/仪表/设备设计图样、锻(铸)件毛坯图等

工艺文件应依据产品设计文件、本单位生产条件和相关标准规范进行编制，同时还要满足以下要求：

1）产品的工艺总方案、包含关键工序的工艺文件应进行评审；

2）产品工艺文件应形成目录，内容应完整、有效，正样（试样）阶段产品工艺文件应与产品鉴定最终技术状态一致；

3）产品工艺文件应明确过程检验的方法、要求和合格判据，对产品数据包（检验记录）的要求应详细、完整；

4）对工艺关键过程，在产品工艺文件中应设立关键检验点、强制检验点，并规定检验方法、合格判据等内容，必要时，应在产品工艺文件中明确检测环境要求；

5）工艺规程应做到可操作、可量化、可检测，尽量减少人为因素。

三、关键环节控制

在航天产品生产中，将实现产品关键（重要）特性的生产过程和对产品功能（性能）指标有直接影响、工艺及生产中因存在不可控因素需采取相应措施的生产环节，统称为关键环节。生产中常见的关键环节有：关键过程、特殊过程、易错难操作过程等。抓住关键环节，制定和落实关键环节控制措施，对实现航天产品生产全过程控制、保证产品质量符合性和批产品质量一致性尤为重要。

（一）关键过程控制

产品生产的关键过程又称关键工序，主要由两部分组成：一是由设计根据产品特性分类确定的关键件、重要件，其关键特性、重要特性形成的工序；二是生产单位考虑到某些特殊因素确定的工序，如考虑产品加工难度大或质量不稳定、产品生产周期长或原材料稀缺昂贵、产生废品或返修经济损失较大等原因确定的工序以及关键（重要）采购产品入厂验收的工序等。

航天产品关键工序控制已形成较为成熟、规范的做法。生产单位根据设计单位编制的型号关键件、重要件项目明细表，产品设计图，文件中关键件、重要件及关键特性、重要特性标识确定关键工序，连同生产单位自行确定的关键工序，以工艺文件的形式下发型号关键工序目录，并据此编制关键工序工艺卡片、关键工序质量控制卡等，细化工艺方法和检验要求。关键件、重要件的工艺文件必须经过评审；对关键工序的操作者、检验员实行资格考核，持证上岗；对关键工序的生产必须做到“三定”：定人员，定设备，定方法。

（二）特殊过程控制

航天产品生产过程涉及许多特殊过程，如锻铸造、热表处理、焊接、胶粘接、非金属制造、电装等。由于特殊过程的产品其结果不能直接或经济地测量，过程控制尤为重要。特殊过程的控制主要体现在工艺方法、上岗人员等方面。工艺方法应确定工艺规范、生产设备、工艺装备、工艺辅料等。航天产品生产特殊过程一般都有通用工艺规范，明确针对具体产品的工艺参数、工艺控制措施等。对特殊过程操作人员、检验人员应实行资格考核，持证上岗；特殊过程应进行确认，产品批产前或控制要素发生变化时应进行再确认。

（三）易错难操作项目及其他关键环节控制

航天产品研制生产单位将零缺陷、六西格玛、风险管控等理念和方法与科研生产实际相结合，在产品生产过程控制上不断实践、创新，摸索、总结出许多行之有效的管理和控制方法，已经形成一套具有航天特色和型号特点的操作规范，易错难操作项目控制就是其中之一。它在杜绝人为差错，减少返工、返修、报废以及不断优化工艺流程，确保产品质量与可靠性方面效果显著。

易错难操作项目控制工作方法起源于一次产品质量问题归零带来的思考。审视问题发生的过程，发现有两对插头的插座形式一样且位置相邻，连接安装时极容易插错。对此问题举一反三，提出了易错难操作项目控制的概念。

易错难操作是从两个角度识别差错风险。一是以工艺技术人员为主，通过产品设计文件和工艺流程梳理易错项目。易错主要表现在错漏装、方向错误、插接错误、设计要求理解错误等。二是以操作人员为主、工艺技术人员协助梳理难操作项目。难操作主要表现在结构原因导致操作困难、盲插、盲装、难加工等。在易错难操作项目的控制方面，首先编制易错难操作项目清单，对在工艺规程中涉及易错难操作的工序做出明显提示性标识，细化相应工序、工步的操作要求，明确控制措施，同时采用有效、可行的检测、检验方法和手段，如工业内窥镜、多媒体记录等。随着技术状态变化、工艺方法和生产条件改进等，及时增减易错难操作项目，做到易错难操作项目控制的动态管理，在动态管理过程中促进工艺技术、检测技术、生产制造能力以及过程质量控制水平的不断提高。

对易错难操作项目的控制，防错是源头，改进是精髓。

在航天产品生产中，根据产品特点和要求、工艺流程和方法等，还梳理识别出许多其他关键环节，如连接件紧固力矩控制、电连接器插接、多余物防控以及用户和设计人员关注的其他环节。针对这些环节，应采取有效的控制措施，对此已分别形成针对性强、可操作、可检查的控制规范。

（四）“五环节”分析和控制

航天产品“五环节”控制是按照产品测试、验收、检验、工艺、人员五个环节检查确认，并进行综合分析、评价，以此确保产品质量的可靠性。

“五环节”控制的目的是从产品测试覆盖性的角度出发，明确测试不到项目的保证措施。在航天产品生产中，对经分析、评价确定为测试和验收不到的项目，要在工序检验、工艺控制和人员方面采取有效措施，以保证产品质量的可靠性。近年来，航天产品生产单位在总结“五环节”控制实践经验的基础上，将“五环节”控制方法运用到关键、重要单机、部组件产品的生产和产品总装、测试等过程中，梳理出检验、工艺和人员保证不到特别是仅靠人员保证的项目，制定出针对性措施，保证产品质量。同时，通过开展工艺攻关、工艺和检测技术研究、改善生产条件、提升生产能力等工作，不断减少保证不到环节的数量，降低人员保证的依赖程度。

四、多余物控制

（一）对多余物及其控制的认识过程

多余物是航天产品的大忌。从 20 世纪 50 年代中国航天事业建立开始，航天人在多余物防控上一直做着不懈的努力。在航天史上，多余物造成的重大失利触目惊心。航天产品内存在多余物，一般可引起划伤、堵塞管路、机械失灵、电器绝缘破坏、电器短路等严重事故，甚至导致发射试验失败，造成重大损失。1992 年 3 月 22 日，在西昌卫星发射中心，长征二号 E Y1 火箭首次发射澳大利亚卫星，按下“点火”按钮后火箭按程序点火，发动机喷出火焰，但第 1、3 助推发动机中途熄火，火箭自动紧急关机，发射中止，长征二号 E Y1 火箭发射失利。经分析，造成此次失利的原因是：助推器的火药启动器供电电路中的程序配电器有铝质多余物。

航天产品生产过程中的多余物隐患，如果没有及时采取控制措施加以消除，其后果将是难以想象的。实际上，航天产品多余物的控制是随着对多余物的认识而不断深化和规范完善的。20 世纪 60 年代的“白鞋带事件”带来了火箭总装人员工作着装上的改变并形成制度，即工作鞋没有鞋带，工作服没有扣子，工作人员不得佩戴首饰等；由于发生过扳手遗忘在贮箱内的疏忽大意问题，总装、装配人员进入火箭贮箱前后必须进行工具清点，实施工具清点表格化管理；由于产品加工过程中残留的金属屑带到产品装配中会造成阀门卡死，导管中的金属屑进入系统会造成严重的后果，随后带来了无毛刺加工、相交（相贯）孔毛刺清理、小孔无毛刺特殊加工等一系列工艺技术的改进。随着航天技术的发展，对多余物的认识也从宏观到微观，从目视可见到需借助工具才能发现，各种形态、形状和形式的多余物进入了航天人的关注范围。在航天电子产品的电装过程以及机电产品的精密加工中，多余物的防控也显得越来越重要。因此，在航天产品生产中，多余物控制将是一项长期的、不容懈怠的工作。

（二）多余物控制方法和手段

航天产品多余物控制是一项系统工程。从产品设计到原材料、元器件选用，从生产工艺的选择到生产、试验全过程，每一个环节的多余物控制都关系到航天产品的质量与可靠性。在产品设计上就要考虑防控多余物问题，加强防控多余物设计，这主要体现在优化产品结构，改善产品工艺性以及生产的可操作性、可检查性等，以便为生产过程中产品多余物的防控提供良好条件。航天产品多余物控制包括预防和控制两个方面，以预防为主，防控结合。在生产管理上，首先明确相关部门和生产单位多余物控制职责，制定多余物控制总体要求，对生产现场、制造和装配过程以及总装、测试等提出具体管理要求，规定发生多余物问题的处置流程等。生产单位针对具体产品，识别可能产生或存在多余物的环节，从技术层面制定多余物防控措施，通过优化工艺流程和工艺方法、改善加工条件、提升多余物检查检测和清除能力等，达到多余物防控目的。

航天产品生产过程中对多余物的检查检测是多余物控制的重要内容。只有对多余物实施准确的检查，才能正确判断防控效果，并为进一步改进防控方法、提高控制水平提供依据。多余物检查、清除手段根据产品特点而异。对机械类结构件产品和系统，传统的检查方法有敲、转、听以及专用小工具等，这些方法看似简单，但实用、有效，操作简便，一直沿用至今。20 世纪八九十年代，航天系统在军工行业率先引进工业内窥镜，并从工业光学内窥镜迅速过渡到工业视频内窥镜，其功能包括高清晰检查、拍照录像、机械手清除等，较好地解决了如封闭结构、盲孔、导管、阀门等特殊复杂结构产品以及系统多余物的检查和清除问题。对阀门等产品密封面，使用了体式显微镜以检查微小多余物。对电子类产品及电装过程等，采用工艺振动、吸附、位移信号检测等检查和清除手段。多余物检查方法和清除手段的不断完善，大大减少了多余物问题的发生，相应的检查记录也为多余物问题分析、归零等工作提供了依据。

（三）多余物控制的规范性要求

经过不断总结、完善和提升，航天产品多余物控制已逐渐形成一套系统、完善的规范。2009 年出版的《火箭与导弹产品多余物控制》，较系统地总结了几十年航天产品多余物控制的经验，详细阐述了各类航天产品多余物控制要求、方法以及检查、清除手段。在多余物控制规范方面，针对不同类型产品和系统，陆续编制、发布了一系列多余物控制的规范性要求，如《液体火箭发动机多余物预防和控制》《航天惯性器件多余物预防和控制》《航天电子产品多余物预防和控制》《液体火箭发动机试验系统清洁度和多余物控制要求》《弹簧星仪器活动多余物检验方法》等。1996 年，发布了航天行业标准 QJ 2850—1996《航天产品多余物预防和控制》（2011 年修订为 QJ 2850A—2011《航天产品多余物预防和控制》）。

五、静电防护控制

（一）对静电防护控制的认识过程

静电放电（ESD），是指两个具有不同静电电位的物体，由于直接接触或静电场感应引起的两物体间的静电电荷的转移。我们都知道，不同物质的接触、分离或相互摩擦，即可产生静电。例如，在生产过程中的挤压、切割、搬运、搅拌和过滤以及生活中的行走、起立、脱衣服等，都会产生静电。可见，静电在我们的日常生活中可以说是无处不在。这些静电也许对人体影响不大，但对于一些静电敏感元件（ESDS），却直接可以使其失去本身应有的正常性能，甚至完全丧失正常功能。可见，ESD 防护非常重要且必要。ESD 防护是指为防止静电积累所引起的人身电击、火灾和爆炸、电子器件失效和损坏，以及对生产的不良影响而采取的防范措施。

中国航天从 20 世纪 80 年代就开展了静电防护技术研究，1989 年至 1992 年间，先后发布了 QJ 1693《电子元器件防静电要求》、QJ 1875《静电测试方法》、QJ 1950《防静电操作系统技术要求》、QJ 2177《防静电安全工作台技术要求》、QJ 2245《电子仪器和设备防静电要求》等行业标准，系统提出了静电防护的技术要求。进入 21 世纪，航天电子产品因静电损伤引发的质量问题呈现增多趋势。由于静电损伤，某卫星遥控单元无法执行遥控指令码，造成在轨卫星出现重大质量问题。中国航天通过质量问题归零工作，深入分析其根本原因，制定了技术和管理两个层面的静电防护措施，并首次提出了静电防护管理体系的概念，于同年发布了 Q/QJA 118～Q/QJA 123 航天电子产品静电防护管理体系系列标准。该系列标准已在航天电子产品领域推广实施。

（二）静电防护管理体系

航天电子产品承研承制单位应该建立、实施、保持和认证静电防护管理体系，明确和落实相关人员静电防护管理职责，建立防静电工作区，配备静电防护的必要资源，健全静电防护管理程序，强化相关人员静电防护知识培训。需着力健全人员着装、接地与等电位连接、产品包装、贮存、运输等产品研制各个环节以及工作台与工具等与静电控制有关的各个方面的管理程序，确保静电防护控制到位。通过明确静电防护方针和静电防护目标、开展内部审核和数据分析、制定预防措施和纠正措施以及进行管理评审，持续改进静电防护管理体系的有效性，避免发生静电损伤事故。

静电防护管理体系的 12 项要素如图 4－12 所示。

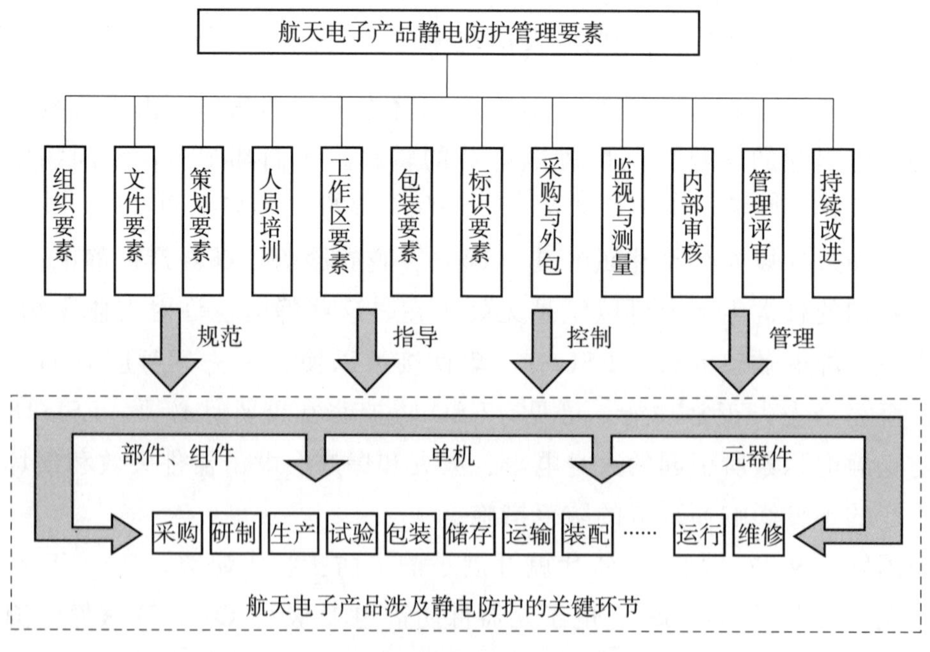

图 4－12　静电防护管理体系的 12 项要素

（三）静电防护控制方法

任何静电危害的发生都必须具有静电源、路径、敏感器件这三个基本要素，三个要素同时满足才能形成静电危害。基于此，静电防护控制原则，一是控制静电源，就是控制静电起电率，泄放、中和累积静电荷，防止危险静电源的形成；二是切断静电泄放路径，就是采取屏蔽、隔离等手段，切断静电耦合路径，如图 4 - 13 所示。

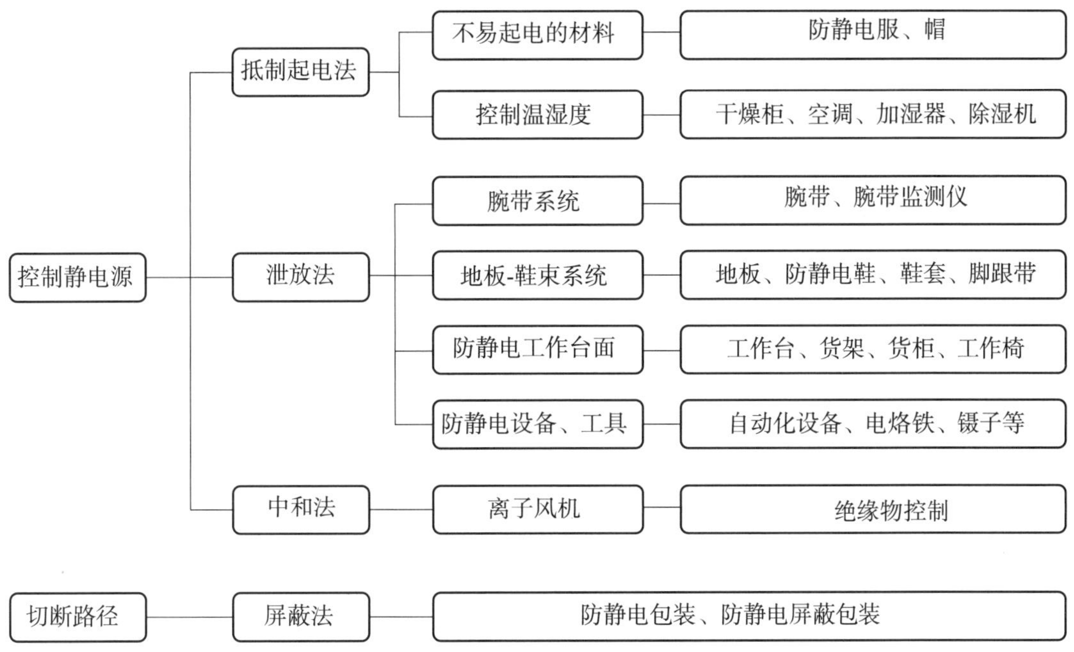

图 4 - 13　静电防护控制方法

在生产过程中，对 ESDS 产品的采购、制造、加工、组装、装联、包装、标识、维修、失效分析、测试、检验、环境试验、贮存、分发和运输等全过程均应施行静电防护控制，其控制方法一般包括接地/等电位连接系统、人员接地、工具和设备接地、防静电工作区、包装和标识。

下面简要介绍防静电工作区（Electrostaticdischarge Protected Area，EPA）的控制方法。EPA 是指配备各种防静电装备（产品）和设置接地系统（或等电位连接），能限制静电电位、具有确定边界和专门标记的场所。EPA 内的控制方法一般包括：

1）EPA 内所有金属导体、仪器设备、防静电装备、人员应接地，应与其他各类接地共用一个接地体。

2）依靠接地措施无法消除EPA内绝缘体、设备、工具和各种操作产生的静电时，可使用电离系统提供静电中和或采取静电屏蔽、隔离措施。

3）直接接触或间接接触ESDS产品的操作均应在EPA内进行，在EPA之外，对ESDS器件（组件）必须提供防静电包装予以保护，不允许将其暴露在防静电包装之外。

4）对EPA内的人员、绝缘物品、湿度、分类、配置、监视和测量等方面进行控制。

• 人员控制：处置ESDS产品的人员应通过培训考核，并具备上岗资格。

• 绝缘物品控制：采取措施减少因电场感应所导致的带电器件模型的产品损坏。如使绝缘物品与ESDS产品相隔30cm以上的距离，使用离子风机或其他静电缓解技术进行电荷中和处理。

• 湿度控制：EPA湿度控制是静电防护关键要素之一。室内相对湿度宜保持在40%～60%范围内。

• EPA分类控制：根据实际情况将EPA分为两类，Ⅰ类EPA是指直接或间接接触、处置ESDS器件（组件）的区域，如元器件库房、元器件筛选、电装、电路板调试、测试、检验等区域。Ⅱ类EPA是指处置ESDS单机设备的区域，如单机环境试验室、单机库房等。

• EPA配置控制：根据EPA分类和实际情况，配置与静电防护相关的设施、设备等装备。EPA配置要求详见表4-16。

表4-16　EPA配置要求

序号	配置项目	Ⅰ类EPA	Ⅱ类EPA	备注
1	标识	●	●	
2	防静电地面	●	●	
3	防静电工作台	●	●	
4	防静电储存架/柜	●	●	
5	防静电椅子	●	○	
6	防静电移动设备(小车)	▲	○	在EPA内运输未经防护的静电敏感产品时必选
7	防静电包装	●	○	
8	防静电服、帽	●	●	
9	防静电鞋	●	●	
10	一次性防静电鞋套	●	●	

续表

序号	配置项目	Ⅰ类 EPA	Ⅱ类 EPA	备注
11	防静电指套、手套	▲	▲	有洁净度要求时必选
12	防静电腕带	●	●	
13	防静电工具	●	○	
14	防静电离子风机	▲	○	处置绝缘体和进行不便于接地的操作时必选
15	防静电涂料、降阻剂	○	○	
16	湿度检测仪表	●	●	
17	人体静电综合测试仪	●	●	
18	腕带测试仪	●	●	
19	电烙铁测试仪	▲	—	电装车间必选
20	非接触式静电电压表	○	○	

注：●表示必选；—表示不要求；▲表示条件选择；○表示可选。

• EPA 内防静电器材监视和测量控制：EPA 内所有与静电防护相关的设施、设备、防静电材料、服装、用品、用具、包装等，均应按要求检测。在投入使用前，应验收合格。在使用过程中，应进行周期检测，并在有效期内。

六、不合格品管理

不合格品管理是航天产品生产过程质量控制的重要内容之一。其目的是，通过对不合格品的审理、处置、原因分析、制定措施、跟踪、追溯、统计分析等手段，控制使用不合格品，避免不合格问题重复发生。从 20 世纪 80 年代起，航天系统各研制、生产单位逐渐建立了较完整的不合格品管理系统，将不合格品由以前的处理上升为管理，并在后续《军工产品质量管理条例》、GJB 9001《质量体系管理要求》的贯彻落实中，进一步予以规范和完善。1988 年，航天系统牵头组织编制了不合格品管理的国军标 GJB 571—1988《不合格品管理》（2005 年修订为 GJB 571A—2005《不合格品管理》）。随着航天产品质量与可靠性要求的不断提高，对不合格品的控制与管理也更加严格，同时将重点由处置转向预防。近年来更是提出了关键重要特性不允许超差等要求，引导过程质量控制重心前移，培育第一次就把事情做对的零缺陷理念，大大减少了低层次和重复性质量问题的发生，凸显出航天质量管理的特色和优势。

（一）不合格品管理的要点

1）不合格品管理应有完整、准确的质量记录，不合格品审理或处理文件按有关规定存档。

2）不合格品的审理坚持“三不放过”的原则；未履行批准手续的，不得进行下道工序或交付出厂。

3）不合格品的处理结论仅一次有效，不能作为以后不合格品处置和验收其他同类产品的依据。

4）不合格品的责任单位应按规定及时办理不合格品处置文件，否则检验人员有权停止该产品（工序）的验收，并立即上报质量检验部门。

5）产品交接后发现的外观质量问题，当具体责任单位（责任者）查不清时，由产品所在（接收）单位负责。

6）属于工装、样板、组合夹具等原因造成的不合格品，除首件损失由工装车间承担外，其余不合格品损失由产品生产车间承担。

7）不合格品责任不属于产品主制（发现）单位时，由主制（发现）单位协调责任单位处理。

8）因检验人员错检、漏检通过的不合格品，检验人员负错检、漏检责任，造成不合格品的经济损失由责任单位负责。

9）不合格品的经济损失，即从产品原材料投料起至报废（返修）工序止的损失总和，包括材料损失和工时损失，应由生产单位经营管理组和厂（所）财务部门负责核算，计入责任单位的质量指标考核，并纳入质量成本管理。

10）凡办理“质疑单”“技术问题处理单”“废品通知单”“返修品通知单”的产品，都应由发生（发现）单位组织不合格品审理工作。

11）审理不合格品时，审理人员必须考虑以前按同样程序加工的产品是否有可能存在同样的问题；是否有必要对以前生产的产品进行复查；是否对已交付的产品采取返厂检查或到使用方排除、更换等；对于能够制定纠正措施的问题应进行识别，并应制定纠正措施，防止再发生。

12）当不合格品审理内容需进行技术归零和管理归零时，应按 Q/QJA 10《航天产品质量问题归零实施要求》规定执行。

（二）不合格品的鉴别、标识、隔离、记录和报告

不合格品的鉴别、标识、隔离、记录和报告是不合格品管理中的重要工作

内容，由检验人员负责。

鉴别：检验人员按照验收依据鉴别产品（工序）的各项质量特性是否符合规定的要求，以判断产品（工序）是否合格。

标识与隔离：当检验人员对产品（工序）判定为不合格品时，按规定对不合格的产品（工序）进行标识，以区别于其他已检验合格的产品（工序）。经标识的不合格品，采取严密的隔离措施，防止不合格品的非预期使用或安装，确保已经检验合格产品的质量。

记录与报告：对鉴别为不合格的产品（工序），在标识和隔离后，检验人员在质量控制记录卡的本工序相关栏目内记录该项产品（工序）的不符合特性的状态和实测值。

当上述工作完成后，检验人员要将产品（工序）的不符合特性的内容报告给不合格品审理组织的有关人员。

（三）不合格品审理

对于不合格品审理，一般单位都建立了三级不合格品审理系统，包括生产车间或研究室级、主管部门级和厂所级，并规定各个层级不合格品审理的权限和要求。对不合格品审理须向后进行延展，将不合格品审理与纠正措施进行有机的结合。航天特定的做法是通过审理不仅要明确不合格品的处置意见类别，更重要的是在进行审理时，重点关注分析不合格品的影响程度、原因分析以及防止再发生的措施等，对于影响大的不合格品还要求按航天“双五条”归零标准开展归零工作。

不合格品审理的内容：不合格情况及原因分析、责任单位和责任者、防止再发生的纠正措施及跟踪管理要求、审理结论、记录或报告，必要时写归零报告。

不合格品审理的程序：

1）属单工序返工的不合格品，如只经本工序再次加工即可满足规定的要求，由检验人员直接退回本工序，加工后重新进行检验。

2）当发现不合格品时，由指定人员提交单位审理组织按审理程序要求及时进行审理。

3）对于单位级审理组织不能完成的不合格品审理，发生（发现）后单位审理组织应提出初步审理意见，并经质量部门审核后，方可提请厂所级审理。

4）经审理组织审理后，对可返修的或明显报废的不合格品按不合格品的处置意见由生产单位处理；对于需申请特许、让步、原样超差使用的不合格品应提请设计部门进行最终处理，并按规定办理手续，通常做法是办理质疑单。

5）对有设计特殊批示（如限制使用范围、降级使用、采取措施后同意使用等）的质疑单，质量检验部门应按相关规定对设计特殊批示的落实情况进行跟踪管理。

（四）不合格品处理

设计单位处理：承制单位经审理后的不合格品，办理质疑单后提请设计部门处理。设计师系统应按职责对不合格品评审意见进行分析，做出处理结论。设计部门所处理的不合格品一般多为让步接收的不合格品（原样超差使用、返修和降级使用）和非明显报废的不合格品。

承制单位处理：承制单位的处理权限一般限于返工品、在生产前已办理允许偏离原规定文件的产品或明显的废品。除此之外，承制单位的处理主要是把已审理的不合格品和按照设计单位对不合格品的处理意见，办理不合格品处置文件，检验人员办理废品单或返修单，属于超差品的，由工艺人员办理质疑单，落实处理结果。

在生产单位质量指标统计分析和考核中，在考核产品合格率指标的同时，还重点强调一次交检合格率考核指标，其核心就是强化一次就把事情做对的零缺陷理念。“一次交检合格率”既与不合格有关联，又在一个方面反映了“第一次把事情做对”的程度。长期以来，人们更多地关注合格率。这是因为，合格率表达的是最终交付产品的合格状态统计，而一次交检合格率是中间状态统计，且不易考核。在航天产品生产和不合格品管理中，用零缺陷理论来观察分析“一次交检合格率”“合格率”“返工率”之间的关系，“合格率”与“一次交检合格率”的差值仅来源于产品“返工率”。合格率大于一次交检合格率是通过返工实现的，而返工是有代价的。零缺陷理论的基本观点告诉我们，一次把事情做对，质量成本是最低的。因此，必须通过提高一次交检合格率、减少返工来提高产品交付合格率，努力将零缺陷理念运用到极致。

七、质量检验

（一）航天质量检验的发展概况

航天质量检验的发展历程大致可以分四个阶段：

1）第一阶段（20 世纪 50 年代末到 70 年代中期）。中国航天事业起步伊始，借鉴学习苏联检验管理经验，结合国内实际逐步完善。1959 年，设立总检验师，组建检验科，实行检验工作行政、业务的统一领导。1963 年，国防部第五研究院发布《试制工厂技术检验工作暂行规定》，是指导航天企业质量检验工作的法规性文件，保证质量检验人员能独立行使职权，充分发挥对产品质量的检查监督职能，强化质量把关作用。到 1964 年中近程火箭试制成功时，已建立起多种专业检验、技术业务管理渠道畅通的质量检验管理系统，在保证仿制和试制产品质量的同时，初步形成了适合航天产品生产的质量检验管理模式。

1964 年，某型号第 108 次试车前，进行出厂质量复查时，发现一颗螺钉下落不明，为保证产品质量，决定推迟出厂时间，接着用了 25 天进行分解检查，查出了压垫板、铁丝、松香等多余物，聂荣臻等领导指示，要好好整顿一下生产秩序、工作秩序，建立一些装配负责制和检查负责制等。总装厂以此事故为教训，进行了认真的整顿，相继建立了多余物控制、工具管理、三检制、班前会、质量分析会等十余项制度。随后，第七机械工业部发布了《检验制度》，详细规定了质量检验的职能，检验管理部门和检验人员的职能、职责与权限，检验人员数量配比，检验人员上岗培训、考核，检验印章管理等要求。

2）第二阶段（20 世纪 70 年代中期至 80 年代末）。随着企业整顿、升级等工作的开展，一系列质量、检验技术与管理制度陆续制定、完善和实施，开始强调质量预防、预防检验。1987 年颁布的《军工产品质量管理条例》，对检验工作明确了承制单位应当实行首件自检、互检、专检制度等要求。

3）第三阶段（20 世纪 90 年代）。中国航天面临“失败不起，没有退路，只能成功”的严峻形势，对航天质量管理和检验工作提出新的要求。1996 年开始，中国航天工业总公司先后制定、发布的一系列质量制度，强调预防为主，源头抓起，全过程控制。所有这些都涉及一个重要内容：质量检验。

1992 年，GJB 1442《检验工作要求》发布实施（2008 年修订为 GJB 1442A《检验工作要求》）；1998 年，QJ 3049《航天产品检验工作要求》发布实施。与此同时，一批行之有效的规章制度等修订完善后，上升或转化为各级标准，包括管理标准和技术标准。

4）第四阶段（进入 21 世纪后）。随着中国航天事业进入快速发展期，研发、研制能力以及设计、工艺、制造、试验水平大幅提高，型号多、状态多、新技术多和高强密度发射的特点日益突出，结合新的形势与任务要求，2008

年，修订发布了 GJB 1442A《检验工作要求》，据此，中国航天系统、全面、规范地开展产品质量检验工作。当前，信息化、数字化等广泛应用于航天制造中，随之带来了先进质量控制和管理方法的研究、引进、应用，检验方式、方法、手段、能力等也发生了巨大变化。如何认识和适应新形势下的检验工作，如何将航天产品检验有机地融入零缺陷理念的预防系统之中，航天人开始了新的探索。

（二）航天特色的质量检验

航天质量检验包括检验技术和检验管理两个方面，航天特色的质量检验主要体现在以下几个方面。

（1）航天质量检验的职能

航天质量检验的职能概括为把关、预防、监督和报告四大职能。

1）把关职能。通过对生产全过程的检验，判定产品是否合格，确保不合格的原材料不投产，不合格的半成品不转入下道工序，不合格的零部（组）件不装配，不合格的产品不出厂。

2）预防职能。根据检验获得的信息与数据，提前发现产品的质量问题，以避免造成不良后果，并协助找出原因，采取有效措施排除和防止质量问题再次发生。预防检验主要体现在巡回检验（流动检验），批产品首件检验，对外购器材、成品件入厂复验和检验部门对改善产品质量提出的措施建议等方面。在工序检验中，上工序检验对下工序也是一种预防检验。

3）监督职能。按照检验制度及质量法规的有关要求，对生产过程实施质量监督。如对生产现场的“5M1E”（人、机、料、法、测、环）、工艺纪律、文明生产和质量措施等执行情况的监督。

4）报告职能。工作中收集、记录、整理、分析和评估产品质量情况，及时向上级和有关部门报告，为进一步改进和提高产品质量提供依据。

（2）航天质量检验的依据及使用顺序

质量检验依据及使用顺序是：

1）使用方与承制方签订的订货合同或技术协议书。

2）产品设计图样、技术（偏离）通知单、专用技术条件、工艺规程（含检验规范）、标准实样。

3）产品图样、专用技术条件引用的有关标准或规范。

（3）航天质量检验的主要内容

航天质量检验涉及的主要内容有：进货检验，过程检验，最终检验，产品配套交付出厂检验，产品提交验收代表检验，产品交接质量检查，产品检验过程多余物控制，产品质量检查确认，航天产品多媒体记录，航天产品螺纹连接拧紧力矩量化，易错、难操作项目识别与改进，基于三维模型的检验与检测等。

（4）航天产品检验管理

航天产品检验管理包括：三检管理和检验状态管理，不合格品管理，质量记录和检验报告、产品质量证明文件、检验印章管理，航天产品批次管理中的检验要求，产品质量问题分析与质量问题归零，预防错漏检等。

（5）航天质量检验点的设置

承制方在产品研制过程中，依据合同和质量文件的要求，按照检验成本最小化、尽早剔除不合格品的原则，设置检验点。检验点一般分为强制检验点、关键检验点和一般检验点。强制检验点是指由用户确定的面向产品研制过程或性能指标的检验点；关键检验点是指为满足产品设计或工艺要求，由设计人员或工艺人员确定的面向产品关键过程或关键特性指标的检验点；一般检验点是指除关键检验点、强制检验点之外的其他检验点。

①强制检验点

确定原则。涉及关键项目关键指标性能的生产、测试和试验等过程控制的相关检验点，系统Ⅰ、Ⅱ类单点失效在产品特性形成时的检验点等，都应设置为强制检验点。

确定时机。一般在合同签订前或任务书（技术要求）下发前，用户（使用方）与产品承制单位协商确定。

实施要求。承制单位应在产品制造工艺文件或其他相关的研制文件（如测试细则）中明确强制检验点的检验项目或指标、合格判据、检验方法，以及检验记录、检验确认等方面的要求，并在该工序显著位置进行标识（如强制检验点）；强制检验点检验结果在产品研制现场由检验、工艺或设计人员和用户共同确认并签署。

②关键检验点

确定原则。下述节点均应设置为关键检验点：产品处于最能充分表现其质量和性能状况时（如产品合盖前、多层包覆前）；关键项目、关键件和重要件、不可测项目实施关键工序时；下道工序不可逆，或下道工序完成后产品难以分解，对前道工序无法实施检验时；装配后如果发生故障或失效将可能损坏其他或更关键的产品时；过去的故障或失效记录表明应进行检验时；由于制造的关键性或复杂性，可能对最终产品的关键特性构成潜在危害时；关键项目的最终检验和试验等。

确定时机。一般在产品生产前或与产品关键检验点相关的产品研制活动开始前，由设计人员或工艺人员确定。

实施要求。承制单位应在产品制造工艺文件或其他相关的研制文件（如测试细则）中明确关键检验点的检验项目或指标、合格判据、检验方法，以及检验记录、检验确认等方面的要求，并在该工序显著位置进行标识（如关键检验点）；关键检验点检验结果在制造现场由检验、工艺或设计人员共同确认并签署。

第七节　航天型号试验质量控制

航天型号系统复杂、研制周期长、成本高、生产数量少、发射后故障无法直接维修，这些特点决定了航天产品上天前必须进行系统的试验验证。在航天型号研制中，一般要做大量的地面模拟试验，这些试验贯穿在整个研制过程中，对航天型号的质量和可靠性保证起了巨大作用。试验包括功能和（或）性能试验、环境适应性试验等。例如环境适应性试验就是在地面对航天型号全寿命周期内所经历的各种环境（包括海洋环境、地面环境、大气环境和空间环境等）进行模拟，测试航天型号在模拟环境下工作状态的功能、性能等，以评价该型号对环境的适应性，验证航天型号是否达到规定的质量和可靠性要求。通过环境适应性试验，可以发现隐患，改进设计，避免早期失效，确保航天产品在设计寿命内可靠工作。

航天型号试验的质量管控，包含试验的策划、实施、管理、资源提供、总结改进等全过程的质量保证工作。为了做好质量保证工作，不断提高航天型号各类试验的质量，航天建立了一套完备的标准规范，并不断地修订和补充，以指导型号试验的开展。

一、概述

航天型号试验技术是随着航天技术的发展而逐渐形成的一门综合性科学技术，是航天技术的重要组成部分。20 世纪 50—60 年代，基本上是仿制苏联的技术和条件进行试验；70—80 年代，加强了对航天型号试验技术的引进和吸收，借鉴国外的技术，引进、改进、完善试验技术和试验过程控制；90 年代至今，是航天型号试验技术的蓬勃发展时期，航天型号任务的迫切需求极大地推动了试验技术向大型化、多功能化、精细化方向发展。这一时期大多数先进的试验技术在我国航天领域得到推广应用，各种试验技术和试验质量管理也逐步趋于成熟，形成了以 GJB 4239《装备环境工程通用要求》、GJB 150《军用装备实验室环境试验方法》、GJB 1027《运载火箭、上面级、航天器试验要求》等为代表的一系列航天型号试验标准。

航天型号试验普遍具有时间紧、任务重、风险大、技术状态多变、持续时间长的特点，各种影响试验质量的环节和因素较多。因此，必须强化航天型号试验质量控制，迫切需要采取规范、严谨和有效的试验管理手段。在航天型号大型力、热、磁等试验的具体实践中，我国逐步积累了开展航天型号试验质量工作的成功经验，这些经验包括重视试验设计质量、加强试验过程控制、加大试验前准备状态评审和检查的力度。对这些经验和做法进行总结和规范，又形成了 Q/QJA 26《航天型号飞行试验（任务）通用放行准则》、GJB 1452《大型试验质量管理要求》等标准。这些具有中国特色的航天型号试验质量管理标准，不仅规定了试验的准备、实施、总结和处理等试验质量管理的基本要求，而且注重抓住每一关键环节，强调不放过每一技术细节，以确保试验一次成功，为我国航天型号开展大型试验提供了规范、科学、有效的质量管理手段。

二、试验分类

按照科研生产流程划分，航天试验可以分为研制试验、鉴定试验、准鉴定试验和验收试验；从试验的环境属性方面考虑，又可以分为力学试验、热实验、EMC/ESD 试验、微放电试验、老炼试验等。下面按照研制流程进行分类介绍。

1）研制试验。研制试验是在方案阶段和初样阶段早期，采用研制试验件完成的试验。开展研制试验的目的在于验证产品设计方案和（或）工艺方案的正确性和合理性，提高对产品设计的“敏感性、不确定性、裕度”的认识；验证将已经经过考验的方案和技术用于新产品上的可能性；减少设计与制造鉴定硬件和飞行硬件的风险，以利于从初样阶段过渡到正样阶段；验证拟用于正样阶段的软件、鉴定试验和验收试验程序适用性和正确性。

2）鉴定试验。鉴定试验是对产品实现所采用的设计、生产工艺和验收程序，能够确保产品满足规范要求的一种正式证明，必须用能代表正样（试样）产品状态的试验产品（鉴定件）进行试验。鉴定试验的目的是验证产品的设计、生产工艺是否满足要求并具有规定的设计余量；验证用于正样（试样）产品验收试验的试验方法、试验程序、试验设备、试验软件和测试仪器的科学性和正确性。

3）准鉴定试验。准鉴定试验是在正样（试样）阶段，对飞行产品按照鉴定和验收的组合条件形成的试验，这种组合条件应符合替代鉴定试验的策略。准鉴定试验是在没有鉴定件的情况下，使飞行件经过鉴定又可用于飞行的一种策略。准鉴定试验的目的是检验交付的重要产品是否满足飞行要求，暴露产品材料和工艺制造的质量缺陷。

4）验收试验。验收试验是在正样（试样）阶段，检验交付的正样（试样）产品是否满足飞行要求，并通过环境应力筛选手段检测出产品质量缺陷的试验，航天型号对所有交付的飞行产品，都要求进行验收试验。验收试验的目的是检验交付的重要产品是否满足飞行要求，暴露产品材料和工艺制造质量缺陷。

三、质量控制思路

航天型号试验质量控制的指导思想是使试验的技术状态满足试验的质量要求，并使试验的安全性、经济性、进度、服务以及效益等诸因素达到整体优化。

首先要对试验工作进行详细的质量策划，编制试验质量保证大纲。应以文件形式明确试验组织机构、送试方与承试方之间，航天型号产品与试验设备之间，试验各阶段之间以及部门之间的接口关系，确定接口各方的职责。应制定试验评审程序，并将评审项目纳入计划。评审组由同行专家和被评审项目的相关职能部门的代表组成。应对评审后的遗留问题采取纠正措施，跟踪管理。

试验人员应分工明确，并按规定持证上岗，试验关键岗位应实行双岗制。试验人员应清楚其岗位职责、任务依据，熟悉试验规划、操作要点，对试验状态、试验数据、技术关键、应急预案和接口关系具有清晰的认识。应严格按照试验文件的规定组织试验，对试验的全过程实施控制，贯彻预防为主、系统管理的原则，以消除和防止出现不合格。

试验过程的质量记录应规范化，具有可追溯性。质量记录应填写及时、清晰、易读并注明日期和时间，其保存期限一般应延续到该型号发射成功后三年。应对试验不合格项目实施控制。参与不合格项目审理的人员须经资格确认；应对采取的处理措施和实施效果进行评定；应记录处理过程和结果。如仍不符合规定要求，承试方对不合格项提出的让步申请，须经送试方书面同意；送试方对不合格项提出的让步申请，须经总师系统书面同意。

四、试验准备阶段

（一）试验文件准备

送试方应编制试验任务书（计划、合同、协议等依据性文件），并按规定进行审批。对于尚未定型且试验技术状态较复杂的试验，或首次开展的试验，或试验设备状态发生重大变化的试验，一般应开展试验总方案设计。承试方根据任务分工和技术要求编写试验总方案。必要时，总方案需经试验相关分系统负责人会签确认。遇到试验条件、试验状态、进度发生变化时，承试方应根据情况对试验总方案进行更改或换版。

送试方应制定试验大纲，作为试验任务书的补充，在技术上应征求承试方意见，必要时应与承试方一起研究确定试验方案和试验条件。在编制试验大纲时，要充分考虑现有的试验条件，以保证试验大纲的科学性和可行性。要依据试验大纲编制试验细则（包括试验过程中电性能测试细则）。一般应对试验大纲、细则进行评审，试验大纲评审一般应通知承试方参加，以确保承试方质量保证能力对试验大纲规定要求的适应性。

承试方应依据试验任务书、试验大纲的规定要求，选择确定试验实施方案，充分考虑现有的试验条件和试验技术所能达到的水平；对于首次进行的试验，要尽量选择已成熟的技术；对于不成熟的试验技术，要进行充分的比较分析论证；对于重要的试验项目，应进行必要的原理性引导试验，验证试验实施方案，降低试验风险。

试验质量保证大纲依据型号产品保证大纲和试验大纲的要求，在编制试验实施方案的基础上，由承试方结合相关设计文件、工艺文件和标准进行编写。

试验文件还包括试验技术流程和计划流程。技术流程的编制，应综合体现试验工作的科学性、合理性、经济性，使航天型号试验的质量得到充分的保证，在保证质量的前提下，技术流程的编制应当符合试验进度的要求；应规定试验技术接口和工作项目，合理地、科学地将确定的工作项目按试验顺序进行编排，对每一个试验工作项目进行细化，规定工作内容、所需条件和应达到的目的；技术流程应确定试验各阶段的节点，其中关键节点作为技术流程的里程碑。

计划流程应依据技术流程和进度要求，并综合考虑进度、质量、经费、风险等项目管理要素要求进行编制，应根据情况变化及时更改计划并履行更改的审批手续。计划流程的编制应尽可能运用并行工程原理，减少主线上的工作项目，缩短主线工作周期。在资源允许的情况下，尽量考虑辅线工作提前开工，等待主线工作。

对于复杂吊装项目，应依据试验实施方案、技术流程和试验工装等技术文件，制定试验吊装程序（或工艺文件），明确试件、试验工装、试验辅助设施的吊装步骤、质量安全控制要求等。对于复杂吊装项目，应依据试验吊装程序（或工艺文件）编制吊装工作程序记录表，细化、量化吊装工作流程。

对于复杂的试验操作项目，应依据操作要求和实际条件等因素确定适宜的操作规程。

（二）航天型号试验进场前后的现场准备

试验承试方和试验各分系统负责人应按试验实施方案、质量保证大纲、技术流程和计划流程等文件，开展试验的准备工作。航天产品进入试验现场后，应设立领导小组，一般下设技术协调组、计划调度组、质量安全组以及后勤保障组。在航天型号发射基地，试验队应设立相应组织。质量安全组依据技术流程制定现场质量控制程序。参试人员应依据现场质量控制程序实施技术和管理活动，填写规范化的质量记录。技术状态更改时，应按规定程序填写更改单，履行审批手续。试验承试方应按质量保证大纲等要求，具体落实防多余物、防松动、防跌落、防静电等防护措施，并组织检查控制效果。在适当时机，按试验质量保证大纲的要求办理航天型号产品交接手续。进入试验控制区（洁净区、隔离区、操作区以及测控区等）的所有人员应执行有关控制程序。应做好以下环节控制：

1）试验设备的维护、校准和控制。应按维修保养计划对参试设施、设备、仪器和仪表进行维护保养，并在试验前进行检查，确保其状态完好；应对试验测量系统进行校准并予以标识，确保在试验期间始终处于检定/校准的有效周期内，检定/校准工作不应延迟到试验期间进行；参加试验的非标准试验设备必须经验证合格，并满足试验要求；准备过程中，遇到某些特殊情况，如：多次发现故障或超差情况，进行过拆装，进行过修理，搬运中发生过碰撞或震动等，即使没有超过周检期也要复验；测量过程中，如发现测量系统偏离校准状态，应及时处理，评定已测结果的有效性，并记录结果。检查试验用工装的技术状态，应符合设计图样和技术文件的要求，经检验合格并出具合格证明标识。

2）试验用计算机软件控制。对软件控制应形成文件化的程序；自行开发的软件应符合软件设计过程的工程化管理规定，且有安全措施，并经过评审和审批；软件的操作人员须经过培训；软件版本应得到有效控制；应采取相应措施，以防病毒感染。

3）试验采购控制。采购计划应具备超前性，以给条件保障部门留出筹备周期；外购、外协产品的规格、品种、数量、厂家、图样以及其他技术资料应准确合理，并通过审批；应向供方提出质量保证要求。

4）试验环境控制。承试方依据试验要求，对环境温度、湿度、洁净度以及实验室地线进行控制，并对防震、防磁、防静电、防辐射、防腐蚀、抗干扰等有特殊要求的环境因素实施控制；送试方应控制航天器型号产品或送试人员可能对试验环境带来的影响。

5）调试环节控制。针对复杂调试项目，承试方应组织制定调试方案，以验证分系统之间的协调性，新方法、新技术和新设备的可靠性，以及设备参数选择的正确性；组织完成调试保障资源、现场技术安全、技术接口、现场指挥口令的协调和确认；组织完成调试前各系统的准备状态检查。承试方应针对调试暴露出的问题，采取有效措施，依据程序对不合格实施控制。

6）试验准备状态评审。评审前，应策划好试验准备状态的检查清单。评审时，应重点按照检查清单进行检查，确保所有检查项目检查到位；对于技术风险较低且技术成熟度较高的试验，试验准备状态评审可以通过现场检查的方式进行，但应留下充分的现场检查记录；对于技术风险较高或技术成熟度较低的试验，除现场检查外，一般应邀请相关专业的人员组成评审组进行试验准备状态会议评审。

五、试验实施阶段

试验技术状态确定并冻结后，经试验指挥系统同意，开始进行试验。试验期间应对操作过程质量、试验工况和异常情况等实施监控。试验状态应严格受控，不得随意更改或增减项目，任何状态变化和更改都必须充分论证，严格审查，并按规定经总师审批后方可实施。应严格控制现场的环境条件，做到现场人员受控，温度、湿度、洁净度受控，确保产品不受污染。应做好以下环节控制：

1）试验现场文件和记录控制。保持试验现场试验文件的有效性，无效的试验文件不准带入试验现场，按照有效的试验文件组织开展试验工作。试验任务书、试验大纲中的主要试验项目和技术参数必须修改或补充时，编制单位应发出正式更改文件，分发给承试方，作为试验依据；如更改内容较多时，可换版。试验记录要及时填写。记录应全面、完整、可追溯，凡是有量化要求的记录必须记录实际测试数据。利用光盘等信息化介质记录时，须将记录的试验型号、试验名称、数据类别、记录日期等标识粘贴于光盘或包装物的适当部位。应对各项记录收集整理，检查和确认，并按照规定编辑成册，签署完整，形成试验过程记录文件。试验记录应有区分记录种类的规定标识和编号。纸质介质载体应有页码标识。

2）试验影像资料控制。航天型号产品试验前、后，比如航天器试验前、后，关键、重要试验技术状态，试验关键过程执行状态，试验质量异常状态等一般应留影像资料。影像资料应反映实际状态，内容清晰、全面，满足可追溯性要求。影像资料一般应依拍摄时间、拍摄地点等予以编目。

3）试验数据控制。试验数据应完整、有效。对试验异常数据，一般应进行原因、影响等方面的分析。试验数据的格式、顺序和存储方式等应方便数据的分析使用。试验数据载体包括纸质介质载体和信息化介质载体，优先使用信息化介质载体并附有标识。

4）操作过程控制。试验统一指挥，必要时应发出操作指令，操作者复述指令后执行。关键岗位实行双岗制，双岗中一岗执行，二岗监督。操作人员应理解和执行操作规程，按要求落实防多余物、防松动、防跌落、防静电等各项防护措施，并按规定的格式做好表格化的原始记录。试验时间较长时，应明确交接班制度，交接事项以文字记载为依据。在试验过程中，应对试验现场各区域进行巡视检查，做好巡视记录。巡视过程中若发现问题，应及时报告，采取相应控制措施并验证措施的实施效果。

5）试验工况控制。应按试验文件规定统一指挥和部署试验工况，按规定加载试验条件、设置产品状态，规范地操作并记录。试验工况转换前，由送试方和承试方对试验数据进行分析和评价，确认满足试验要求后，方可转入下一个工况。当需要更改试验技术条件时，按试验质量保证大纲的规定进行处理。试验过程中出现故障或试验参数异常，应按照试验实施方案中的试验故障和中断处理准则，由现场领导小组组织、质量安全组协助，进行原因分析、制定纠正措施、对处置方案进行评定和审批。应对纠正措施的效果实施验证，记录过程和结果，并根据具体情况进一步做出判断。

6）质量问题控制。试验过程中出现质量问题后，应在不影响试验产品、设备和人员安全的情况下，保护好现场，并做好现场记录。应组织有关方面的技术人员确认试验质量问题的现象和部位，从技术上、管理上分析问题产生的原因和机理，并采取纠正措施与预防措施，以避免问题的重复发生，实现质量问题的闭环管理。

六、试验总结阶段

1）试验结果评价。根据试验任务书的要求，对试验数据进行统计分析处理，填写数据表格，绘制数据曲线，或打印出数据图表。所有试验数据不得更改，确保试验数据的有效性。根据试验数据处理结果进行分析研究，经送试方和承试方共同研究讨论，给出试验结果评价结论。若对评价结果有争议，可由现场领导小组裁决，或进行必要的再试验或补充试验。试验评价确认试验目的达到后，经送试方、承试方共同同意，方可清理试验现场，拆除试验产品。

2）试验撤收。对参试产品、设备等应及时撤收，撤收期间应控制好现场，妥善保护产品、设备。撤收过程中，相关研制单位应按分工界面相互合作，有序撤收。撤收完毕后，及时清理现场，防止遗留参试设备和产品。

3）技术和管理总结。承试方应对试验过程进行总结，并按期向送试方提供试验报告，报告内容应重点突出、层次清楚、文字简练、结论明确，如实记录和反映试验过程。试验报告须经过审批，必要时应组织评审。送试方编写试验总结报告，对试验总结报告进行评审。视情可召开管理工作总结会，有关职能部门和管理人员参加，总结在试验管理工作中的成功经验和存在的问题，并形成书面文件。

4）试验归档。试验数据包归档前，须由质量部门按照数据包策划清单进行完整性检查。试验数据应归档原始测试数据，试验文件应经审签后归档。试验记录等相关表格化记录经过整理、汇总后形成统一文件，审签后归档。影像记录资料按照相关要求进行收集、整理和归档。

对试验过程中成功的且带有普遍意义的经验，进行标准化处理，并以文件化的程序确保其推广应用。对试验中遗留的技术或管理问题，应针对原因采取纠正和预防措施，由质量部门监督检查，以便质量改进。

第八节　产品交付验收、评审与放行

无论导弹、运载火箭，还是卫星、飞船、深空探测器，航天产品的特点是涉及的技术门类多、制造行业多、工作环境复杂、可靠性要求高，因此在产品放行中就有了与其他产品不一样的许多环节。一般的民用产品出厂即可交付用户，但航天型号产品的所谓出厂往往是面临转场，还要经历在发射场的匹配、测试、模飞等试验环节，增加了产品放行过程中的各类评审及在靶场工作不同阶段的检查确认。同一个产品会从一个状态转到另一个状态，直至进入太空。中国航天持续保持成功率的法宝之一就是这一个又一个的“把关”环节。

一、产品交付验收

1997 年，在中国航天工业总公司下发的《强化航天科研生产管理的若干意见》中提出：坚持航天型号出厂评审、审批制度，“评审中提出的问题，由有关研制生产单位负责解决，不允许带着问题出厂”。

随着航天事业的不断发展，对于航天产品的交付和验收逐步形成了一些行之有效的做法，管理逐渐规范，绝大多数航天产品生产企业都把产品验收和交付纳入了质量管理体系。各个产品承制单位也制定了本单位的产品验收和交付的企业标准，如中国运载火箭技术研究院就制定了《型号产品验收管理要求》

等标准规范。

航天产品种类众多，从简单的一枚用于运载火箭的螺丝钉，到复杂的遨游太空的空间站，从地面设备，到卫星、飞船等，可谓包罗万象。由于产品千差万别，因而验收和交付过程也不尽相同。

航天系统的高度复杂性决定了产品种类和数量的庞大，并且彼此之间相互关联，产品的一个小故障或者缺陷就可能导致整个系统功能的失效甚至飞行试验任务的失败。因此，型号产品验收作为型号质量管理工作的重要环节，是产品交付系统使用前的一项关键质量把关活动。在航天型号产品验收中除了产品功能、性能指标的检查之外，通常还包括对验收试验、生产过程、关键过程及需确认过程（特殊过程）等的检查及确认。

（一）航天产品验收主要特点

1）按层级验收。建立系统对分系统、分系统对子系统和单机、子系统对单机、单机对部组件的逐级验收制度，一级管一级，一层管一层，层层把关，分级负责。

2）数据包审查与实物测试/检验同等注重。一方面，对产品实物严格进行测试/检验，做到测试/检验项目全面覆盖，数据结果记录完整；另一方面，视产品数据包与实物同等重要，对数据包进行全面审查，确保数据包完整、正确、有效和可追溯。应将产品关键、重要特性形成的环节、关键检验点和关键工序实施控制的过程记录作为产品数据包重点审查的内容。

（二）交付/验收遵循的原则

交付方遵循的原则：以验收方（用户或称顾客）为关注焦点。交付方要满足验收方的要求，并且努力争取超越验收方期望。在整个交付过程中主动与验收方沟通，全面了解验收方的需求和期望；为满足验收方的需求和期望，应协调设计、开发、生产等部门全力保证；要全方位地测量和监视验收方满意情况；及早识别有可能影响到验收方满意方面的风险，并采取适当措施。

验收方遵循的原则：关系管理。验收方应主动管理与交付方（供方）的关系。虽然各自的利益有所不同，但确保航天产品飞行成功的目标是一致的，要在共同价值观下统一认识、协调关系。通过共享资源和人员能力，共同应对管理与质量方面的有关风险，增强为交付方创造价值的能力；建立平衡短期利益与长期考虑的关系；与交付方共同收集和共享信息；适当时，测量绩效并向交付方报告，以增加改进的主动性；与交付方合作开展开发和改进活动；鼓励和表彰交付方及合作伙伴的改进和成绩。

交验双方都应遵循的原则：眼见为实。对于过程记录，尤其是需确认过程（特殊过程）的记录，验收人员一定要特别关照，通过比较的方法，辨别真伪。要树立“验收在委托合同签订之日就开始了”的理念，对于需要确认的过程，验收方要根据产品的重要程度，在该过程进行时就派员参加，这也是本书倡导的“零缺陷系统工程管理”的具体体现。

（三）交付方和验收方的工作

验收不单是检验，更不是检验工作的重复。交付验收，对于航天行业而言是连在一起的，有交才有收。绝大多数单位是双重角色，作为外包（配套）单位或向最终用户交付产品时是交付方，作为总体单位又是验收方。

产品放行、交付前要通过两个过程：第一是对产品检验，提供能证实产品质量符合规定要求的客观证据；第二是对提供的客观证据，进行规定要求是否得到满足的认定，两者缺一不可。产品在检验中提供的客观证据按规定程序得到认定后才能放行和交付使用。

验收是顾客对交付方提交的产品进行测试、检验、检查，对产品与要求的符合性进行全面评价，以确认接收或拒收的活动。

验收方的工作：在合同签订后制定产品验收大纲，约定好交付物包括的产品和文件、验收检验项目、验收程序等，按照产品的重要性和复杂程度，确定产品验收过程；确定产品验收过程的输入和输出；确定验收过程的准则和方法；确定验收过程所需的资源；确定验收过程的职责和权限；实施验收；对验收工作进行总结讲评；向主管部门报告。

交付方的工作：按照产品验收方对外包控制的要求，确定产品交付过程；依据本单位的质量体系文件和验收方的约定，确定本次产品交付过程具体的输入和输出；根据本单位的规定，结合产品验收方要求，确定交付过程的准则和方法；确定交付过程所需的资源；确定交付过程的职责和权限；实施交付；对交付工作进行总结讲评；向主管部门报告。

（四）验收

（1）验收策划

凡事预则立，不预则废。同样，验收工作首先要做好策划，验收策划工作如下。

①全面了解交付方产品实现过程

对于单机和复杂产品，产品承制方一般会编制《产品保证大纲》或《质量保证大纲》（以下简称《大纲》），验收组长要在验收前了解《大纲》的执行情况。一般承制方会编制《大纲》贯彻执行情况的总结，在总结中详细介绍标准化、可靠性工程应用、技术状态管理等情况。对于更为复杂产品，承制方会将上述各个方面分别编制总结。以这些总结作为线索，验收组长可确定验收工作的重点，对某些试验、某些记录予以特别关注。

②确定产品验收过程

按照产品的重要性和复杂程度，确定产品验收过程。验收方（委托方）根据合同中产品保证或质量保证条款中书面约定的验收技术项目、要求、方式、方法及手段，组织产品验收。一般验收方的质量体系文件中包括产品验收规定的程序。验收一发火箭和验收一颗螺钉，验收过程肯定不同。要根据产品的重要性和复杂程度以及承制单位的特点来确定验收过程。即使是同一类型的产品，新产品经鉴定后首次批产验收和已出厂几个批次后的验收也是不一样的。当验收方的验收过程和交付方的交付过程不一致，甚至矛盾、冲突时，一般以验收方的规定为准。表 4－17 是产品验收过程的输入和输出。

表 4－17　产品验收过程的输入和输出

序号	输入	序号	输出
1	交付方产品验收的申请	1	合格且已验收产品的清单
2	产品验收的进度要求	2	产品验收方在验收过程中保留的成文信息
3	待验收产品的清单	3	验收方确认后的产品合格证据
4	产品交付/验收的依据	4	合格产品(经验收方验收)→交验收单位,办理入库手续
5	产品承制方提供的产品合格证据	5	拒收产品→退回交付单位,说明拒收理由
6	产品(承制方交付)	6	产品验收总结

③确定验收准则和方法

无论交付依据，还是验收依据，都源自产品的技术文件。依据的技术文件一般有国家标准、行业标准、企业标准、采购（供货）合同（或协议）。具体依据哪一种技术文件需要在合同（或协议）中明确规定。对于采购物资，必要时要在合同（或协议）中另附验证方法协议，确定验证方法、要求、范围、接收准则、检验文件清单等。

坚持“对交付方的产品验收在委托合同签订之日就开始了”的理念。验收方（委托方）应根据合同的约定，通过参与交付方（供方）的技术方案评审、设计评审、工艺评审、首件产品评审、质量评审、关键点监制、重要试验、交付验收、元器件专项审查、质量问题归零专项审查、技术状态专项审查、出厂评审等方式实施对产品质量的监控。监控获得的信息是产品验收的证据。

对于既无验收手段，又对最终产品质量、可靠性、安全性、寿命等有潜在或直接影响的过程或参数，验收方（委托方）应督导交付方（供方）提供监控记录，必要时验收方（委托方）实施下厂监制或验收，交付使用时实施再确认。

应按合同规定的元器件保证要求实施交付方（供方）使用的元器件保证工作。按型号规定的优选目录选用元器件，严格控制目录外元器件的使用，按型号元器件补充筛选技术条件要求经有资质的筛选中心进行筛选，按 QJ 1906《半导体器件破坏性物理分析（DPA）方法和程序》规定进行 DPA 检查，按 QJ 2227《航天元器件有效贮存期和超期复验要求》规定控制超期元器件的使用，失效器件必须经有资质的失效分析中心分析，并做出有效的处理。形成的元器件使用的成文信息应纳入数据包，一并提供给验收方（委托方）。

软件产品，应依据 QJA 30A《航天型号软件工程化要求》，按合同规定的航天型号软件保证要求开展软件工程化管理，A、B 类软件应经有资质的软件评测机构进行独立的测试和评价。

交付方（供方）应按 Q/QJA 32《航天产品技术状态更改控制要求》规定，遵循“充分论证、试验验证、各方认可、审批完备、落实到位”的原则，严格控制产品的技术状态更改。委托方应组织交付方（供方）对产品的技术状态更改、重大工艺更改、软件更改进行审查或参与评审。

对相同的验收内容，可根据实际情况在各级产品验收中合并进行，但当产品技术状态发生重大变化或产品验收的输入输出要求不同时，要严格按各级验收要求分别进行验收。

④确定验收所需资源

首先要确定参加验收的人员，做好验收人力资源保障。验收组长应该由产品技术主管担任。参加人员应包括设计、检验、使用等相关部门的人员（这里的使用是广义的，比如零部件外包回来装配，装配也算使用，给分系统配套的单机、分系统试验的操作也是使用），必要时可邀请同行专家、顾客代表、上一级技术人员参加。针对具体产品组建具体的验收组，可设置测试/检验小组和数据包审查小组，可聘请外部专家。

验收场地根据需要可选择在交付方或验收方。通常因受检测设备和环境条件限制而安排在交付方，且由交付方提供有关验收条件保障。由验收场地所属责任方进行验收区检查，确保环境条件、供电、接地和防静电措施符合要求。验收所用的仪器设备应齐全，精度满足测试要求，经计量部门检定合格并在有效期内使用；对于有校准要求的监视测量设备，必须经计量部门校准后，进行使用确认。

⑤确定验收职责和权限

验收组一般是临时组织，但必须做到岗位明确、职责明确、工作界面清楚。验收组长对验收工作负全责。验收组要明确组内人员与交付方人员的对接；一般沟通和处置要经过组长授权。验收测试/检验小组和数据包审查小组分别负责实物测试/检验和数据包审查。督导交付方的设计、工艺、生产、检验、计划调度、物资采购等各类主管人员各司其职、分工负责。

（2）验收实施

实施验收一般应开展以下工作。

①判断产品验收条件是否满足

产品验收应至少满足以下条件：

1）对于有数据包要求的产品，完成数据包整理，形成完整有效的数据包和数据包清单，包括外协产品验收数据包；对于无数据包要求的产品，要准备好交付时验收方要查验的材料和随机交付的资料；

2）完成研制流程规定的全部工作，形成研制流程执行情况及结果总结；

3）完成产品保证工作计划的实施、检查、确认和总结；

4）完成技术状态更改审批手续和落实情况检查，形成汇总统计表；

5）完成不合格审理与处理、偏离许可审批，无遗留问题，形成汇总统计表；

6）完成质量问题归零及归零落实，对相关质量问题完成举一反三，形成汇总统计表；

7）完成实物或照片检查和确认；

8）完成质量（检验）部门检验，产品证明书已填写、签署并加盖单位检验用章；

9）完成自查，各类评审、各种专项审查、关键点监制、重要试验中发现的问题均已解决，设计评审、工艺评审、首件产品评审、质量评审、元器件专项审查、质量问题归零专项审查、技术状态专项审查均已通过，提出的建议是否采纳均有结论，无遗留问题和待办事项；

10）完成产品标识、附件、包装检查；

11）提前提交审查的资料齐全、有效。

②审查数据包

产品数据包作为贯穿航天产品研制全过程的归一化管理工具，是航天产品保证工作的重要内容之一。验收方应对交付方提交的数据包清单和数据包进行审查，其中对下一级产品数据包进行100%检查，并对再下一级产品数据包落实情况进行抽查。审查重点关注以下内容：

1）数据包的完整性、有效性和可追溯性，以及研制流程的完整性；

2）各类环境试验、EMC试验和其他专项试验的完整性、正确性、有效性和充分性，以及各类测试项目的覆盖性和有效性；

3）功能、性能和接口的符合性，以及测试/检验数据的一致性和稳定性，裕度的充分性；

4）产品保证工作计划执行的有效性，通用质量特性设计、分析与验证的有效性和充分性；

5）元器件、原材料、机械零件和工艺的鉴定、认定的充分性，选用与控制手续是否完备，装机记录和质量证明是否完整；

6）关键项目、关重件、关键/强制检验点、关键工序、关键特性、生产阶段产品保证要素及Ⅰ类与Ⅱ类故障模式控制的有效性和充分性；

7）技术风险分析与控制的充分性和有效性，以及超差/偏离、不合格审理手续的完备性、措施合理性和有效性；

8）质量问题归零与举一反三是否充分、彻底；

9）产品实物工艺质量的符合性；

10）外协控制的有效性；

11）各项过程记录的完整性和有效性，特别是不可检/不可测项目、不可逆过程的控制情况及其可追溯性，多媒体记录的完整性。

③外观检查

包装箱外标识应与产品一致，包装箱内所用的包装、缓冲等材料应不产生碎末和粉尘。对电子产品，若有防静电要求，须有静电敏感标志和静电防护措施。

产品外观应无明显可见的缺陷。产品名称、代号、编号应正确、清晰、显著。必要时，应对产品外观进行多媒体（拍照、录制视频）记录。

④各类接口检查

1）机械接口检查。外形尺寸、安装尺寸、安装面平面度、重量、精度测量基准、接地桩等机械接口应与接口技术文件规定一致，基准镜表面状态应良好，并应具有基准镜标定数据。

2）电接口检查。电连接器接点分配、电连接器壳体接地、仪器接地等应与技术要求一致；提前从交付方获得由于安全性影响而不可测量的项目，以避免损伤设备。

3）热接口检查。表面热控措施、热敏电阻与热电偶阻值及数据解析表、加热片阻值及对产品壳体绝缘、表面发射率与吸收率、主要工作模式下热耗测试数据等应与技术要求一致。

4）其他检查。按照任务书、技术要求、验收大纲、验收细则确定其他检查项目，并在验收时逐项执行。

⑤规定的验收测试/检验

验收的产品是交付方检验合格的产品，验收项目可采用抽查、联试等方式，来验证产品满足要求。航天器产品验收时按照大纲和细则100%验收检验测试。为了提高效率，有条件时，验收测试项目和检验项目可结合在一起进行。生产过程中的鉴定试验或型式试验，验收方应参加。若交付方有多媒体记录，验收方可审查这些试验的多媒体记录。

应按照产品技术文件（例如，任务书、技术要求、图纸、验收大纲和验收测试细则）进行验收测试/检验。验收测试/检验项目要全面，结果记录要及时、客观、真实、清晰、完整、可追溯，有量值要求的必须记录实测数据，对产品功能和性能按照验收依据进行测试并记录。对不可测试项目，验收方必须按照测试覆盖性分析和验收策划确定的方法、时机进行验收把关，对于交付方下的结论，验收方应从不可测试项目对自身影响的最坏结果出发，进行分析。对于遥测、遥控、总线、数据传输和供配电等部分涉及外部电性能接口的指标和匹配检查，需要与其他产品联试进行。

⑥验收中不合格输出处理

交付方应该自查，不应把不合格的产品交给验收方。对于外包零部件的验收，应强调供方的检验。有的供方自己不检，直接交委托方检验，这种情况应尽量避免，有合同约定的除外。对于一些精密零件的交付验收，应注意环境、量具及其精度的影响。曾经发生过在交付方的场地，产品是合格的，但到了验收方的场地，产品却不合格的情况。对于整机或成套设备，验收过程中，由于各种原因，可能会发生有些性能指标不合格的情况。对于不合格的情况，应按验收策划的约定处理，临时协商不是好办法。处理的过程和结果必须满足 GJB 571A《不合格品管理》的要求。

⑦让步接收

针对验收时发现的不合格项目，验收组应认真分析功能、性能及通用质量特性的影响后进行处置，即使验收组同意让步接收的不合格项目，也应由交付方按照交付方质量体系文件中不合格处理的规定处理完毕后，才可接收，并在产品证明文件中逐项详细记载让步接收的意见并签字。

⑧拒收

对于验收过程中发现不满足验收要求的产品，验收方有权提出拒收产品。

发生下列情形之一即构成拒收条件：产品的图、文、物不一致；未经授权人员批准，产品未按策划完成规定的全部工作就进行交付；产品数据包正确性、完整性不符合要求；产品没有经过交付方自验收；产品技术指标不符合技术要求且超差项目不同意让步接收；产品未按规定的条件进行有关试验，或试验结果不满足技术条件，试验数据不全或结论不明确；产品实现过程中发生的待办事项未完成；质量问题未归零；产品证明书或其他质量证明文件不齐全、不完整、不正确、不规范；元器件、原材料、外协产品缺少合格证明或复验证明；产品保证工作不符合产品保证要求等。

⑨再验收

再验收项目因拒收原因及不符合项处置方式不同而有所不同。对实物测试/检验符合要求，但文件资料或标识不符合要求的产品，待文件资料齐全或标识符合要求后检查文件资料的齐全性、有效性，并复查产品外观。

对经过返修或补充试验等处置的产品，再次交付时必须按原程序重新验收，同时评议交付方的处置情况。

对于发生质量问题或技术状态更改的产品，待质量问题归零或技术状态更改程序和实物处置完成后重新验收。对于返回交付方进行软件版本升级的产品，再次交付验收时应对软件回归测试报告、软件配置管理“三单”等软件版本升级过程性文件进行检查。

产品再次交付时，交付方应根据具体情况提交补充测试方的试验报告，验收方依据验收大纲进行检查，进行全部或部分项目的验收测试/检验，并按规定保留再验收工作的成文信息。

(3) 验收工作总结

产品验收完成后，应对整个验收工作进行总结，形成验收总结报告。验收总结报告应全面反映验收产品的清单、技术状态、质量状况、验收工作内容、办理的超差项目、验收结论、待办事项落实情况等。签署完整的验收工作程序记录表及验收细则，机械、电气、热等各专业检查记录表，交验申请表等验收过程中产生的各种记录，均应按规定予以保存，并将扫描件纳入验收总结报告。

(4) 向主管部门报告

验收完成后，应向上级主管部门报告验收情况。

（五）交付

航天产品交付，一般应经过交付策划、交付实施、交付工作总结、向主管部门报告等过程。

(1) 交付策划

1) 了解验收方的验收过程。了解验收方验收过程的输入和输出，尤其是验收方新提出、新增加的要求，针对性做好应对措施。交付方要全面收集和整理验收方在产品实现过程中提出的各类控制信息及落实情况，力争做到件件有着落。

2) 确定产品交付过程。在了解了验收方的验收过程后，按照产品验收方对外包控制的要求，确定产品交付过程。交付方要在 GJB 9001 质量管理体系框架下制定关于产品交付的程序文件，了解验收方对验收程序的规定，自觉地遵守验收方的规定，保证本单位的交付过程和验收方的验收过程有机对接。

3) 确定产品交付过程的输入和输出。依据本单位的质量体系文件和验收方的约定，确定本次产品交付过程具体的输入和输出。

4) 确定交付过程的准则和方法。根据本单位的规定，结合产品验收方要求，确定交付过程的准则和方法。交付的依据为合同中规定的验收技术文件，以及产品保证或质量保证所确定的项目和内容。交付方的内控标准可以严于合同规定，但验收方不能把交付方的内控标准作为验收依据。产品应经过交付方（供方）检验合格，生产过程无质量记录、质量证明文件不齐全的产品，交付方（供方）不应提出交付。交付方（供方）在产品交付时应向验收方（委托方）书面报告产品研制生产质量情况和产品保证执行情况。交付方（供方）对于产品中验收方（委托方）确定的关键项目、强制检验要求，应提供关键项目、强制检验点执行的质量证明文件或检验记录。设备及设备以上级产品交付出厂前，交付方（供方）应参照 Q/QJA 14《航天型号出厂评审》规定，组织产品出厂评审，接受验收方（委托方）的审查，审查通过后方可向验收方（委托方）交付产品。产品验收合格后，交付方（供方）应按合同规定的包装、运输要求，将产品交付到指定的地点，同时需提供规定的质量证明文件，与验收方（委托方）办理验收、交接手续。

5）确定交付过程所需的资源。一是确定交付组组成人员，包括设计、工艺、生产、采购和外协、检验等部门的人员；二是明确交付过程中需使用的监视和测量资源，包括测试和检验用的仪器、仪表、量具等；三是确定验收场地及设施，做好基础设施和水、电、暖、压缩空气源等运行环境保障。

6）确定交付过程的职责和权限。交付组一般是临时组织，但也要做到岗位明确、职责明确、工作界面清楚。交付组长应该由本单位产品的技术主管担任。对应产品主管的层级，若该产品主管是主任设计师，则交付组长就应由主任设计师担任，若为单机产品，只设产品主管设计师，则由产品主管设计师担任。交付组长对交付工作负全责。交付组要明确组内人员与验收方人员的对接；沟通和处置要经过组长授权。设计、工艺、生产、检验、计划调度、物资采购等各类主管人员各司其职、分工负责。

根据需要，针对具体产品，可设置测试/检验小组和数据包（无数据包要求时可称为“交付成文信息”）自查小组；必要时可邀请同行专家、顾客代表、上一级技术人员参加；交付测试/检验小组和数据包自查小组分别负责实物测试/检验和数据包自查。

（2）交付实施

1）做好成文信息准备。产品设计部门负责交付资料、交付清单（产品复杂时可编手册）、培训教材等的编制；负责出厂评审报告的编写。产品工艺部门负责编制各产品交付前预先检查、维护的工艺文件，并经审查确认；项目主管部门组织信息管理部门对随机交付的文件进行复制、清点和装订；产品检验部门负责准备完整的产品检验合格证明文件、出厂试验报告。准备工作中要进行下列验证：确认检验依据的技术文件的正确性、有效性；采购物资的验证；本单位过程（作业）完成后准予放行的验证；发现记录不全、不准，需要进行产品复核检验的，由有关检验人员提出申请，送有关检验部门（或委托外部检验机构）进行检验并出具检验报告。

2）开展自查工作。产品检验部门应开展如下自查工作：

• 按照交付清单（手册），对维护保养完的待交产品进行预先检查，并对产品维护保养工作的效果进行复查确认；

• 将预先检查发现的问题提交产品保证部门，由产品保证部门组织相关部门处理；负责对处理完的问题进行确认，确认合格后再报产品保证部门做闭环处理；

• 负责配合验收方验收，对产品交付前的状态进行检验和确认。

3）对最终用户进行充分的培训。当产品是交付最终用户时，验收项目中可能会有需要培训的内容。培训有时在产品验收前就开始了，有时作为交付后的活动。当验收方把培训列入验收的内容时，交付组要配置相应的资源，按照合同约定及验收方要求，对顾客进行产品理论、实操培训。

4）依据策划实施交付。交付工作如下：

• 项目主管部门组织有关部门按照交付清单（手册）与验收方开展交接工作，尽可能把可能出现的问题处理在交付验收方前；

• 产品保证部门负责组织相关部门处理在交接过程中出现的质量问题，处理完的问题由相关人员提交产品检验部门进行检查并与验收方进行确认，确认合格后由产品检验部门上报产品保证部门做闭环处理；

• 产品经验收方完成验收后，项目主管部门与验收方签署交接清单（手册）等交接文件；

• 对交付过程中未能处理的问题，项目主管部门与验收方签订遗留问题纪要，必要时需验收方代表签字；产品保证部门组织相关部门对遗留问题进行处理，处理完的问题由验收方代表进行确认，确认合格后由相关人员上报产品保证部门做闭环处理；

• 将已交付产品的相关信息与交付清单（手册）等文档，及时办理归档。

5）交付中不合格输出处理。验收方验收前，在交付准备中发现的不合格，应按质量体系文件的规定处理。验收方在验收过程中发现的不合格按验收方意见处理。

（3）交付工作总结

产品交付完成后，交付组应对整个交付工作进行总结，形成交付总结报告。交付总结报告应全面反映交付产品的清单、技术状态、质量状况、交付工作内容、办理的超差项目、交付后验收方出据的验收结论、待办事项落实情况等。对于交付中一些好的做法，可建议质量体系管理部门，固化在质量体系文件中。

(4) 向主管部门报告

交付完成后，交付组应向主管部门述职，报告交付情况。

二、产品质量检查确认

2004 年 3 月，航天发布《航天产品质量检查确认要求》标准，对“质量检查确认”一词进行了定义：质量检查确认是通过提供客观证据，证实规定要求已得到满足，所进行的系统的、有计划的认定活动。这是航天首次以标准的形式提出了“质量检查确认”这一术语。

(1) 质量检查确认的工作原则

质量检查确认的工作原则是从源头抓起，分阶段进行，全过程控制，质量控制重心前移。确认与复查的区别在于，质量检查确认工作不是通过复查的方式对产品质量进行确认，而是边研制生产，边检查确认，边积累信息，生产完毕，质量确认完毕，信息积累完毕，产品评审完毕。确认工作一次到位，不搞重复。故将这种检查确认称作“正向检查确认”。

例如，以生产制造为主的单位，产品生产过程检查确认工作从原材料开始进行，对原材料、标准件、外配套件及生产过程质量信息进行确认整合，并逐级传递，由原材料到零件，由零件到组件，由组件到单机，由单机到系统，最终汇总到总体，产品完工的同时检查确认工作也最终完成。这种正向的检查确认可以及时发现问题并进行处理，把握了处理问题的最佳时机。质量检查确认形成的结论及文件信息，为产品交付验收、评审与放行提供了依据和支撑。

(2) 质量检查确认的时机及应用场合

质量检查确认一般分设计、工艺、生产、试验四部分内容开展。在设计文件发出前完成设计文件的检查确认，工艺文件发出前完成工艺文件的检查确认，分系统级及其以上试验前和试验报告发出前完成试验的检查确认，整机或分系统产品验收前完成整机或分系统产品的检查确认，航天型号出厂前完成型号的检查确认。

质量检查确认一般安排在型号研制、生产计划中。质量检查确认一般包括交付前确认、发射前确认、重大活动前确认，视需要可安排专题检查确认，专题检查确认须编制专题计划，并提出具体的检查确认要求。

（3）质量检查确认的依据

确认的依据一般包括：研制（设计）任务书、外协委托任务书及相关技术要求；研制合同、订货（采购）合同；设计文件、工艺文件、试验文件；评审结论；研制技术流程；产品（质量）保证大纲、型号标准化大纲及相关的型号管理文件；型号检查确认要求及相关质量管理文件；相关的法律、法规和标准、规范。

（4）质量检查确认的内容

质量检查确认的内容包括设计检查确认、工艺检查确认、生产检查确认、试验检查确认等内容，具体阐述详见第六章第九节。

（5）质量检查确认的实施

1）从源头抓起，进行质量检查确认的策划，明确质量检查确认的关键时点。

2）按照策划的安排，在设计、工艺、生产、试验各环节各阶段开展检查确认，并有检查确认记录和相关文件信息。重点要对形成产品关重特性的关键环节做好检查确认，并编写相应的质量检查确认报告。

3）在交付验收中，要检查研制生产过程中质量确认形成的结论及相关文件信息，形成符合要求的质量确认报告。

4）在出厂评审中，应提供质量检查确认结论报告，将其作为出厂评审的依据。

5）在进行产品放行把关时，如发现产品质量检查确认报告存在疑点，应进行补充检查确认，并进行必要的分析试验。

三、技术评审

技术评审是指在产品设计、制造、试验和使用过程中邀请同行专家对各项工作和结果进行的评议审查活动。通过该活动的有效实施，以全面、系统地检查输出是否满足输入的要求，发现存在的缺陷和薄弱环节，提出改进措施建议。技术评审可以影响但不替代设计决策，可作为设计师系统设计决策的重要参考，但不改变技术责任制，设计质量还是由设计师系统负责。评审作为一种工程质量管理方法，在各个行业和各类产品上都有着深入的应用，它对改进和完善设计、保证产品质量等方面发挥了重要作用，也为技术和管理决策提供有力的支持。

为提高航天产品的设计质量和生产质量，自 20 世纪 80 年代初期，航天系统就开始实施技术评审，先后出台了一系列制度和方法，制定了一系列规范和标准，80 年代中期实施了产品质量评审，90 年代初开始实施型号出厂评审（即最终放行评审）。

中国航天工业总公司于 1999 年发布了《中国航天工业总公司航天型号技术评审管理办法（试行）》，后又陆续发布了 QJ 3133—2001《航天产品项目阶段划分和策划》、QJ 1302—2001《航天产品技术评审》、Q/QJA 14—2009《航天型号出厂评审》等标准。技术评审已经成为航天质量管理的一种非常重要的方法，在航天产品研制过程中发挥了重要的把关作用，为航天型号连续成功奠定了良好基础。

近年来针对日益繁重的型号研制生产、交付任务及高密度发射，为提高评审有效性，航天发布了《关于加强航天产品技术评审工作的若干要求》，对评审策划及计划管理、各项技术评审时机、出厂评审的项目和数量、评审组织及职责等方面做了具体明确的规定。

技术评审一般包括设计评审、产品质量评审、出厂评审。设计评审在本章第五节已有详细介绍，这里主要介绍产品质量评审、出厂评审、技术评审文件和技术评审的程序。

（一）产品质量评审

产品交付前需要按规定进行产品质量评审，作为参加后续试验的依据。

产品质量评审一般包括以下内容：产品的性能、可靠性、维修性、安全性和保障性符合情况；产品性能的一致性和稳定性；产品技术状态控制情况；偏离、超差（含原材料、元器件等）的控制情况；关键过程、需确认过程（特殊过程）控制情况；不合格（含故障、缺陷）的分析、处理及质量问题归零情况；采购产品质量控制情况；新工艺、新技术、新器材、新设备及技术攻关成果的采用情况；设计评审、工艺评审及首件鉴定遗留问题的处理情况；质量保证大纲的执行情况；产品质量证明文件和质量记录的完整性；产品质量检查确认情况（必要时）；其他需评审的内容。

需要指出的是，为保证出厂产品和试验质量，确保产品研制全过程处于受控状态，对产品验收时，应检查产品设计质量分析报告（设计师系统提供）、工艺技术报告（工艺师系统提供）和产品质量报告（质量师系统提供）。在验收、评审前，应进行“三查”，即查设计文件技术状态更改记录，查工艺文件更改记录，查生产过程质量记录，确保实现“技术管理闭环、质量管理闭环、过程控制闭环、用户意见闭环”。

（二）出厂评审

出厂评审是指型号完成所有研制工作需要转入发射场执行飞行任务进行的出厂前型号质量确认评审。

1）出厂前专项评审。产品出厂前，由型号总体牵头组织，开展型号和各分系统质量分析、复查和确认。对技术状态、技术风险控制、质量问题归零情况、测试项目覆盖性检查、可靠性工作及可靠性试验情况、软件管理情况、元器件管理情况、关重件质量控制情况、外协外购质量控制情况等开展专项评审。

2）型号出厂评审。在完成专项评审并确认待办事项落实后，确认型号工作符合型号出厂放行准则的要求，进行出厂评审。

出厂评审通过后，方可转场进行飞行试验。

（三）技术评审文件

技术评审牵头单位应在组织开展评审前，明确提交评审所需的技术评审文件。被评审的技术文件可根据型号研制阶段、评审的目的、评审的类别以及关注的重点，从下列技术文件中选定。

1）设计类文件。包括方案论证报告、初样设计报告、正样设计报告、任务书、技术要求、产品规范、技术条件、接口文件、研制技术流程、研制计划流程、可靠性和安全性分析设计报告、测试覆盖性分析报告、计算文件、材料/元器件选用清单、关重件及目录外材料清单、元器件清单、软件产品。

2）工艺类文件。包括工艺规程、大纲文件（试验大纲、测试大纲和验收大纲）、细则文件（测试细则、验收细则）、测试程序文件。

3）总结类文件。包括测试总结报告、试验总结报告、技术攻关报告、研制总结、复核复审报告、复核复算报告。

4）技术状态更改类文件。指以技术状态管理相关内容为主的技术文件，如技术状态更改论证报告、技术状态更改专项报告等。

5）质量问题归零类文件。包括质量问题技术归零报告、质量问题管理归零报告、产品质量分析报告。

6）产品保证类文件。包括产品保证要求、产品保证计划。

7）产品生产、试验过程中形成的其他文件。如产品数据包等。

（四）技术评审的程序

技术评审的程序见表 4-18。

表 4-18　技术评审的程序

阶段简称	阶段	内容
P	策划	明确评审应具备的条件
		确定评审依据
		确定评审内容
		确定评审组人员具备的资质
		其他
D	实施	提出评审申请
		准备被评文件
		成立评审组
		举行评审会
		做出评审结论
C	检查	跟踪落实评审会上的待办事项
A	总结及改进	评审材料归档
		提出评审会改进事项

四、产品放行准则

中国航天工业总公司于 1997 年下发的《强化型号质量管理的若干要求》中提出，各院要结合研制过程特点，制定型号产品验收、出厂、转场、加注、射前的放行准则。要按照研制转阶段的要求，制定并严格执行不同阶段的放行准则，不符合放行准则要求的，不允许转入下一阶段。

2005 年，航天制定了《航天型号飞行试验（任务）通用放行准则》，各院和各型号结合自身情况，制定了各自的放行准则。这里主要介绍型号出厂、转场放行准则以及如何实施放行准则。

（一）型号出厂放行准则

出厂放行准则的内容如下：

1）技术状态控制符合规定，出厂产品技术状态符合要求；

2）选用的元器件、原材料、火工品等外购器材的管理、控制，严格执行了相关规定，质量符合要求；

3）软件研制和管理贯彻了软件工程化要求；

4）有贮存期、校验期要求的参试产品（含地面设备），其贮存期、校验期符合要求，或办理了超期使用审批手续；

5）有使用寿命要求的产品，其寿命（或剩余寿命）满足进发射场后各项检测、试验，直至完成飞行试验（任务）全过程的使用寿命要求；

6）按设计文件、工艺文件要求完成了型号的总装、测试、试验，结果符合要求，并有明确结论；

7）完成了测试覆盖性检查、评审，不可检测项目有旁证，并采取了有效措施；

8）质量问题已按《航天产品质量问题归零实施要求》的规定完成了归零和举一反三工作，暂不能归零的个别质量问题，有不影响飞行成功和不会造成安全问题的结论；

9）对成败型、灾难型故障模式进行了分析，并有应对措施；

10）按《航天产品质量检查确认要求》的规定完成了型号出厂前全型号的质量检查确认，检查确认发现的问题已处理完毕；

11）按《航天型号出厂评审》的要求完成了规定的出厂专项评审和型号出厂评审，有同意出厂的结论；评审中提出的问题已处理完毕；个别未处理完毕的问题，经专家审查，有不影响飞行成功和不会造成安全问题的结论；

12）产品配套件及备件、附件、工具配套齐全，质量合格，符合设计文件及有关文件的规定；

13）《靶场地面设备配套表》规定的地面设备（含存放在发射场部分）配套齐全、质量合格，并配置了有效的准用证；

14）产品证明书、产品质量履历书填写签署完整，配套齐全；

15）靶场使用文件的签署完整，配套、分发满足《靶场使用资料配套表》及有关规定；

16）完成了与飞行试验（任务）相关的各系统、各单位之间的技术协调和工作任务协调，有明确结论；

17）飞行试验（任务）大纲（以下简称试验大纲）已按规定审查批准；

18）拟制了发射预案和最低发射条件；

19）技术安全工作准备完毕，满足飞行试验（任务）的需要；

20）进发射场的产品包装、安全运输等各项准备工作就绪，符合要求；

21）飞行试验（任务）工作队（以下简称工作队）组建完毕，各岗位人员职责明确，进场技术岗位人员的技能满足岗位职责要求。

（二）型号转场放行准则

转场放行准则的内容如下：

1）按试验大纲、测试文件等有关文件规定和要求，完成了在技术区进行的产品装配、测试、试验等各项工作，结果符合要求；

2）产品技术状态符合转场要求；

3）转场用地面设备经检查符合要求；

4）产品转载到转运设备之后，检查、测试结果符合要求；

5）转场前发生的质量问题已按《航天产品质量问题归零实施要求》的规定完成了归零和举一反三工作，暂不能归零的个别质量问题，经评审有不影响下一阶段工作和不影响飞行成功及不会造成安全问题的结论；

6）发射区地面设备经检查、调试处于良好状态，接收产品的各项准备工作就绪；

7）完成了发射区的技术安全检查，结果符合要求；

8）通过了规定的转场技术安全、质量评审，有同意转场的结论；

9）发射预案和最低发射条件已确认并按渠道上报审批，发射预案中的有关准备工作已经落实。

（三）放行准则的实施

各型号要严格按《航天型号飞行试验（任务）通用放行准则》的要求进行控制、把关。各级质量部门和质量监督机构负责监督。各型号根据需要，细化本型号出厂、转场把关要求，对上级发布的通用放行准则进行必要的补充，加严控制。若有不满足上级发布的通用放行准则要求的部分，按照实事求是、解决实际问题、确保成功的原则，需经本型号审查确认后报上级审批。

各型号在出厂、转场、加注、发射前，要对照《航天型号飞行试验（任务）通用放行准则》和各型号自身的放行准则，逐条进行检查，不符合《航天型号飞行试验（任务）通用放行准则》和本型号放行准则要求的均不允许转入下一工作阶段，严格控制型号出厂、转场、加注，把住发射关。

型号出厂、转场、加注、发射等各阶段工作完成后，均按照《航天型号飞行试验（任务）通用放行准则》进行检查，填写规定的放行准则落实情况检查表，履行放行审批手续。

第五章

全要素的航天质量基础保证

质量基础是影响产品保证能力和质量发展的关键因素，航天质量基础保证是零缺陷系统工程管理的基石。必须持续夯实质量基础，提升基础保证能力，才能确保航天型号的万无一失和航天事业的持续发展。

中国航天始终坚持统筹推进全要素的基础保证体系建设，不断提升标准化、计量、专业机构、质量信息、工艺、软件、元器件、通用质量特性设计与分析等方面的技术能力和水平，努力发挥全要素的航天质量基础保证的基石作用。

在标准化方面，实施标准化工程，推进航天标准体系建设，加强型号标准化、产品标准化和岗位标准化工作；在计量方面，开展计量测试技术攻关，强化计量管理，健全覆盖研制、试验、生产和检测等航天产品全寿命周期阶段的计量保证体系；在专业机构方面，建立可靠性与环境试验、元器件、原材料、软件、工艺、无损检测、标准化、计量等不同层次的专业机构，加强专业队伍建设，为航天产品的研制生产提供有力的产品保证技术支撑；在质量信息管理方面，运用信息化手段，建立完善的质量信息采集、分析、传递与应用的工作机制，推动各级常态化进行质量分析与质量改进；在工艺能力方面，实施工艺振兴计划，持续推进工艺技术创新，提升工艺保证能力；在软件方面，实施软件全寿命周期工程化管理；在元器件保证方面，实施元器件的选用、采购、监制、验收、筛选、复验、使用等全过程的质量保证工作，建立元器件“五统一”管理制度；在通用质量特性方面，推进航天产品的可靠性、安全性、维修性、测试性、保障性和环境适应性等“六性”技术的研究与应用。

第一节　航天标准化

航天标准化是航天系统工程的重要组成部分，也是航天零缺陷系统工程管理的重要基础内容，建立健全由航天领域的国家标准、国家军用标准、行业标准、企业标准等构成的具有自主知识产权的标准体系及其相应的管理与创新体系，始终是航天科技工业的一项战略任务。航天标准化不仅有助于促进航天研制生产技术进步、缩短研制生产周期、降低成本、保障产品质量等，而且有利于对外贸易和国际合作，助力中国航天向国际一流目标迈进。

一、发展历程

20 世纪 50 年代，随着航天事业的起步，航天标准化工作同步开展。为解决型号仿制程序等方面的问题，引入了苏联的技术标准。

20 世纪 60 年代，型号进入自主设计与研制阶段，在分析、消化苏联技术标准基础上，航天标准逐步开展了自主制定，并于 1965 年成立了航天标准化专业机构，即中国航天标准化研究所。

20 世纪 70 年代，随着航天发射与空间技术的发展，航天标准化增加了运载火箭标准和航天器标准，航天标准的数量和内容不断完善。为解决型号研制急需标准的需求，大力推进行业标准研制，开展电子元器件标准化工作，制定了一批航天产品通用零部件标准，成套通用工艺、工装标准。到 1978 年，航天行业级标准已达 500 余项。1978 年以后，航天标准化进入了一个新的发展阶段。为促进航天标准化技术管理工作的规范化，航天标准制定工作开始纳入航天科研生产计划，并作为指令性计划进行考核，制定了一系列航天标准化规章，航天标准化技术管理工作实现了规范化管理。

1980 年，航天系统首次型号标准化工作会议召开。1990 年，原国防科工委制定并颁布了《武器装备研制的标准化工作规定》，从立法角度确立了标准化在型号研制中的地位和作用，规定了型号研制各阶段标准化工作的任务和内容。

从20世纪90年代到“十一五”末，中国重大工程相继启动实施，中国航天由单一型号研制逐步转向大系统、大工程建设，这一时期开始全面建立中国航天工业自己的标准体系，航天标准的制定也由分散向系统转变，同时，大力引进、转化和吸收国际标准，将标准作为最佳实践固化的载体和提升质量的抓手，强化标准实施，形成了型号全寿命周期标准化工作模式。

2009年2月，中国航天主编的ISO 15862《运载火箭/航天器飞行环境遥测数据处理》标准，是中国航天领域的第一个国际标准，该标准统一和规范了星箭技术协调中飞行环境数据处理的基本要求，成为国际航天商业发射中双方共同遵守的准则。2013年，该标准荣获中国标准创新贡献一等奖。中国航天国际标准化工作逐步呈现出适应经济发展新常态的态势，从历时9年完成一项国际标准到如今1～2年就能发布一项国际标准，在中国航天国际标准化的战略规划中主动布局，有效地引领重点领域国际标准化工作。以ISO 16781《空间系统-控制系统仿真要求》为代表的中国航天国际标准，提升了中国航天的国际话语权和影响力。

“十二五”以来，航天型号高强度研制、高密度发射、大批量交付成为新常态，规模化、产业化的科研生产模式转型成为新任务。这一时期，标准加快补给和升级换代，标准领域逐步拓展，标准体系建设进一步完善，国际标准化全面提速，标准化工作模式创新取得突破。航天标准化对总结推广航天技术和管理经验，提升航天产品质量与可靠性，确保航天工程万无一失发挥了重要作用。

2011年起，正式启动并大力实施航天标准化工程，历时9年。航天标准化工程是首次按照系统工程理念，采用“工程化”模式推进标准化工作的全新尝试，是基础领域“一把手”工程，也是基础领域的重大理念创新、模式创新、实践创新。航天标准化工程围绕“建立专业技术队伍，建成统一标准体系，构建标准信息平台，创新标准化工作模式，实质推进标准国际化”的工程总体目标，分三期实施，一期工程重点进行模式探索和先期示范，并形成一批最佳实践和示范成果，二期工程以“一期成果推广应用＋新领域深化创新”双线并进的形式，进行重点突破和有序推广，三期工程按照系统提升、全面见效的总体定位，实现标准对型号科研生产全过程、全要素覆盖，助推科研生产模式转型。该工程推出了一系列开创性举措，实现了若干领域从无到有的突破，造就了数个航天标准化历史上的第一次，对航天标准化丰富理论体系、完善方法体系、构建工具体系、重构数据资源体系具有重大而深远的意义。

随着航天标准化工程深入推进，中国航天不断加强对国家重大专项工程和重点型号的标准化总体策划，及时总结、固化航天型号科研生产形成的技术成果和工程管理经验，按照“标准先行、标准先进、标准支撑”的原则，构建航天宇航和导弹武器系统标准体系框架，基本建成覆盖航天型号产品全谱系和科研生产全要素的型号科研生产标准体系，有效提升了标准的技术水平和实用性。

通过航天标准化工程的实施，中国航天构建了型号-产品-岗位三位一体的新型标准化工作模式，使型号标准化工作与型号设计和产品选用深度融合，更加适应高强密度研制发射新常态和不同型号特点。岗位标准化工作也从无到有并持续完善，从试点到示范，从示范到全面推行。航天工程研制单位设立了航天标准化师职业序列，全面加强标准化师队伍建设，建立完整的培训、考核与评聘机制，2 200 余名专兼职标准化师完成聘任并持证上岗。建立集团总部-研究院-厂所三级的信息服务网络，把标准推向一线人员桌面，方便了科研人员使用。通过开发标准结构化平台等一批软件工具，丰富标准资源服务模式，建立标准体系数据库，实现了标准数据的多维统计分析和可视化展示，使航天标准化信息服务平台运行更加有效，标准化数字信息资源服务更加多元，也为管理决策提供了有力支持。

从国际标准化情况来看，中国航天主导制定国际标准从工程启动前的仅 1 项，增长到 2022 年的 29 项，我国主导制定的标准数量在 ISO/TC20/SC14 的成员国中由第 8 位升至第 4 位，“十三五”期间增速位居第一。中国航天首次派员担任 ISO/TC20/SC13 主席，实现了国际标准化组织领导席位零的突破，从“参与者”唱“配角”，转变为与美、欧、俄等共同在国际航天标准化舞台上唱“主角”，大大提升了我国航天的国际影响力。

2015 年，国防科工局与国家标准委签署战略合作协议，共同开展中国航天标准体系建设，推进航天领域标准“走出去”。近年来，中国航天以《中国航天标准体系》(1.0 版）为基础，紧密围绕航天国际合作需求，深入开展“民用航天国际合作标准（中国航天标准）建设”“民用航天国际合作标准（中国航天标准）研制”等专题研究。围绕中巴地球资源卫星、中法海洋星、埃及二号遥感卫星等国际合作项目，聚焦航天质量管理、航天产品保证、材料空间环境试验、航天系统和组件试验、月球探测研制试验、遥感卫星在轨测试等方面，开展了 117 项航天标准英文版研制转化。

二、标准分级分类

航天标准一般根据适用范围和规定内容，进行分级分类管理。

（一）航天标准分级

按照标准内容适用的有效范围，可以将航天标准分成不同的级别，如国际标准、国家标准、行业标准、团体标准、企业标准等。

国际标准主要是由国际标准化组织（ISO）、国际电工委员会（IEC）等国际性组织制定发布或认可的标准。

国家标准是国家标准化管理委员会发布的标准。另外，国家军用标准也是国家标准。

行业标准是由权威的行业协会制定和发布，中国航天行业标准是 QJ 标准。

团体标准是由某个社会团体自主制定发布，社会自愿采用的标准。如中国航天工业质量协会（CAAQ）团体标准等。

企业标准是适用于某个企业的标准，由企业的标准机构制定。按照航天组织机构，可以分为集团公司标准、研究院标准、研究所（生产厂）标准。

（二）航天标准分类

按照维度的不同，航天标准可以有多种分类方式，如可以按照标准化对象的性质分类、标准化对象的专业分类等。

按照标准化对象的性质分类，可以分为技术标准、管理标准、工作标准三大类。技术标准是指对航天标准化领域中，需要协调统一技术事项所制定和发布的标准（包括基础标准、产品标准、方法标准等）；管理标准是航天标准化领域中，需要协调统一管理事项所制定和发布的标准（包括管理基础标准、计划管理标准、科研生产管理标准等）；工作标准是在航天标准化领域中，需要协调统一工作事项所制定和发布的标准（包括通用工作标准、工作质量标准、工作程序标准等）。

（三）航天标准体系

航天标准体系是在航天工程活动中的相关标准按其内在联系形成的科学的有机整体。

标准体系表是标准体系的一种直观表达形式，是一定范围的标准体系内的标准按照一定的形式排列起来的图表，既包括现行标准和正在制定的标准，也包括将来需制定的标准。根据标准体系表适用范围，可以包括相应级别的标准，如《全国通用综合性基础标准体系表》仅由国家标准组成，而《航天行业标准体系表》则包括国家标准、国家军用标准和航天行业标准。航天具体企业的标准体系表，除包括上述标准外，还包括自己企业的标准。

2010 年，航天以宇航和导弹武器为对象，编制发布了《宇航和导弹武器标准体系表》，首次全面系统地对各级标准数量和适用性情况进行全面摸排，实现了对设计、试验、制造全过程以及产品各层级的基本覆盖，支撑和保障了一系列航天重大专项和重点型号的研制建设。而后，根据新形势变化，总结固化新技术和新成果，对该体系表进行了多次修订，为支撑航天科研生产发挥了重要作用，进一步提升了航天整体技术水平和“软实力”。

新时期，在充分继承“宇航和导弹武器标准体系”的基础上，围绕新的发展需求和发展目标，航天做出了建设新型企业标准体系的战略部署，着力推动标准化工作向支持组织成功和高质量发展转型。2022 年，航天发布了《航天卓越标准体系》（1.0 版），它是适应航天高质量、高效率、高效益发展需求，将适用的各级各类标准按照覆盖管理全要素、研制全过程、产品全级次和产业全链条的内在逻辑形成的科学有机整体，具有全域覆盖、精干实用、科学高效、开放兼容的鲜明特点，其构建过程是系统工程方法在标准化领域应用的生动实践。航天卓越标准体系的框架，是面向经营管理提质增效、科研生产模式转型升级、产业链融合发展和数字航天建设的客观需求，采用“三纵两横”的布局设计，以确保全面系统、主线突出、界面清晰、布局合理。该体系的标准生成模式由增量建设为主向用为导向的存量优化和精准补给相结合转变，体系展开形态由单一固定框架向多维可变架构转变，体系运行管理由院、所（厂）纵向独立运行向标准专业组跨院横向协同融合转变，系统更加全面和统一，更具实效和可持续，切实提升了标准体系运行管理效能。航天卓越标准体系包括基础标准、企业运行和组织管理标准、项目管理标准、产品保证标准、设计与试验标准、生产制造标准、产品标准、服务保障标准、产业发展标准和信息化标准共 10 个一级分支。

标准体系可按照不同范围划分为国家、行业、专业、门类、企业等不同层次的标准体系；也可按照不同的具体对象划分为不同产品、项目的标准体系。例如，以卫星产品为对象，形成的卫星标准体系表结构图如图 5－1 所示。

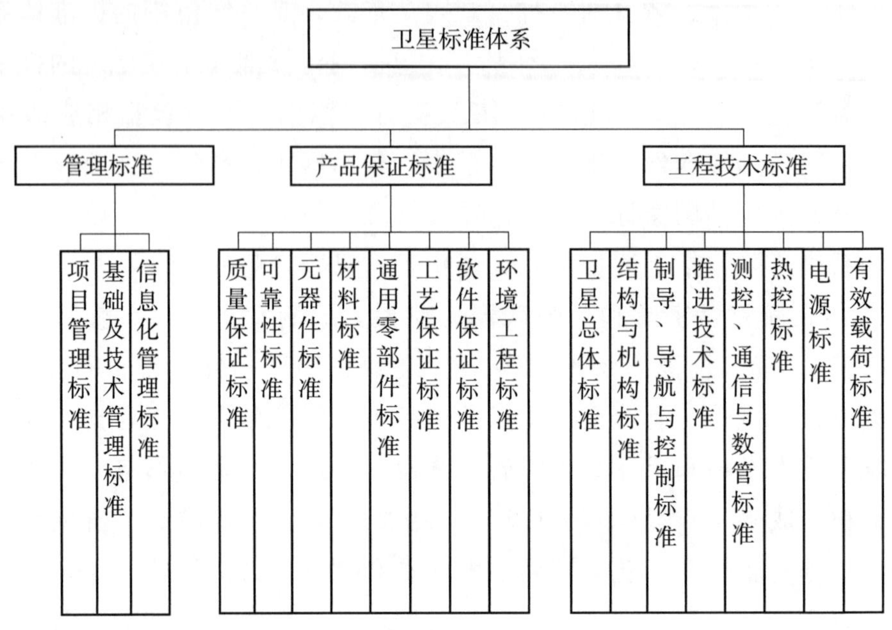

图 5-1　卫星标准体系表结构图

编制标准体系表，是组织标准化工作的有效方法之一。它可以总结过去、了解现状、规划未来的标准制（修）定工作，便于加强标准化管理。其主要作用体现在：

1）标准体系表描绘出在一定时间一定范围内标准化工作的发展蓝图，明确了标准化工作的发展方向。

2）根据标准体系表可以有目的、有计划、有重点地指导标准制（修）定计划和规划的编制。

3）通过标准体系表可以全面了解标准化工作的现状。既可清楚地了解到标准制（修）定情况（已有哪些标准，哪些标准正在制定，将要制定哪些标准），又可了解到有关国际标准和国外先进标准的信息以及采标情况等。

4）为各专业标准之间、上下层次标准之间的协调提供依据，避免重复或遗漏，有利于不断完善和提高现有标准体系，使其逐步达到系统化、科学化和先进的技术水平。

5）可以为有关部门领导和科研生产人员提供标准信息，有助于科研生产顺利进行。

6）便于标准化工作的组织管理，有利于标准化工作自身的建设和发展。

抓好航天标准体系建设，要按标准规划做好标准制（修）定工作，要坚持问题导向，及时研究制定航天型号产品研制生产急需的标准规范，同时不断改进、丰富完善标准体系表。要及时总结、固化航天各型号取得的技术成果和各企业管理成功的经验，认真研究、吸收、转化国际标准和国外先进标准，形成覆盖航天型号产品研制生产全过程的标准体系，使标准化战略实施落到实处。

三、型号标准化

型号标准化是航天标准化工作的重要组成部分，贯穿于型号研制全过程的各个领域。型号标准化的发展，促进和带动了整个航天标准化工作的发展。

航天型号标准化工作是依据上级机关标准化的政策要求、型号采购方的标准化要求、航天型号研制管理的标准化要求等，建立以航天型号标准化大纲为核心的标准体系，并在航天型号研制生产过程中，依据型号标准体系对实施情况进行监督、检查、评估和考核。

航天型号标准化工作与航天型号的研制生产工作相协调，不仅为型号研制工作提供了技术指导，而且对型号研制管理起到保障作用。型号标准化是提高型号研制产品质量和装备效能、缩短研制周期、降低研制成本的重要保证，也是确保型号研制获得最佳秩序和最佳经济效益的有效途径。

航天型号标准化工作是一项系统工程，不仅覆盖了从系统级、分系统级到单机级、部组件级的型号全层次结构产品的研制工作，而且包含了型号从方案论证、研制生产到型号定型、交付使用的型号研制全过程的工作。新标准持续颁布，老标准实时更新，航天型号标准化工作需要实施动态管理，根据航天型号的研制生产特点，及时调整、补充、完善标准化的工作要求和工作内容。

型号研制的总目标和设计方案是确定型号标准化目标和任务的重要依据，型号研制程序是制定型号标准化工作程序的依据，各类航天型号研制程序不尽相同，各个阶段的标准化工作也不尽相同。因此，航天不同型号的标准化工作既具有共性特点，也具有相应的差异性。一般情况下，航天型号标准化工作重点关注五个方面：

1）以标准化大纲为核心，通过“选标”“用标”和“控标”，在型号研制工作中组织实施标准、落实相关标准化要求，通过标准化手段规范研制生产、提高型号标准化水平。选标是在标准化大纲中明确型号研制所选择的标准范围；用标是型号研制过程中，依据相关文件，实施标准，落实标准化要求；控标是确保标准和标准化要求有效落实，在标准实施过程中进行有效监督检查。

2）制定科学的实施与监督机制，提升标准化工作的管控力。制定型号办（项目办）的内部监督、单位职能机构的实施检查、标准化专业机构的综合评价、集团管理层的评估考核等监督机制，明确各相关方的工作职责和工作内容，强调对专项检查和评估考核进行通报，提升型号标准化工作的管控效力和约束力。

3）明确各相关方的工作职责，将标准化工作的职责任务赋予全体型号研制队伍。明确型号“两总”、型号主任设计师、主管设计师、型号生产人员、型号各级管理人员等在型号标准化工作中的职责，明确标准化师队伍、单位标准化职能部门、标准化专业机构、集团主管部门在型号标准化工作中的职责定位。

4）型号标准化工作与型号研制同论证、同实施、同验收。将型号标准化工作计划纳入型号研制计划管理，型号研制标准化工作程序须明确各研制阶段的标准化工作任务和主要内容。在方案阶段、工程研制阶段和定型阶段的技术评审设置专题标准化评审，并作为型号研制转阶段的必备条件之一，实现型号标准化与型号研制同步推进。

5）及时精简并更新型号标准化文件体系。针对不同型号的研制特点，分别制定不同型号的标准化文件体系，明确文件动态更新要求，按照型号研制技术发展，及时精简并更新。

四、产品标准化

目前，航天产品主要有两种类型：一种是按某一具体型号要求研制的专用产品；另一种是为满足多型号选用需求，经“系列化”设计的通用产品。

1996 年 9 月，原国防科工委和航天工业总公司印发了《关于加强卫星与飞船工程通用化、系列化、组合化工作的决定》，在国防科技工业领域开展了卫星与飞船通用化、系列化、组合化（简称“三化”）工作。“三化”的设计思想在卫星、飞船以及运载火箭研制中得到宣贯，获得了一批“三化”研究的重要成果，对后来的产品工程研究起到了启蒙和指导作用。

我国航天事业现已进入快速发展时期，为适应新时期多型号并举、高密度发射、多领域应用、组批生产的任务形势，借鉴“三化”思想，规划实施了通用产品的能力建设工程，即航天产品化工程。当前，航天产品化工程已在运载火箭系统和航天器系统全面开展并逐步深化，在系统和单机两级通用产品的型谱编制、产品研发、成熟度培育、产品定型、生产线建设、国产化与更新换代，以及型号选用和技术状态控制等方面均取得重大进展并初见成效，部分产品已实现型谱化研制、批量生产，对缩短型号研制周期、改善研制效益、提高型号质量与可靠性、加速技术进步发挥了重要作用。

随着航天产品化工程实施，急需开展产品标准化工作。2011 年，航天选取太阳帆板驱动装置（SADA）、星敏感器、光纤陀螺组合和箭载计算机四种典型通用单机产品实施产品标准化示范项目，开展了型谱产品规范、产品过程规范的研究与制定等一系列工作，通过推广产品标准化示范项目取得的成熟经验，推动产品标准化工作。

产品标准化的特点如下。

（1）目标明确

产品标准化是为通用产品研制服务的，标准化的主体对象是通用产品。产品标准化的目标是在通用产品研制过程中通过制定和应用标准以及开展其他标准化活动，在较短的时间以较低的费用研制出满足多型号使用需求和未来技术发展要求的通用产品。

（2）与成熟度结合

“产品化”的任务就是要不断提升产品成熟度，最终使产品“定型”。通用产品研制也是产品成熟度不断提升的过程。因此，产品标准化工作要结合产品成熟度情况开展，产品标准随着产品成熟度提升而不断完善。

（3）多型号适用

以往型号研制中通常结合型号研制的特定要求，编制成型号专用的产品标准，作为型号研制生产、订货和验收的依据。通用产品研制过程中形成的产品标准具有较广的适用性，适用于多个型号，不同型号依据统一的产品标准选用和验收产品。

不同层次的通用产品成熟度等级划分和定级条件存在差别，研制程序不尽相同，但其标准化工作思路具有共性。围绕通用单机产品的三个研制阶段，产品标准化工作程序见表 5 - 1。

表 5-1 产品标准化工作程序

<table>
<tr><th colspan="2">研制程序</th><th>成熟度等级</th><th>标准化工作程序</th></tr>
<tr><td rowspan="3">初次研制阶段
（Ⅰ阶段）</td><td>原理样机研制阶段</td><td>1 级</td><td rowspan="3">按照产品型谱/型谱标准开发产品，编制“产品标准化要求”，编制厂所级产品规范</td></tr>
<tr><td>工程样机研制阶段</td><td>2 级</td></tr>
<tr><td>飞行产品研制阶段</td><td>3 级</td></tr>
<tr><td colspan="2">重复使用和验证阶段（Ⅱ阶段）</td><td>4～5 级</td><td>编制院级产品规范</td></tr>
<tr><td colspan="2">产品状态固化阶段（Ⅲ阶段）</td><td>6～8 级</td><td>开展定型产品的标准化评审，编制集团公司级产品规范，编制过程规范</td></tr>
</table>

需要说明的是，产品型谱是通用产品研制的依据，目前产品型谱中的通用产品主要有两个来源：一是过去型号研制的单机产品的转化，这些产品经过多次应用和完善，已具有一定成熟度等级；二是根据多型号需求和未来产品技术发展趋势，按照产品化思路新研制的产品。表 5-1 阐述的是新研制产品各阶段标准化工作的一般程序，现有不同成熟度的通用产品在开展标准化工作时，可予以剪裁。

五、岗位标准化

岗位标准化是以岗位为核心开展的标准化工作，是以岗位为对象，以建立岗位实施标准目录为抓手，以岗位标准培训为途径，以指导和规范岗位工作为目的开展的一系列岗位标准实施活动。它既是使标准真正落实到一线的一项有组织的技术活动，也是保证航天标准落实到航天型号产品研制生产一线的实践活动。

航天岗位标准化是被列入航天标准化工程的重要工作任务之一。为了使岗位标准化实施工作的策划和推进更加科学和系统，航天明确了各单位开展岗位实施标准工作的目标，确立了“以点带面，全面推进”的总体工作思路，进一步明确了具体的工作内容、计划节点及考核要求。航天有针对性地从总体设计单位、分系统专业设计单位、生产制造单位分别选取设计岗位、工艺岗位、操作岗位等几类典型岗位进行试点，从典型岗位入手，研究提出岗位标准化工作策划，明确工作核心要素，重点在岗位实施标准目录编制的规范性、目录中标准项目的适用性、标准贯彻实施的有效性上开展探索实践。通过开展科学选标、有效用标、闭环控标等全流程岗位标准化工作实践，总结提炼出一套可复制、可推广的岗位标准化工作模式。

岗位标准化工作程序包括以下 4 个方面：

1）策划岗位标准化工作。选取人力资源部门明确设置的岗位为对象，分析清楚岗位职责和主要工作内容，开展岗位标准化的工作策划，明确岗位职责落实的相关标准。

2）编制岗位实施标准目录。围绕岗位职责落实需要实施的标准，开展标准的适用性分析，归类整理岗位现行各级标准，确保选用和实施的各项标准的有效性和完整性，形成岗位实施标准目录。

3）实施岗位标准。以岗位实施标准目录为指导，通过创新实施载体，开展培训考核等方式，促进岗位标准的落地实施。

4）结果反馈并动态管理。及时收集和分析标准实施过程存在的不足或问题，对标准的实施情况进行反馈，实现岗位实施标准目录动态管理与岗位标准化工作持续改进的闭环管理。

航天岗位标准化是通过标准的有效实施提高工作质量、促进岗位能力建设的重要手段；是避免低层次问题，提升规范化精细化水平的长期性、基础性工作；是保障企业技术能力，促使企业标准化向更系统、更完善方向发展的重大举措。

第二节　航天计量

计量是关于测量及其应用的科学，是实现测量单位统一、保障量值准确可靠的活动，也是科技创新、产业发展、国防建设、民生保障的重要基础。航天计量在航天全产业链、全寿命周期中扮演着重要角色，是航天产品以及相关测量设备性能评价、技战术指标评定的重要手段，是提升航天产品质量、促进航天产业升级、推动航天事业高质量发展的重要技术基础。

一、发展历程

早在 20 世纪 50 年代，中国航天事业奠基人钱学森先生首创航天系统工程思想方法，并在系统工程技术中提出了质量保障系统工程、标准系统工程和计量系统工程等概念，同步布局组建了航天计量技术机构。1957 年，国防部第五研究院组建一分院测试研究室，以保证全院范围内度量衡的统一，这标志着航天计量测试专业的诞生。

在航天事业开创初期，聂荣臻元帅就提出“计量工作是开门七件事之一”，确立了计量在航天工业乃至国防科技工业中的基础地位。伴随着航天型号研制的不断推进，航天计量从最初的长度、温度（中温）、质量、压力（静态）、电工、无线电等十几项参数起步，陆续建立了角度、压力（动态）、力值、硬度、扭矩、流量、振动、低温、热流、时间频率等分专业，涉及近 60 项参数，计量测试专业体系逐步建立，计量测试范围逐渐拓展，计量测试手段得到丰富和补充，为后续发展奠定了较好的基础。

1983 年 3 月，航天计量站成为原国防科工委长、热、力计量一级站。从此，航天计量测试专业的发展进入了新的历史阶段。同年 11 月，聂荣臻元帅在给国防计量工作会议发来的贺信中指出“科技要发展，计量须先行。科学技术发展到今天，可以说，没有计量寸步难行。计量是现代化建设中一项必不可少的技术基础，国防计量更是重要”，进一步明确了计量在国防科技工业中不可或缺的重要作用，也极大地鼓舞和激励了广大计量测试战线工作者服务航天、献身国防的工作热情。

1985 年，《中华人民共和国计量法》颁布，这是中国计量事业发展史上的里程碑。从此，中国航天以法律法规为保证，以测试技术为依托，以规范管理为手段，在国家、国防计量体系框架下，建立航天计量管理顶层制度，推进航天计量体系的完善，航天计量进入了法制化发展轨道。

20 世纪 90 年代起，在一系列国家重点型号和国家重大专项的立项实施牵引下，航天计量迎来了不断完善和壮大的新阶段。航天计量紧紧把握发展机遇，坚持需求牵引，坚持服务型号，坚持技术创新，紧盯航天型号急需解决的计量测试问题，有针对性地进行理论和应用研究，不断加强计量测试专业建设，一大批满足型号需求的计量标准和校准装置相继建成，一个个计量测试关键技术难题被攻克，计量测试能力得到大幅提升。同时，不断创新完善体制机制，使计量专业领域和业务范围不断拓宽，计量机构职责进一步落实，计量管理水平日益提升。针对国家重大工程和重点型号需求，航天所属单位突出问题导向，不断完善计量规章制度建设，将计量工作融入型号研制生产的关键环节，强化规范管理，实现了量值传递、专用测试设备管理等方面由粗放型管理向精细化管理的转变。

进入新世纪，航天计量工作的重心从建立量值溯源体系向建立航天计量体系转变。在做好量值溯源传递和法制计量管理的同时，更加注重航天产业发展的计量保障和工程计量研究，更加注重型号需求梳理和立项研制初期的计量测试总体策划，将型号计量保证工作重心前移并且实现型号研制全过程覆盖；加强计量技术研究和计量基础能力建设，建立先进、适用的计量技术体系，系统解决产品性能和指标要求带来的计量测试技术问题；研究和推广先进的型号计量保障模式，建立向协作单位传递计量要求的渠道；加强计量监督和行政执法，保证产品全寿命周期的测量数据量值准确、可靠；推进航天产品计量保证管理，满足航天产品的质量保证需要。

经过多年的扎实奋斗，中国航天已经形成了以运载火箭产业计量测试中心、航天器产业计量测试中心、航天信息产业计量测试中心、航天动力产业计量测试中心等国家级产业计量测试中心为龙头，以长热力、电学、无线电、真空等多个国防军工一级计量站和区域二级计量站为主体的航天计量平台；形成了涵盖几何量、热学、力学、电磁学、无线电、时间频率、化学和声学等专业的测量标准装置和专用校准测量装置的计量基础核心能力；拥有极端量值、特殊量值、综合现场动态参数和复杂环境条件下检定校准的特色技术；建立了分层、规范、专业、闭环的计量监督检查机制，以及服务全寿命周期、全产业链计量保障的工作机制，有力地支撑和保障了航天型号的研制生产，为我国国防现代化和航天强国建设做出了重要贡献。

二、航天计量管理

航天计量管理是为确保航天产品研制、试验和生产过程中计量检测结果的可靠性实施的规范管理。航天计量管理包括组织机构管理、计量人员管理、计量标准器具管理、测量设备管理、计量技术文件和技术记录控制、计量确认与标识、计量监督等工作。

（一）组织机构管理

航天计量组织机构一般包括计量管理机构和计量技术机构。计量管理机构归口管理该组织范围内的计量工作，负责本单位计量综合管理。计量技术机构按照技术研究和服务的范围和层级分为一级机构、二级机构和三级机构。一级、二级计量技术机构由国防科技工业主管部门批准设置，其各项工作接受国防科技工业主管部门、航天集团公司、研究院计量管理机构的监督和检查。三级计量技术机构设置根据航天研究所、工厂承担科研、生产和服务任务的规模与工作量、技术复杂程度、配置仪器的数量、经济效益与社会效益的评估等因素，由军工企事业单位自主决定，在业务上接受一级、二级计量技术机构的指导，其各项工作接受国防科技工业主管部门、省市国防工业办公室、航天集团公司、研究院计量管理机构的监督和检查。

计量管理机构主要负责贯彻执行国家、上级有关计量工作的方针、政策、法律、法规，制定计量管理规定；依据科研生产任务需求，制定本单位计量工作要点并组织实施；组织本单位计量技术机构开展监督检查；组织计量管理人员、技术人员、保证人员等计量队伍建设，组织计量人员的技术交流、人员培训和技术考核；组织本单位航天产品研制、试验、生产、使用全过程的计量保证工作，实施统一管理与监督；组织申请建立与科研生产相适应的计量标准，组织量值溯源及传递；组织申请计量技术机构行政许可、计量标准器具考核等工作；组织计量技术人员参与航天型号研制过程中有关设计评审、试验评审、产品交付评审等工作。

一级、二级计量技术机构主要负责建立保存国防科技工业、集团公司、研究院所需的最高计量标准装置、校准装置和测试系统，并保持其服务能力；承担国防科技工业、航天集团公司、研究院量值传递与溯源工作；组织密切相关的重点航天产品所涉及的不同区域的计量标准器具的量值比对；对航天集团公司、研究院所属单位的有关计量测试纠纷进行仲裁；开展量值传递和计量器具的修理业务，进行先进测量技术研究和完成研制、生产、试验中的关键精密测试任务；研究产品科研、生产、使用中的关键计量测试技术，专用测试设备及其校准手段、方法；牵头组织重大计量研究课题的论证工作，组织关键计量技术的攻关；负责对研究院属其他单位计量工作的业务指导，培训、考核计量人员，并协助下级计量技术机构解决疑难技术问题；负责科研、生产、试验、使用各部门之间的量值统一和仲裁工作；执行大型试验的统一计量任务；参加重大专用精密测试设备的鉴定；参与有关质量问题和重大事故分析；承担试验中使用的计量器具和专用测试设备的研制、计量检查和保障工作；编制本专业计量技术发展规划；跟踪国内外计量测试技术发展现状，开展技术交流；编写计量器具检定规程、校准规范或检测方法。

三级计量技术机构接受一级、二级计量技术机构和省市计量部门的量值传递、业务指导和技术考核，主要负责根据本单位的型号产品计量测试需要建立相应的计量标准器具；负责本单位的计量量值传递和技术业务工作；编写计量器具校准规范或测试方法；负责本单位内的量值统一和仲裁工作；参与专用测试设备的评审、有关的质量问题与重大质量事故分析；编制本单位计量技术发展规划。

（二）计量人员管理

计量人员包括检定/校准、检测和型式检验人员。

检定/校准人员须参加国防军工系统组织的检定员培训和考核，持有国防计量检定员证，并在证书有效期内开展持证专业（项目）范围内的计量工作。

承担许可目录外的产品科研生产任务的民口单位，承担军品任务前已纳入国家质检系统管理的检定/校准人员可按原渠道管理，但应向所在省、自治区或直辖市国防科技工业计量管理机构备案。从事专用测试设备校准的人员应经过专业培训，并经考核合格，持有计量检定员或相应的资格证书。

检测和型式检验人员根据所开展检测检验的行业规定及本单位管理规定持有效证件上岗，并有相应的技术培训、考核记录。已持证人员需要定期参加培训和复审。本单位按照经批准的年度培训计划实施培训。培训内容应包括计量法律法规、规章制度及相关专业技术等。培训应进行有效性评价，并保存相关记录。

（三）计量标准器具管理

（1）计量标准器具建立

为建立计量标准器具开展的准备工作包括：建标单位筹备有关计量标准器具及配套设备，并经上级计量技术机构检定或校准，满足建标要求；按照所开展的项目，建立符合要求的实验室；对检定/校准人员进行培训并经考核取证，每个项目的持证人不得少于 2 人；建立相关的规章制度和操作规范。

新建计量标准器具考核时，在完成计量标准器具考核的准备工作后，依《国防军工计量标准器具考核规范》准备并提交考核申请资料。取得计量标准器具证书后，在有效期满前 6 个月需要向相应的计量管理机构提出计量标准器具复查考核申请。计量标准器具考核一般分为书面资料审查和现场考核。组织考核的计量管理机构收到相关申请资料后，首先对申请资料进行形式审查，查阅是否符合考核的基本要求，确定是否受理。书面资料审查通过后，依据现场考核计划组织现场考核。

（2）计量标准器具使用与维护

在用的计量标准器具必须具备在有效期内的计量标准器具证书。计量标准器具的主标准器和配套设备按周期向上级标准器具进行溯源，且一般应溯源至一级、二级计量技术机构的计量标准器具。溯源后经计量确认符合本单位量值传递需求的可正常投入量传工作中。工作过程中定期开展功能性检查和期间核查（重复性、稳定性考核），通常以控制图的方式直观体现计量标准器具的历年量值复现结果和变化趋势，确保其技术状态稳定可靠。

计量技术机构通常为计量标准器具提供满足要求的存放和使用环境条件，任命专人对计量标准器具进行保管和维护，并定期检查技术状况。国防最高计量标准只能在实验室内用于检定/校准，不得随意用于工程测试。如确需用于工程测试，在确保标准装置的技术性能在工程测试前、测试中和测试后均不发生变化的前提下，需经相应计量管理机构审批同意后才可进行。计量标准器具的更换、暂停、恢复、撤销由批复其建立的计量管理机构同步进行管理。

（3）计量标准器具的资料管理

计量标准器具在量值传递溯源链条中，承担准确可靠复现量值的职责，因此十分重要，需要有完整的技术资料档案对其复现量值的能力和现时状态给予证明和支撑。这些技术资料档案一般包括：考核/复查申请书、计量标准器具证书、国防军工计量标准器具技术报告、量值溯源和传递框图、不确定度分析报告、重复性考核/试验记录、稳定性考核/试验记录、检定校准人员国防计量检定员证、计量标准履历书、计量标准更换申报表、主标准器及其配套设备历年溯源证书、期间核查计划、期间核查报告、开展量值传递工作依据的规程规范、主标准器及其配套设备的操作规范等。

（四）测量设备管理

（1）通用测量设备管理

航天型号研制单位根据科研生产需要，配备相适应的测量设备。单位固定资产管理机构或计量管理机构应建立测量设备台账，制定周期溯源计划，并实施动态管理。台账内容通常包括测量设备名称、编号、类别、主要技术指标、溯源机构、溯源有效期及周期等信息。新购置的测量设备，需对其计量性能进行检定/校准，通过计量确认符合使用要求后方可办理接收手续。自行研制的测量设备，由有关部门组织鉴定，计量管理机构参与验收。

测量设备一般按周期向一级、二级计量技术机构进行溯源，并在有效期内使用，本单位设有三级计量技术机构的，也可以由本单位自检自校。开展测量设备的自检自校工作必须使用已建立的计量标准器具，并确保溯源的参数、量限、测量不确定度等数据有效。没有溯源渠道的测量设备，通常通过比对或能力验证的方式，证明其复现量值的准确性和分散性与其他同级计量技术机构水平相当。凡只做功能性使用的测量设备，可不进行检定/校准，但需定期做功能性检查并纳入准用设备管理。为获得被测产品的准确性能评价，测量设备的准确度应高于被测量值的指标要求，被测产品最大允许误差与测量设备测量不确定度之比应不小于 4∶1；不满足时需通过分析论证提出合理解决方案。

航天型号单位使用计量标识体系对测量设备的在用、限用、禁用、停用、封存等状态进行标识和管理。禁止将张贴禁用、停用、封存标识的测量设备投入科研生产测试。张贴停用、封存标识的测量设备重新启用前必须经过检定或校准，同时计量确认符合使用要求。发现测量设备不合格时，应立即停止使用，并按不合格测量设备追溯管理规定的要求对测量结果进行追溯。张贴限用标识的测量设备需同步张贴限用范围告知单，确保其应用在技术性能符合使用要求的场景。借用外单位测量设备时，由使用人员对设备进行计量确认。

（2）专用测试设备管理

航天型号测试使用大量的专用测试设备，应对其进行规范化计量管理。建立专用测试设备台账，统一编号、分类管理。专用测试设备投入使用前必须进行校准，并对校准结果进行计量确认。参加总装测试、合练和靶场试验的专用测试设备除进行周期校准外，还在执行任务前再次校准。专用测试设备鉴定、验收时应有设计、使用单位的计量人员参加，设计单位应同时提供该专用测试设备的技术说明书、使用说明书、校准细则、线路图等技术文件。验收合格后，由测试设备的归口部门列入测量设备台账。对有综合参数的专用测试设备，应根据使用要求进行综合校准。当综合校准有困难时，可对单个参数进行分别校准。无法直接溯源的专用测试设备应采取相同量值比对、比例测量等技术手段进行计量控制。

（五）计量技术文件控制

应建立航天计量技术文件目录并进行动态管理，确保在用的计量技术文件受控。开展检定/校准工作一般使用现行有效的国家、国家军用和国防军工等行业计量技术规范。若特殊情况需保留使用废止的国家、国家军用和国防军工等行业计量技术规范开展校准工作时，应经过评审和批准，并保存相关记录。部分采用国家、国家军用和国防军工等行业计量技术规范开展校准工作时，经裁剪形成的计量技术规范要满足被校设备的溯源要求，并通过评审和批准且保留评审记录。

不能采用国家、国家军用和国防军工等行业计量技术规范时，自编计量技术规范的技术要求不得低于国家、国家军用和国防军工等行业计量技术规范的要求。自编计量技术规范按照《国防军工计量校准规范编写要求》编制，其校准项目设置覆盖被校测量设备的全部计量特性，并通过验证、评审和批准。

（六）计量技术记录控制

计量技术记录包括过程记录、检定/校准证书、使用记录档案等。测量设备应保存制造厂、出厂编号等标识的所有记录，还应保存能表明每台测量设备测量能力的检定/校准证书和有关其他性能的记录，这些记录应能随时提供使用。检定/校准结果的记录应足够详细，以证实所有测量的溯源性。记录至少应包括如下信息：设备的说明及其专用标识，完成确认的日期，检定/校准结果，规定的计量确认周期，环境条件和必要的修正说明，使用时的限制条件，计量确认人员的标识，负责保证记录信息正确的人员标识，检定/校准证书和其他所需文件的专用标识（如编号）。记录应有文字资料，记录可手写或打印，记录保存方式和期限应符合相关要求，应保存记录的可追溯性。

（七）计量确认与标识

测量设备应按照要求进行计量分类管理，并具有表明其分类状态的有效标识。测量设备的计量状态标识应与计量确认的结果相一致。测量设备的计量状态标识应清晰完整、唯一有效，粘贴位置合理、明显，并包括必要的信息。计量确认应包括对溯源结果的确认和无法溯源测量设备技术状态的确认。至少应涵盖确认的范围、依据、方法、内容和程序等管理要素。对经过计量确认的所有测量设备实行标识管理，依据不同状态，张贴便于区分的标识。计量确认标识包括合格、限用、准用等，应根据计量确认结果粘贴有效标识。必要时，应对外协外包单位的关键计量标准器具进行抽查。当发现生产现场的测量设备不合格时，应立即停止使用、撤离现场，贴（附）禁用标识。不合格的测量设备修复后，应重新确认合格才允许投入使用。

（八）计量监督

研究院及厂、所计量管理机构按职责分工与权限实施计量监督检查，监督检查参照《武器装备科研生产单位计量监督检查工作程序》执行。研究院计量管理机构计量监督检查的频次不少于1次/年，研究所、工厂计量管理机构计量监督检查的频次不少于2次/年。

三、型号计量保证

型号计量保证是航天型号产品科研生产单位通过建立计量法规，严格组织管理，开展技术研究等手段，保证型号产品研制、试验、生产过程中计量单位统一，量值准确一致所进行的一系列活动，是型号质量工作的重要内容，是提高产品质量、确保成功的基础。型号计量保证为型号研制提供齐全、完善的检测手段和科学、准确、可靠的计量数据，以确保产品严格按照设计标准和工艺标准要求生产，满足型号任务要求。实施航天型号计量保证一般应做好计量保证组织管理、编制计量保证大纲、研制阶段计量控制、试验阶段计量控制、生产阶段计量控制、交付使用阶段的计量控制、产品检测和校准管理、校准和测试软件控制等方面工作。

（一）计量保证组织管理

航天型号单位均设置计量保证组织机构和计量主管人员，计量保证部门和人员均有明确的职责。型号计量保证工作责任主体既包含承担型号任务的总体单位、分系统单位和配套单位，又包含计量技术机构。目前航天实施集团公司、研究院、厂所三级管理，建立了多个国家产业计量测试中心和一级、二级计量技术机构，建立了较为完备的计量组织管理体系，为型号计量保证提供了技术支撑和人力资源保障。

（二）编制计量保证大纲

航天型号单位应根据具体型号实际需求，编制计量保证大纲或计量保证要求。根据《武器装备科研生产单位计量工作通用要求》的规定，计量保证大纲（计量保证要求）内容一般包括：工作目标、组织机构、职责、研制计量控制、试验计量控制、生产计量控制、检验计量控制等。计量保证大纲应单独编制，计量保证要求可在质量保证大纲等相关文件中进行明确。随着我国航天型号任务进入高密度发射阶段，特别是“高质量、高效率、高效益”发展要求，对型号计量保证工作的要求越来越高。航天出台的型号通用计量保证大纲等相关规定，将计量保证工作贯穿于型号任务全流程；航天部分研究院印发了具体型号专用计量保证大纲，将计量保证工作前置，在可行性研究阶段就开始策划实施计量工作。

（三）研制阶段计量控制

在可行性研究过程中，组织进行计量可行性论证，根据战技指标和性能要求提出计量保证要求。在方案论证阶段，将型号计量保证纳入方案论证，提出初步计量工作方案，包括明确计量组织机构和人员、编制计量保证大纲（计量保证要求）。在设计阶段，明确提出技术要求和制定计量工作方案。应分析确认承担任务的计量保证需求、评估现有计量保障能力，针对存在的差距提出解决方案，包括需要研制的计量器具和专用测试设备项目，需落实的保障条件。计量保证组织或计量管理机构应参与技术引进项目评审、试验大纲的制定，明确测量设备选型、溯源途径等，并参与转阶段的评审。设计定型阶段应进行计量审查，完成计量保证工作总结；参与定型试验大纲的审查，检查计量保证工作方案和计量保证大纲落实情况。

生产定型阶段也应进行计量审查，确保配套的计量器具和检测手段满足产品的技术标准、工艺规范的要求，并完成计量保证工作总结。产品的成果鉴定经计量部门进行计量审查，确认测量方法正确、数据准确可靠并签署意见后，其结论方为有效。

应与科研生产能力建设同步建设计量保证能力。引进重大仪器设备应经计量部门进行审查，并同时引进必要的计量测试手段和技术资料。

（四）试验阶段计量控制

在编制航天产品试验、试飞任务书、大纲和制定试验方案时，分析测试计量保证能力，提出计量测试控制要求，试验文件评审应包括测试计量保证相关内容。按照试验、试飞中的测试计量保证需求，制定计量保证工作计划并纳入产品试验、试飞计划。确认航天产品试验、试飞中使用的测量设备满足测量不确定度的规定。确保购置、研制试验设备和测量设备的可溯源性，必要时同时购置、研制相关校准设备，对无法溯源的测量设备的适用性进行评估确认。对于航天规范所规定的试验、试飞项目，开试前进行计量监督检查。

（五）生产阶段计量控制

在航天产品生产前，根据设计要求对各承制单位技术标准、工艺规范、生产加工的计量保证能力进行确认；要求承制单位根据工艺人员提出的计量保证需求，落实相应的测量（检测）设备和校准设备，制定测试计量保证工作计划并将其纳入产品生产计划；确认承制单位根据溯源链要求配备测量和校准设备，以满足生产中测试计量保证需求；确认生产中使用的测量设备，都应溯源到国防或国家基准，以满足测量不确定度的规定。如条件不满足时，进行不确定度分析，采取合理的补偿办法并经用户确认。

（六）交付使用阶段的计量控制及其他方面要求

1）交付使用阶段的计量工作。所有设备交付前，均应经过计量确认，证明其能够满足被测参数的使用要求。针对交付使用的设备所进行的定期计量，应可溯源到国防或国家基准，并满足测量不确定度的规定，保证航天产品在平时处于良好的使用状态。对影响装备功能和性能的主要测试参数要设置计量检测接口，明确检测方法。有计量要求的检测设备应按照周期进行检定/校准，并确保使用在有效期内。

2）产品检测和校准管理。按 GJB 5109—2004《装备计量保障通用要求检测和校准》编制装备检测需求明细表、检测设备推荐表、校准设备推荐表、装备的检测和校准需求汇总表，对其进行必要的评审并保留评审记录表。应对组成装备的各系统、分系统和设备（产品）所需检测和校准的项目或技术参数及其指标进行论证和确定，编制相应的检测或校准方法。

3）校准和测试软件控制。自编校准和测试软件应经过验证和评审；外购的校准和测试软件的功能应经过确认。

第三节 航天技术支撑机构和专家组

航天技术支撑机构是为保障航天产品质量和提升航天各级组织质量保证能

力而开展相关专业技术研究和提供专业技术服务的机构，包括质量专业机构和其他相关专业支撑机构。航天专家组依托航天不同专业领域专家、分专业成立的专家组织，在技术研究、型号质量决策支持、研制生产质量技术咨询、技术培训和技术把关等方面发挥作用。航天产品的高技术含量、高可靠性要求，对产品质量验证评价以及组织质量保证能力提出了更高要求，迫切需要发挥技术支撑机构和专家组作用，提供规范化、专业化的技术支撑和咨询服务。航天一直以来高度重视技术支撑机构建设和发挥专家组的作用，从航天成立国内第一家质量、可靠性专业机构，并培育第一支质量专业研究队伍开始，积累了丰富的经验。随着航天事业的不断发展和形势任务需求，可靠性与安全性、计量测试、材料检测、环境试验、工艺技术、软件评测、元器件可靠性、无损检测等方面的技术支撑机构和专家组相继成立，组织机构不断健全，专家队伍不断壮大，运行机制不断完善，为确保航天型号研制成功和提升航天质量管理水平发挥了很好的作用。

一、航天专业技术支撑机构

（一）航天质量专业机构

1962 年，针对东风二号导弹首飞失利，为攻克中国导弹武器和运载火箭在研制过程中面临的质量、可靠性、精度等问题，钱学森同志组织一批国内专家在原航天七〇四所成立了专家组，对质量、可靠性、精度等开展研究。

1965 年 5 月，为进一步加强质量与可靠性工作，航天一院以七〇四所可靠性质量控制组和试验专家组为基础，从第一设计部、十一所、十二所、十三所和七〇四所抽调具有型号研制经验的技术骨干，组建了可靠性与质量控制研究所（代号七〇五所），这是航天也是全国第一个质量、可靠性专业研究所，开展质量与可靠性技术方法研究与推广，培养建立质量控制队伍。七〇五所下设总体、动力系统、控制系统、测量系统 4 个研究室和 1 个计算组。

1965 年 6 月，钱学森在组建第七机械工业部（简称“七机部”）机关和有关专业单位时，成立了航天标准化所（代号七〇八所），结合当时航天标准化工作实际和成立七机部以后研制、生产发展需要，明确了“三级机构、两级标准”的标准化机构体制总体布局，即采取两级（七机部，设计部或所、厂、站）技术标准；建立三级（七机部，型号研究院，设计部或所、厂、站）标准化管理机构；标准化工作的重点放在七机部和设计部（所、厂、站），相应地加强这两级机构的编制。

1974 年，第七机械工业部决定将七〇五所部分质量可靠性专业力量重组到七〇八所，在七〇八所组建和增设可靠性与产品质量研究室及试验学与精度分析研究室。

1981 年 7 月，第七机械工业部发文规定，第七机械工业部质量可靠性和标准研究所，由原综合研究所的标准化研究室、可靠性研究室、试验学和精度分析研究室、新工艺设备研究室等单位为主组成。代号仍用第七机械工业部第七〇八所。

1981 年 12 月，第七机械工业部决定组建七机部科技情报研究所，代号为“第七机械工业部第 707 研究所”。七机部决定 707 所为航天工业科学技术情报研究的抓总部门，负责搜集、分析、研究、提供国外运载火箭和空间技术方面的综合性情报资料，以及有关现代化管理和应用技术的情报资料；统筹规划和组织协调全部的科技情报业务；统一制定和管理部内科技情报资料的检索体系；组织国外科技情报交流；科技专业刊物的编辑、出版、发行工作。

2010 年，在七〇八所基础上，航天组建了航天标准化与产品保证研究院，成为覆盖标准化、质量管理、可靠性、产品工程、元器件保证、紧固件、试验检测等领域的质量专业技术机构，有力地促进了航天基础保障能力建设。

（二）航天其他专业技术机构

中国航天创立初期，在钱学森的大力倡导和亲自推动下，成立了下述专业技术支撑机构。

1）空气动力学研究机构。1956 年成立，当时称为国防部第五研究院空气动力研究室。该研究机构是中国航天第一个空气动力学研究机构，也是中国航天第一个技术支撑机构。1959 年，研究室扩建为北京空气动力研究所（七〇一所），并于 20 世纪 60 年代末建成了从低速到高超声速较为配套的风洞群，成为我国第一个试验设备配套、技术力量齐全的空气动力研究试验基地。

2）结构强度与环境可靠性工程研究与试验机构。1956 年成立，主要从事结构静、动、热强度研究与试验，为航天型号的强度、环境与可靠性研究、计算、分析和试验工作服务，后发展为航天七〇二所，现为中国航天系统结构强度和可靠性工程的专业中心研究所。

3）材料及工艺技术研究机构。1957 年成立，承担了材料、工艺的研发以及材料性能检测与失效分析等工作，后发展为航天七〇三所，现为中国航天系统材料及工艺中心研究所，也是材料性能检测和失效分析中心。

4）无线电计量测试机构。1957 年，最初在国防部五院二分院建立无线电标准仪器室，1959 年组建计量检定处，1963 年更名为计量测试站，负责计量测试工作。该机构是国防部五院二分院无线电、电工仪器计量测试工作管理与研究机构，1986 年更名为无线电计量测试研究所，即现在的航天二院二〇三所。

5）计量标准机构。1958 年，在国防部五院一分院第八研究室先成立了机械物理标准工程组，1961 年扩展为新成立的国防部五院一分院七〇四所计量标准室；1963 年又成立一分院计量处，1964 年组建计量站，即现在的航天一院一〇二所。该所现为国家长、热、力一级站，一直承担着航天计量标准建立、量值传递、精密测试和跟踪保障工作。

上述机构的成立，为航天创建时期的型号科研生产提供了有力的技术支撑，也为后续建立健全航天技术支撑机构打下了良好的基础。

（三）航天技术支撑机构体系

遵循航天科研生产规律，航天坚持统筹规划、授权认可、加大投入、有效监督的原则，始终有序推进技术支撑机构建设，逐步形成了较为完善的航天质量基础保障体系。

随着载人航天工程等国家重大工程相继实施，在原有技术支撑机构的基础上，建立完善了集团公司、各研究院可靠性与环境试验、元器件、原材料、软件评测、工艺、无损检测、计量等不同专业、不同层次的技术支撑机构。各专业机构协同开展工作，大幅提升了航天型号质量基础保证能力，为航天型号的研制生产提供了有力的产品保证技术支撑。

1）可靠性与环境试验专业技术机构负责开展可靠性技术基础研究及型号可靠性设计、分析与验证，研究和测试产品在规定的条件下、在规定的时间内完成规定功能的能力，为产品的质量保证提供技术支撑。

2）元器件专业技术机构负责开展元器件专业技术研究，开展元器件性能指标和应用研究，开展元器件筛选、检测、试验、评价和应用验证，落实元器件过程控制要求，建立并维护元器件质量信息库，为质量问题分析提供技术支撑。

3）原材料专业技术机构负责制定原材料需求规划，开展原材料检测、失效分析和使用研究，为型号材料选用提供技术支持，为质量问题分析提供技术支撑。

4）软件评测专业机构负责开展软件质量、软件测试与评价方法、软件测试平台和工具研究，为型号提供软件测评和技术支持，开展型号软件工程化与测试咨询及培训。

5）工艺专业机构负责开展工艺技术研究，建立本专业工艺技术体系，梳理制定禁（限）用工艺目录，开展禁（限）用工艺替代技术研究，解决型号研制生产中的重大工艺瓶颈和共性工艺问题。制定本专业工艺发展规划，策划制定工艺技术标准、规范，建立专业工艺知识库，加强成果应用推广和孵化工艺领军人才。

6）无损检测专业机构负责研究在不损害或不影响被检测对象使用性能的前提下，采用射线、超声、红外、电磁等原理技术并结合仪器对材料、零件、设备进行缺陷、化学、物理参数检测及技术应用，为型号研制提供技术支持。

7）计量专业机构主要负责建立完善量值传递系统，开展计量检定（校准）和计量监督，进行计量技术研究，为科研生产和经营管理提供计量保障。

目前，航天已基本形成了布局合理、专业齐套、满足型号和质量专业发展的技术支撑机构体系，并不断建立健全技术支撑机构管理机制，完善技术支撑机构工作规范，开展对技术支撑机构的监督评价和动态管理，大幅度提升了技术支撑机构开展产品保证工作和质量技术监督评价的能力。

二、航天专家组

为充分发挥专家群体在型号管理决策支持、研制工作技术咨询和技术把关等方面的作用，航天成立科学技术委员会及下属各专业专家组，为满足型号研制质量保证工作需求，还成立了可靠性、元器件、软件、工艺、产品化等质量技术与管理专家组。

专家组一般由航天在职的专业领域内高水平专家组成。专家选聘充分考虑专业结构和人员配置的合理性，形成老、中、青相结合的专家人才成员结构梯队。

专家组建立了年初策划、定期例会、月度简报、专题研究、年终总结等工作制度，在每年年底编制专家组年度工作总结，召开专家组工作总结交流会，总结前期成功经验，同时策划后期工作，制定专家组下一年度的工作计划，明确下一年度的工作重点和活动内容。

专家组专家按照年度工作计划和相关部门、型号需求主要开展以下几方面工作：

1）根据军工科研生产和航天产业发展的需要，开展本专业领域技术、管理方面的研究工作，提出本专业领域发展的思路、政策、措施等相关意见和建议；

2）根据型号及有关部门需求参与科研生产管理中的专项审查、评审和监督指导工作，对科研生产任务中重点型号、重大问题的专业技术攻关，重要节点及归零处理情况，提供技术支持及咨询意见和建议；

3）系统研究本专业领域发展和管理工作，针对航天相关专业发展和型号应用方面存在的突出问题，提出改进意见和建议；

4）组织或参与科研生产中本专业领域重大项目、重大专业技术应用推广，以及共性、基础性难点和热点问题的专项研究，加强关键技术应用的咨询和培训，对型号专业技术应用有效性进行审查把关；

5）搭建本专业领域学习与交流的平台，开展多种形式的技术与管理交流活动，总结工作经验，提高管理效益，培养人才。

专家组开展形式多样的研讨、交流、评审、咨询等活动，并在专业技术领域持续跟踪、引进国内外先进适用的方法和手段，从实践中及时总结、提炼有自身特色的方法和手段。

专家群体通过开展课题研究，对型号技术性能、可靠性、安全性以及元器件、软件等进行技术评审，对产品技术状态、设计复核复算、质量问题归零等进行审查，与型号技术系统一起分析质量问题，为航天任务成功和产品质量提升起到了集智攻关和技术把关作用。

第四节　航天质量信息管理

航天质量信息是航天产品在研制、生产、试验、总装、使用等全寿命周期过程中开展的质量活动所形成的有关记录。在长期的质量信息管理实践中，航天构建了贯穿航天集团公司、研究院、厂（所）三级的质量信息工作体系，创建了质量问题快速响应、质量分析例会等机制，形成了以质量问题数据快速共享为特色的精细化数据管理模式和质量信息管理平台。同时，通过开展故障和事故数据通报、故障模式识别与应用、共性问题的识别与治理、面向产品质量分析等工作，持续推动航天质量信息的综合利用，有效支撑质量改进和质量决策。

1987 年，航天工业部依托航天七〇八所成立了航天质量与可靠性信息中心，建立了航天工业部质量可靠性信息管理网，系统开展航天产品质量与可靠性信息管理工作，并陆续出台了相关管理办法。该网由航天质量与可靠性信息中心和院、局、基地及部、厂、所、站为网员共同组成，建立信息管理委员会。通过广泛收集信息，建立质量与可靠性数据库，及时进行故障和事故信息通报，开展信息分析、交流和服务，逐步形成质量信息与分析成果互联、共享的长效机制。

航天工业总公司成立后特别是航天“2・15”“8・18”两次火箭发射外星失利后，航天进一步加强了质量信息工作管理力度。2002 年，航天在总结归纳型号研制成功经验教训的基础上，发布了《航天产品质量与可靠性信息管理办法》，2003 年制定并发布了 Q/QJA 11《航天产品质量与可靠性信息管理要求》，随着型号研制新的形势与任务要求，于 2007 年、2018 年进行了两次修订。期间陆续印发了多份质量信息方面管理文件。2008 年，航天推行航天产品数据包工作，各研制单位按要求收集型号产品全寿命周期过程中的质量可靠性数据，部分单位开发了信息系统，以有效推进和落实数据包管理工作。

2008 年以来，航天建立了质量问题快报和面向产品质量分析例会制度，规范了质量数据采集和各级质量综合分析工作。2012 年，航天质量信息管理系统一期上线运行，后续相继开发了物资管理系统、产品化管理系统等数据管理系统，质量可靠性信息系统更加完备，不断向体系化、精细化、数字化跨越发展。

2018 年以来，航天印发了 Q/QJA 641—2018《故障模式库建立工作指南》、Q/QJA 709—2019《三个面向质量分析指南》等标准，开发了供应商管理系统，启动了质量信息资源建设、数据工程建设等工作。为适应航天发展新形势新任务需要，航天正在推进数字质量系统建设工作，利用云平台、大数据等先进的信息技术，建立覆盖全领域、全级次、全过程的航天数字化质量管理系统，实现型号和产品质量数据的可采集、可视、可追踪、可应用，持续提升质量管理工作的信息化、产品研制过程质量管控的数字化、型号质量风险防控的可视化、产品质量验证与评价工作的可量化、质量管理决策的科学化。

一、质量信息的内容与分类

航天质量信息是在航天产品研制、生产、试验、总装、使用等全寿命周期开展质量活动所形成的有关记录。从信息管理的角度考虑，航天质量信息主要包括九个方面的内容。

1）航天型号研制、生产、试验、使用等全寿命周期过程发生质量问题时产生的质量问题信息，主要包括质量问题名称、问题产品、问题发生时间、问题发生地点、问题概况、原因分析、改进措施等；

2）航天产品配套物资质量信息，主要包括元器件、原材料状态数据、批次问题数据等；

3）航天产品故障模式、故障机理和应对措施等工程经验信息，主要包括故障模式、故障机理分析、故障解决措施及实施效果等；

4）航天产品可靠性和寿命相关试验和验证信息；

5）航天产品可靠性管理、设计分析及试验验证信息；

6）航天产品设计评审、出厂（所）评审报告等产品评审信息，主要包括产品名称、评审要求、评审内容、评审结论等；

7）各级发布的故障和事故数据通报和质量动态信息、质量活动信息等；

8）质量与可靠性工作中积累的实践方法、研究成果及工具等信息；

9）型号质量工作计划及执行情况等信息。

在航天质量信息管理过程中，一般按质量特性、寿命周期阶段、产品质量状态、质量信息的密级等进行质量信息分类，以便于分类实施管理。

1）按质量特性区分，分为功能特性数据、可靠性数据、维修性数据、保障性数据、安全性数据、测试性数据、环境适应性数据和互用性数据等；

2）按寿命周期阶段区分，分为论证阶段数据、方案阶段数据、工程研制阶段数据、定型阶段数据、批生产阶段数据、使用阶段数据和退役阶段数据等；

3）按产品质量状态区分，分为正常质量信息和质量问题数据，质量问题数据又分为一般质量问题数据、严重质量问题数据和重大质量问题数据；

4）按质量信息的密级区分，分为绝密数据、机密数据、秘密数据、内部数据和一般数据。

二、质量信息的数据管理

（一）质量信息数据管理的内容

质量信息数据管理包括数据采集和处理、数据存储、数据传递以及数据利用等工作。数据管理是质量信息管理最基础的工作，应准确、全面反映质量信息内容，也须统一数据规范，以便互联共享。

（1）数据采集和处理

在航天产品研制过程中，各单位按规定的格式和内容要求及时、准确地采集质量信息。各研究院及所属单位根据型号工作需要制定本级的质量信息采集格式。各单位及时采集本单位重要的质量管理活动数据，并及时对本级质量信息进行整理、汇总。

（2）数据存储

各单位按照数据化的统一要求和相关标准、规范，组织建立航天产品质量信息库，进行质量信息的积累，做好数据的储存，并提供相应的数据服务。

（3）数据传递

不同类型的质量与可靠性数据内容分别实行快报、月报、季报、半年报和年报制度，并根据需求传递有关的质量信息。各研究院及所属单位根据需要在满足集团级相应要求的前提下，制定并实施适应本单位管理模式的质量信息传递制度。

（4）数据利用

各单位组织开展质量信息的分析，采取多种形式充分利用这些数据为型号研制服务。

（二）质量问题信息快速响应机制

在长期的质量信息管理实践中，航天逐步构建了贯穿航天集团公司、研究院、厂（所）三级的质量信息工作体系，创建了质量问题快速响应机制，形成了以质量问题数据快速共享为特色的精细化数据管理工作。

为实现质量问题的快速传递、归零和举一反三，航天下发了《航天产品质量与可靠性数据管理要求》《型号质量问题快速归零和举一反三工作要求》等一系列文件和标准，构建了覆盖集团公司、研究院、厂（所）三级的质量问题数据快速响应工作系统及数据共享网络平台，实现了重大质量问题在发生后 2

小时、严重质量问题在发生后 4 小时快报到集团公司及各有关单位。质量问题信息快速响应机制的建立，为开展质量问题快速归零和举一反三工作创造了条件，尤其是有利于实现发射场质量问题、型号总装期间质量问题的归零和处理，确保了在高密度发射任务的情况下飞行试验任务的顺利完成。

三、质量信息的综合利用

及时、充分、全面、有效地利用航天质量可靠性信息，不但可以保证和提高航天产品质量，有效预防和控制质量风险，而且对持续改进单位质量管理体系、开展质量决策，进而推动质量发展，意义重大。质量信息综合利用工作的有效性，是一个单位质量管理能力的体现。航天对质量信息的综合利用主要包括：故障和事故数据通报、面向产品质量分析、故障模式识别与应用、共性质量问题识别与治理等内容。

（一）故障和事故数据通报

为进一步加强质量信息的充分利用，实现内部质量信息的交流和共享，航天建立了故障预警制度，通过发布质量信息通报、编制故障案例集和故障警示录，做好故障预警工作。

航天实行故障和事故数据通报制度，主要对以下性质的问题发布故障和事故数据通报：

1）批次性质量问题，包括型号按批次性失效处理的电子元器件、原材料质量问题；

2）具有教育意义和警示作用的责任质量事故和重复性质量问题；

3）需要其他单位或型号尽快了解以便开展举一反三活动的共性质量问题。

通过发布“故障和事故数据通报”，对航天型号产品在研制、生产、试验过程中发生的典型故障和事故、批次性质量问题以及航天用电子元器件失效分析数据和破坏性物理分析数据进行通报，在型号研制单位和有关单位开展举一反三工作。

（二）面向产品质量分析

航天在面向型号进行故障分析的基础上，又推行面向产品质量分析工作，使质量分析信息在促进航天产品质量和单位质量管理体系的持续改进方面作用更加凸显，使质量信息管理工作内容更加丰富，对确保产品质量并不断提高产品成熟度成效更加显著。面向产品航天质量分析是指，发生质量问题后或对一定时期内某类产品发生的质量问题进行统计后，通过对产品及其结构、使用和技术条件、产品研制过程等进行系统的研究，以确定问题原因、识别薄弱环节、明确措施的过程。

面向产品质量分析工作的目的是挖掘质量问题背后的深层次原因，总结提炼出针对本单位产品和质量管理体系运行中存在的共性问题和薄弱环节，并提出改进措施，以提高产品成熟度和推进质量管理体系的持续改进。

面向产品质量分析的工作程序一般分为 3 个层次、12 个基本步骤，如图 5 - 2所示。

（三）故障模式识别与应用

为规范航天产品质量信息的应用，各有关单位建立基于质量问题数据的航天产品故障模式识别与应用的工作机制。

航天产品的故障模式是指系统（型号）、分系统、单机产品、部组件、基础产品等各级产品故障的表现形式。相应地，航天产品故障模式分为系统（型号）故障模式、分系统故障模式、单机产品故障模式、部组件故障模式、基础产品故障模式等。

各级质量主管部门通过质量信息统计与分析，不断剖析各种产品的故障表现形式，总结归纳出航天产品新的故障模式，并结合故障模式库、故障树分析等工作，组织设计师系统分析产品故障的主要原因、常见的故障模式及纠正措施，提炼技术（工作）准则和禁忌，持续积累故障模式相关知识，并将产品故障模式分析作为各级面向产品质量分析会的一部分。

（四）共性质量问题识别与治理

治理共性质量问题，历年来是航天质量信息分析工作的重要内容，也是航天质量管理的重点。

共性质量问题是指在一定范围内、一段时期内出现的多个具有某些共性因素的系列质量问题，具有关联度大、影响范围广、影响程度深等特点。

（1）共性质量问题的分类

按照共性质量问题中共性因素类别，可将其分为共因质量问题和共模质量问题。共因质量问题是指具有相同或类似原因（技术、管理）的共性质量问

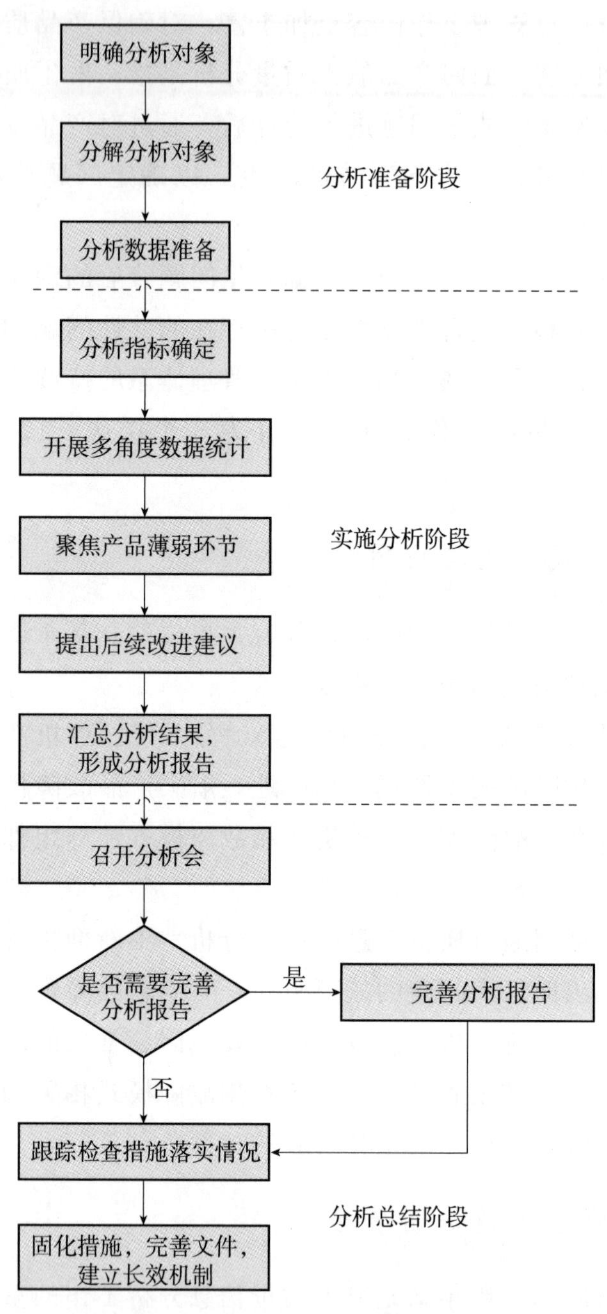

图 5-2　面向产品质量分析的工作程序

题；共模质量问题是指具有相同或类似表现形式的共性质量问题。

按照共性质量问题产生的原因，可将其分为技术类共性质量问题、管理类共性质量问题和混合类共性质量问题。

按照共性质量问题治理工作主抓单位级别，可将其分为集团级共性质量问题、院级共性质量问题和厂（所）级共性质量问题。

按照共性质量问题影响程度，可将其分为轻微共性质量问题、一般共性质量问题和重大共性质量问题。

（2）共性质量问题的表现形式

同类产品的共性质量问题：同类产品在一段时期内多次出现的质量问题，但造成质量问题的原因可能是分散的，如一段时间以来频繁出现的通用基础产品共性质量问题，就是由技术、管理、人员、体系等多方面的原因造成的。

同类单位的共性质量问题：同类单位（同一个单位）一段时期内多次出现的质量问题，可能涉及不同的产品，由不同的原因造成。这类共性质量问题大多是由于管理因素造成的，可能涉及该单位的质量管理体系、人员培训、资源保障等多方面的问题，如一段时间内暴露的外协、外购产品质量问题频发，就是由于在合格供应商选择、要求传递、下厂监制和入厂验收等多方面的原因造成的。

同类原因的共性质量问题：一段时期内由某类原因引起的多个质量问题，造成这类问题的原因是明确的，技术类如空间单粒子翻转问题，管理类如人为原因造成的系列低层次质量问题等，如虚焊、漏焊问题，接插件接插错误，器件装反等问题。

同一阶段的共性质量问题：一段时期内产品设计、工艺设计、生产过程、试验以及交付验收等某个实现环节多次出现的类似的质量问题，如地面试验中的设计方案问题、产品的检测检验方法问题等，这类问题集中爆发于产品实现过程中的某个阶段，可能涉及技术、管理、标准、规范等多个方面的原因。

普遍存在的共性质量问题：一段时期内各单位、各型号普遍存在的质量问题，这类问题可能是由于相关标准、规范或制度不完善而引发的系列共性问题，也可能是涉及人员质量意识的、普遍存在的问题，如一直以来各单位、各型号普遍存在的误操作的问题频发，既有技术要求不完善、操作性不强的技术方面的因素，也有违章操作、质量意识不强等管理方面的原因。

（3）共性质量问题识别与治理工作的流程

共性质量问题的识别和治理工作可分为四个过程：一是识别过程，即通过多种渠道识别并确定各级、各单位存在的共性质量问题，做好策划工作；二是分析和治理过程，即针对需要解决的共性质量问题，根据其影响范围、影响程度从集团、研究院、厂（所）三个层面分别采取针对性的解决措施，实施改进，确保问题得到彻底解决；三是监督检查过程，即对重点问题、重点单位，要组织相关单位人员进行跟踪检查，确保共性质量问题的治理工作取得实效；四是措施闭环过程，即将治理过程中卓有成效的做法和工作通过完善技术和管理文件建章立制，防范类似问题的重复发生，持续提高质量管理水平。

第五节　航天工艺能力

航天工艺是航天产品从原理变成实物、技术成果转化为生产力的桥梁，是我国航天先进制造技术的一部分。航天工艺能力是航天制造技术的重要基础工作，也是衡量国家高科技生产力的重要标志。从我国首个空间实验室（天宫一号目标飞行器）研制过程中，可以看到航天工艺能力在产品质量、生产效率方面的不断提升。天宫一号目标飞行器不同于以往的载人飞船，其结构复杂、尺寸大、在轨时间长，因此对舱体结构精度和密封性要求更高。天宫一号首次采用了整体壁板结构，如何保证整体壁板的加工、成形和焊接精度，进而保证舱体结构精度及各设备安装接口的位置精度，是中国航天工艺需要解决的关键技术问题。壁板零件外形尺寸大，厚度尺寸精度要求极高，在产品质量方面，工艺技术人员设计了柔性装夹工装，替代多点固定装夹方式，使零件加工过程整体均匀受力，有效保证了加工精度；在生产效率方面，工艺技术人员采取了振动时效技术，替代热处理工艺方法，此技术占用场地较小，设备可以自动完成操作，节省了人力，去除应力时间也由原来的 1 天缩短至 2 小时，有效提高了加工速度和效率。为了解决舱体结构焊接缺陷多、合格率低、变形大等问题，工艺技术人员通过工艺攻关和大型柔性自动焊接工装再设计，实现了变极性等离子弧自动焊接技术（VPPA）在中国航天的首次工程化应用，焊缝一次合格率近 100%，大大提高了载人密封舱体的焊接水平。目前，上述技术已经广泛应用于后续多个型号任务中。

一、概述

回顾历史，中国航天工艺是随着航天工业的进程而逐渐发展起来的。1956 年，党中央和国务院决定创建国防部第五研究院，从全国各地抽调一批骨干力量。航天事业创建初期，老一代航天科技工作者，主要利用可取得的技术资料进行弹道导弹的仿制，迅速解决我国导弹武器的有无问题。同时，克服种种困难，抓生产和工艺工作，解决了大型机床、精密机床和焊接设备能力不足的问题，培养了一大批掌握特种工艺的技术工人，为建立一个专业基础配套的航天制造工程体系奠定了基础。

20 世纪 60 年代，中国航天从仿制推进至自行研制，薄弱的研究设计工作成为主要矛盾。通过采取设计、工艺和操作的三结合模式，突破了一系列研制生产的工艺技术难关，确保研制任务的顺利完成。

20 世纪 80 年代，中国航天从计划经济逐步向社会主义市场经济过渡，此时航天工艺落后于研究设计的矛盾逐步凸显，使得部分航天产品质量问题不断出现，生产周期和研制进度难以满足要求。

20 世纪 90 年代，中国航天工业总公司做出了“振兴航天工艺”的决定，在五年内实现了攻克一批工艺关键技术、突破一批新工艺技术预研、改造一批新技术生产线、建设一个高水平工艺研究体系、造就一批高水平工艺技术人员的“五个一”工程，使得航天工艺管理和技术水平有了一定提高。

进入 21 世纪，为满足国家战略需要和航天日益增多的任务需求，中国航天设立了企业信息化、工艺现代化、工人高技能化的目标，制定了振兴航天制造业发展纲要，进一步加强企业信息化建设，加大工艺研究力度，加强工艺队伍和工艺支撑机构建设。通过对现有资源和结构进行整合重组、再造业务流程、优化制造模式、发展数字化制造、推进工艺规范化工作等一系列措施，使得航天工艺进入了一个新的发展阶段。

二、工艺技术

工艺技术是将产品设计图样和技术要求物化为实际产品的一门工程技术，是制造技术的核心，是科学技术生产力的重要组成部分。随着世界高新技术的发展，国家与国家之间、企业与企业之间展开全方位和各层次竞争的态势日趋激烈，工艺和制造技术越来越显示出其在提高国家综合实力与企业竞争能力方面的支柱作用。美国等西方大国把先进制造技术放在十分重要的位置，大力发展军工制造业，保持了世界领先的工艺技术水平，确立了其在军工技术和军事装备方面的明显优势。同时，这些国家将工艺技术作为核心机密严格管理，特别是对一些关键、前沿的工艺技术和工艺诀窍，更是严密封锁，限制输出。

经过长期不懈的努力，中国航天已经形成了门类比较齐全、产品特色突出、技术水平先进的关键工艺技术体系，覆盖了从传统工艺到以信息化为标志的现代制造工艺的各个方面。航天工艺既具有一般机电制造工艺的共性，又有反映航天产品特色的系统性和先进性，在数十年的实践中，形成了多样性、创新性、高可靠性等特征。

1）多样性。从各类星、船、弹、箭结构到各种类型发动机、各类精密仪器和有效载荷等的高技术特点，以及结构、材料和生产性质的复杂性，决定了航天工艺的多样性，涉及机械、电子、冶金、化工、纺织等有关工艺技术，门类众多。

2）创新性。航天产品处于极端的使用环境中，太空的宇宙环境、再入的极高温、高压，使得其生产的工艺技术要求往往具有极端性：高指标、特殊结构、小裕度。航天产品需要进行工艺攻关，不断探索新的工艺方法、路线和规范。

3）高可靠性。航天产品要求“一次成功，万无一失”，除产品设计外，对制造工艺也提出了高可靠的要求。在长期的生产实践中，航天工艺已经形成了“预防为主，全过程控制”等一系列的管理原则和经验，从技术和管理两方面实施控制。

航天关键工艺技术是指火箭与导弹、空间飞行器、航天发动机和精确控制设备等产品实现过程使用的高可靠、低成本、短周期研制生产的核心工艺技术。为满足产品在进入/返回空间特殊环境或极端环境时“万无一失”的要求，航天关键工艺必须具有保证产品结构轻质化、打击精确化和防热、防辐射、防空间侵蚀及透波、隐身等功能的实现能力，呈现以下主要特点：

1）加工精密化。加工精度从微米至纳米/亚纳米量级的精密、超精密加工，准确协调的总体装配及测试技术，精确控制物理量（热、力、磁、电、光）的精密装配及测试，微系统器件精密制造。

2）结构轻质化。结构采用轻质化设计和制造，如硬壳/半硬壳、网格结构、焊接/胶接结构，尤其是大量采用复合材料，以实现结构的轻量化。

3）功能复合化。防空间辐射、侵蚀或抗激光攻击于一体的复合涂层技术，轻质、高强及防热、透波、隐身等特殊功能的复合结构制造。

航天关键工艺技术体系如图 5－3 所示。

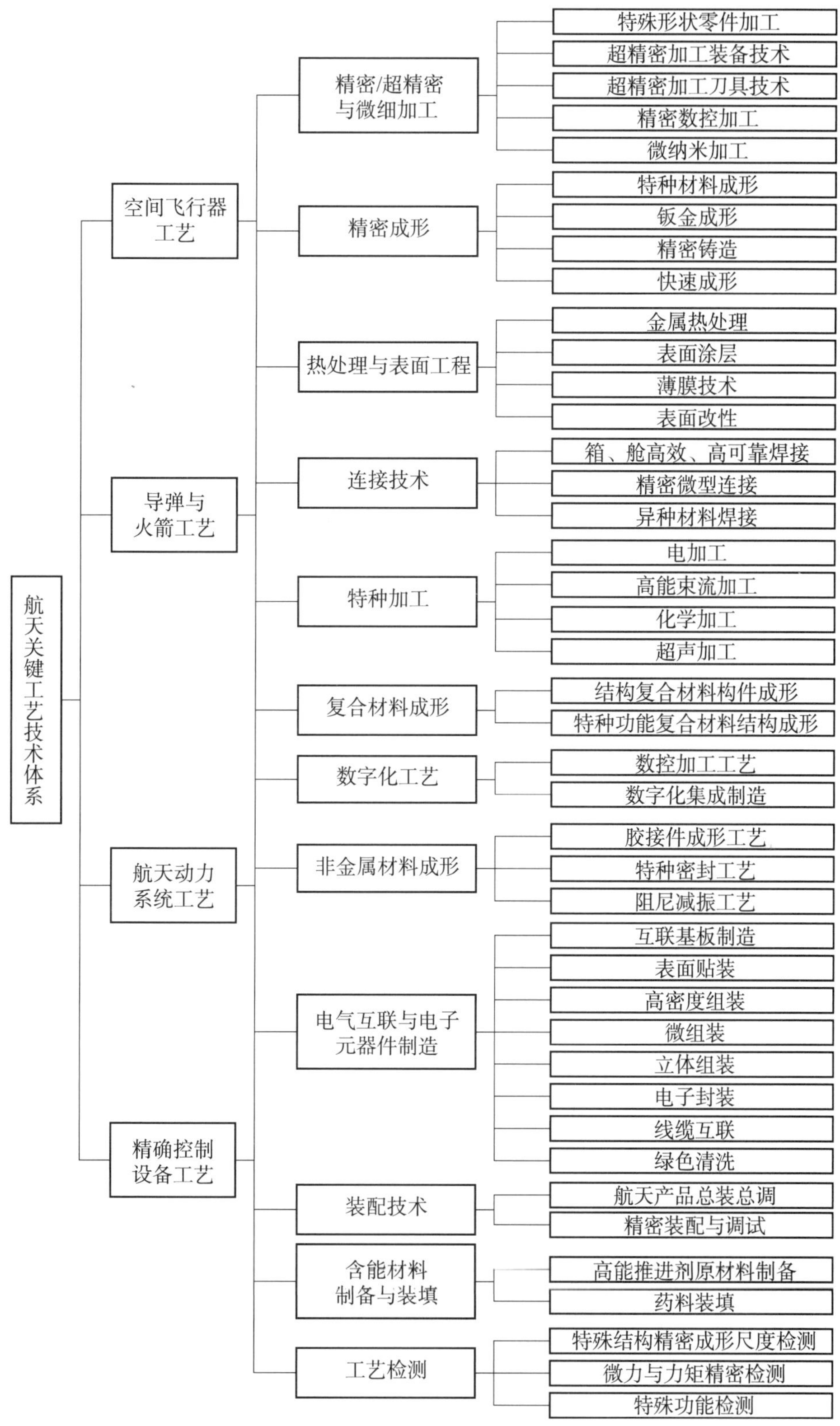

图 5-3　航天关键工艺技术体系

三、工艺创新

中国航天的工艺创新，一般包括工艺预先研究、工艺技术攻关、基础工艺技术研究，以及渗透于技术改造、技术革新和合理化建议中与工艺有关的试验研究。

纵观中国航天的发展史，可以看到任何一个新型号的问世，都是以制造技术的新发展或新突破为前提的，都包含着大量的技术创新成果，其中也包括工艺技术创新成果。由于航天高技术、高可靠的特点，中国航天企业对技术创新工作一直高度重视。进入新世纪，尤其是跨入新时代，常态化高强密度发射和繁重的研制生产任务对航天工艺创新提出了新的更高的要求，为满足科研生产转型升级的迫切需要，工艺创新的重要性更加凸显。总结中国航天 60 多年工艺创新工作，具有以下主要特点：

1）任务牵引型。根据型号任务要求以及用户需求，中国航天的工艺创新致力于推动中国航天制造能力的提升。坚持“需求牵引与技术推动”相结合的原则，根据形势、任务的变化和科学技术的发展，科学统筹整体与局部、需求与可能、当前与长远等关系，在战略上引导，在方向上明确，在计划上落实，确保工艺创新工作总体目标的实现。

2）自主创新型。工艺技术是一个国家的核心竞争力，尤其是航天工业使用的核心、关键、前沿的工艺技术和工艺诀窍，西方国家更是严密封锁，限制输出。中国航天只能依靠自己的力量，从源头上推动基础创新，大力推进关键技术和核心技术的创新研究，并及时开展演示验证进行应用创新，逐步实现从跟踪研究向自主创新的转变。

3）产学研用型。从技术创新的角度来看，相当长的时间内，技术创新一直在企业内部进行，主要源于技术工人生产经验积累、技术改进，而与科学知识的新发现关系不大。然而，近现代的产业革命实践表明，技术革新越来越多地依赖于科学进步。因此，产业技术创新与知识创新的交汇就成为必然。中国航天兼顾知识创新与技术创新，以技术最终使用者的权益和需求为出发点，构建联结高等学校、科研单位、其他创新机构、企业和用户的“产学研用”的合作网络，确保工艺创新成果的有效转化。

（一）工艺预先研究

工艺预先研究是为研制新型产品而先期进行的科学研究和技术开发活动。其基本任务是为研制新型产品或改进现有产品性能提供实用的技术成果和技术支撑，为缩短研制周期、降低科研风险服务。换一个角度来看，工艺预先研究是航天型号转入工程研制的基础保障条件，对促进航天工艺技术进步有着特殊重要的意义。

工艺预先研究的目标从原来单一的满足型号要求，到现在既要满足当前型号要求，也要兼顾未来型号需求，既要满足企业发展要求，也要适应市场经济需求。因此，在研究项目的选择上秉承以下原则：

1）先进性和实用性相结合。企业开展工艺技术预先研究是为了承担新型号进行的技术储备。因此，研究项目选择既要具有科学技术上的先进性，又要围绕企业工艺技术发展规划，结合企业的具体情况，具有良好的实用性。

2）当前需要和长远发展相结合。研究项目既要考虑当前型号研制需要，还要围绕企业核心竞争力和后续长远发展的需要。切忌把工艺技术搞得大而全，缺少核心技术。

3）经济效益和社会效益相结合。掌握国家的产业政策和技术政策，尤其关注绿色制造，保护环境，防止污染。

（二）工艺技术攻关

工艺技术攻关是针对型号研制生产过程中的技术瓶颈、重大关键产品制造工艺的薄弱环节、长期存在且多发的工艺技术质量问题，采取一定的组织和技术手段，通过一定程序的试验研究，形成可保证产品设计技术要求的新的工艺技术和规范的活动，对保证产品质量和加快研制进度具有重要作用。

工艺技术攻关按产品研制阶段进行。在产品模样、初样阶段，着重解决产品研制中技术难度大、质量难以保证、影响产品进度的制造技术问题；在产品正样（试样）阶段，则要着重解决稳定工艺、提高产品质量以及为工艺定型和批生产奠定基础的工艺技术问题。工艺技术攻关的进度应保证其成果能够应用于相应阶段的生产中，并形成相关的工艺装备和文件，纳入正式工艺规范使用。

工艺技术攻关的范围主要包括：

1）影响型号产品研制生产质量、可靠性、制造成本及使用寿命的重大工艺问题；

2）导致产品合格率低、质量一致性差、生产周期和成本不适应型号需求的工艺瓶颈问题；

3）跨单位或跨型号发生的常见多发工艺问题；

4）长期影响工艺可靠性的一些基础性、共性工艺问题；

5）具有普遍意义的工艺软课题。

工艺技术攻关优先选择以下项目：

1）型号研制生产过程中技术难度大、系统性强、缺乏专项支持的重大工艺研究项目；

2）涉及单位或型号较多的加工、装配、测试等关键工艺研究项目；

3）研究内容和技术途径明确，有较好的可行性和一定的技术储备，可在1～2年内取得成效的项目；

4）预期成果显著，可实现重大工艺突破和核心技术能力提升的项目；

5）符合中国航天工艺发展规划、符合核心技术研究发展方向的项目。

四、工艺管理

工艺管理就是科学地计划、组织和控制各项工艺的工作。从制造技术的维度解读，工艺管理涉及将原材料、半成品转变为成品的全过程，对制造技术工作所实施的科学的、系统的管理；从人员和组织的维度解读，工艺管理解决和处理制造过程中人与人之间的生产关系方面的社会科学的问题。随着工艺技术和社会生产力的发展，工艺管理的概念已由传统的生产工艺管理为主，扩大和延伸到产品全寿命周期的系统工程管理，通过应用现代管理科学和信息化技术，实现与计算机辅助设计（CAD）、计算机辅助制造（CAM）、企业资源计划（ERP）、制造执行系统（MES）等系统集成，为先进制造提供核心基础支撑。

中国航天的工艺管理工作贯穿于预先研究和型号研制的方案、工程研制、定型及批生产各阶段，与制造企业的计划、质量、物资、人力资源、信息化等管理密切关联，是涉及面广、系统性强、综合性高的技术管理工作。具有以下主要特点：

1）全面性。面向产品全寿命周期的工艺管理，覆盖预研、方案设计、详细设计、制造、使用、维修、报废等各个环节。

2）创新性。通过对关键技术及共性基础知识的预先研究，为产品的进一步研制及专业技术发展提供技术储备。

3）集成性。通过与CAD、CAM、ERP、MES等系统集成，使工艺管理与企业计划、质量、物资等管理有机结合，并应用并行工程、工业工程、六西格玛管理、质量管理体系认证、星级现场建设等方法，提升企业竞争力。

（一）工艺管理的基本任务

工艺管理工作可归纳为四个方面：

一是保证工艺管理要求的正确输入，使各项要求能够指导工艺研究、攻关、试验和型号工艺等科研活动有序进行，工艺技术水平不断提高，达到产品研制生产过程中工艺的快速反应、工艺稳定、降低成本和提高质量的目的；

二是保证工艺工作总体策划的科学性、正确性、有效性和操作性，使工艺专业发展得到推动，工艺技术、工艺装备和工艺队伍各项工作协调、同步和可持续发展，使企业发展的目标得以实现；

三是贯彻上级有关规章制度和管理法规，保证工艺体系有效运行，工艺管理机构和工艺师系统健全；

四是保证工艺队伍的数量、质量和专业结构适应研制生产任务要求，生产工艺布局合理，工艺流程高效，管理机制协调有效。

（二）工艺管理的分类及内容

工艺管理的内容分为如下五大类：第一类是工艺研究管理，第二类是型号工艺管理，第三类是综合工艺管理，第四类是工艺集成管理，第五类是工艺知识管理。

1）工艺研究管理主要是针对预研和型号研制需求超前开展的工艺工作。主要包括工艺预先研究、基础性工艺研究、型号研制生产的关键工艺攻关、共性问题治理等方面。

2）型号工艺管理贯穿于型号研制、生产各阶段的全过程，是保证型号产品优质、高效、快速、低成本研制生产的生命线。主要包括设计工艺性审查和会签、编制工艺方案/路线/规程等工艺文件、协调解决生产现场工艺问题、工艺总结与改进等工作。

3）综合工艺管理是保证工艺管理、工艺技术、工艺装备、工艺队伍同步协调发展的工艺工作。主要包括工艺发展规划、工艺组织模式、工艺体系、工艺布局、工艺改造、工艺交流等工作。

4）工艺集成管理是从系统观念出发，对工艺管理与企业计划、质量、物资、设备、财务、人力等其他管理工作的并行化、集成化、数字化工作。主要包括工艺数据、工艺成本、工艺信息化等工作。

5）工艺知识管理是对工艺知识、工艺知识创造过程和工艺知识的应用进行规划和管理的工作。主要包括工艺情报、工艺标准、工艺数据库等工作。

第六节　航天软件工程化

随着型号产品数字化和智能化程度的不断提高，软件在型号产品中的应用越来越广泛，其质量与可靠性对整个型号任务的影响也越来越大。落实航天零缺陷系统工程管理要求，实施软件工程化，对提升航天型号软件的开发效率、确保软件的质量、指导型号软件研制队伍做好软件全生命周期工作具有重要意义。

一、航天软件的特点

航天产品是高精确度的大型复杂产品，而软件产品正是实现航天产品高精度的重要手段之一，对航天任务的成败具有重大影响。航天型号软件因其所在系统的特殊性，其特点表现在以下几个方面：

1）可靠性、安全性是航天软件的生命线。航天软件如发生故障，有可能导致任务失败，还可能会发生人员伤亡、设备损坏和环境破坏等事故。

2）规模大、功能复杂是航天软件产品的重要特征。目前，航天型号产品不断向智能化、集成化、信息化发展，信息技术在航天产品研制的各个环节都得到了广泛应用，这使得航天产品与航天软件之间形成了不可分割的依存关系，航天软件的功能复杂、实现多样、规模大的特点日益突出。

3）软件正确运行、实现既定功能是确保型号产品质量、完成航天任务的关键。航天型号大部分属于强实时系统，具有严格的实现要求，软件须在特定的工作时间内完成相应的处理程序，系统处理结果要求时间、时序正确可靠。

4）航天软件硬件安置场地多样，运行环境复杂。高温、潮湿、振动、高压等环境条件，来自外部的电磁辐射、离子干扰以及一切可能出现的未知异常，都对航天软件提出了严峻考验。为此，航天软件要具备极强的故障定位与恢复、异常识别、诊断与处理等能力。

5）航天软件的专业性和专用特点。我国航天软件是伴随着航天产品自主研发过程产生的，是为解决航天产品研制过程中某些专业技术领域问题、执行某些特殊任务而专门设计的，主要功能和用途都有十分明显的专业性，在应用上也相对呈现专用特点。

二、软件工程化管理概况

从二十世纪五六十年代开始，航天软件立足型号要求，不断创新体制机制，实现了长足的进步与发展。与此同时，软件研制也在实践中求创新，创新中谋发展，发展中提质量，形成了技术标准化、过程透明化、实施规范化的软件研制模式，软件研制能力不断提高，逐步得到各方认可。

总结航天软件质量保证的发展历程，大致可以分为三个阶段：设计保证、过程保证、体系保证。

（一）设计保证

20 世纪 80 年代中期，航天软件正式纳入我国型号产品研制体系。但是在航天软件应用初期，受认识水平的局限，软件被视为硬件的附属品，开发软件的目的仅仅是实现硬件的特定功能。对于当时的研制状况，火箭控制系统有关专家概括为："各软件开发单位缺乏相应的软件开发管理机制，组织上没有相应的机构或岗位；或者有相应岗位，但人员缺乏软件工程知识，管理上缺少相应的办法和规章；不少型号管理人员仍然把软件看成硬件的附属物。"当时部分软件开发、管理、应用等方面存在六个方面的问题：一是软件工程规范贯彻差；二是软件业务联系靠口头的"君子协定"；三是软件更改没有严格的控制与管理；四是软件开发者"自编、自导、自演"；五是缺乏严格的检验，测试与调试不分；六是对"维护"缺乏认识。这种状态一直持续到 20 世纪 90 年代初，即载人航天工程（921 工程）立项之前。因此，当时航天型号软件的质量保证主要依靠设计保证。

（二）过程保证

人们认识到，像载人航天这样复杂的大工程所需软件，必须通过软件工程化的方法进行开发，实施软件工程化。在 921 工程立项之初，航天专家就软件工程化向党和国家有关领导人进行了专题汇报，提出了软件工程化的具体纲要框架。专家们结合当时国内外软件研制情况分析，建议用 2～3 年的时间，尽快在 921 工程中建立软件工程化管理的规范，并在型号研制过程中强制实施，强调“只有用‘软件工程’方法进行开发才可能成功”的论断。自此，拉开了 921 工程乃至整个航天软件工程化的序幕。

在国家装备管理部门的统一领导下，围绕航天软件管理开展了一系列的探索和实践。1997 年，《921（航天）工程软件研制管理办法》和《921 工程软件工程化技术文件》（简称《白皮书》）等管理与技术规范正式发布，航天软件作为独立产品列入型号技术配套表。

《白皮书》的发布和实施，促进了软件工程化的进程，型号软件研制过程逐步规范，基于瀑布模型的工程过程基本建立，同时将软件测试纳入流程，带动了软件评测体系的建立和软件测试工作深入开展；明确了软件作为产品纳入计划、技术和质量的管理渠道。为了进一步加强软件工程化的实施，航天提出以评促建，设立了一个软件评测中心，两个软件评测站，成立了专业测试机构，对型号关键软件实施第三方独立评测。

（三）体系保证

为了提高装备软件的质量，提高装备软件承制单位的软件管控和开发能力，2005 年 9 月，《军用软件质量管理规定》颁布实施，明确规定“按照国家军用标准和有关规定对软件研制单位进行软件能力评价，并以合格名录形式予以发布。未达到规定的软件研制能力要求的单位，不能承担软件研制任务”。

在这一时期，航天软件工程化工作经过试点、推广到全面实施，已深入人心。但是从实施情况和型号研制过程来看，软件的质量问题还是时有发生，软件研制进度不易保证，特别是多任务并举的情况下，竖井式的管理和单配置项为主的研制模式不再适应新形势和新任务的需求。为此，航天系统引入软件过程改进思想，所属软件研制单位率先基于 GJB 5000《军用软件能力成熟度模型》建立并实施了软件过程改进体系，通过体系保证提升组织软件研制管理的成熟度水平。2005 年，中国运载火箭技术研究院第十二研究所作为首批试点单位通过了 GJB 5000《军用软件能力成熟度模型》二级软件研制能力评价，成为军工集团内首批通过评价的四个单位之一，为航天软件管理能力进一步提升做出了良好示范。

在此之后，航天所有软件研制单位又先后开展了基于 GJB 5000A 的软件过程改进工作，建立并健全了软件过程改进体系。中国运载火箭技术研究院第十二研究所、中国空间技术研究院第五〇二研究所率先在全国范围内通过 GJB 5000A 四级预评价。同时，航天建立了“1＋N”标准体系，健全了三级软件评测体系，评测中心、站、点支撑型号重要 A、B 级软件的第三方独立测试及产品保证等工作。

三、软件工程化管理实践

目前，航天软件质量管理进入了精细化管理时代。在航天软件研制实践中，一方面，遵循 GJB 5000A 体系要求，另一方面，积极探索 GJB 9000 质量管理体系在软件研制中的具体实施方法，形成了两种体系紧密融合的软件质量管理体系。如图 5－4 所示，航天围绕软件产品实现全过程，以“工程化研制”为主线，分别从组织、项目、过程等方面开展相应的管理活动，组织

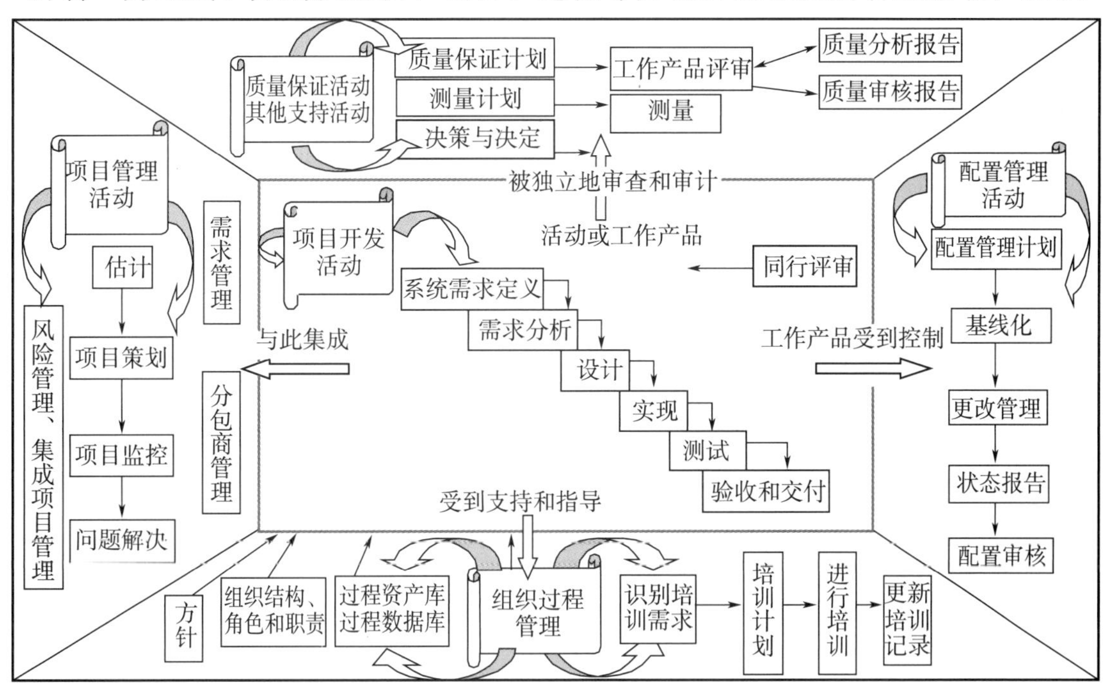

图 5－4　软件研制流程及过程管理

层面通过“组织过程管理”对软件产品的开发实施支持与指导，通过“项目管理活动”对软件项目实施策划与监控，通过“质量保证活动”对过程实施保证，所有过程的输出通过“配置管理活动”实施技术状态管控，从而使软件开发真正实现工作有计划、过程有监督、状态有控制、流程有规范、过程有裁剪。

（一）工作有计划

通过软件项目策划，明确软件开发工作计划。项目策划即围绕项目目标，在各级约束条件下，对各项资源进行策划，以提高项目目标值实现的可能性。在软件研制之初，项目组根据不同项目的特点，结合系统给出的交付进度、质量、技术等约束条件，对项目的规模、工作量、成本、资源、进度、风险等进行估计，制定项目开发计划，并按照计划开展过程的监视与测量，以优化资源配置、控制研制风险并保证项目目标的实现。图 5－5 是软件项目策划的流程图。

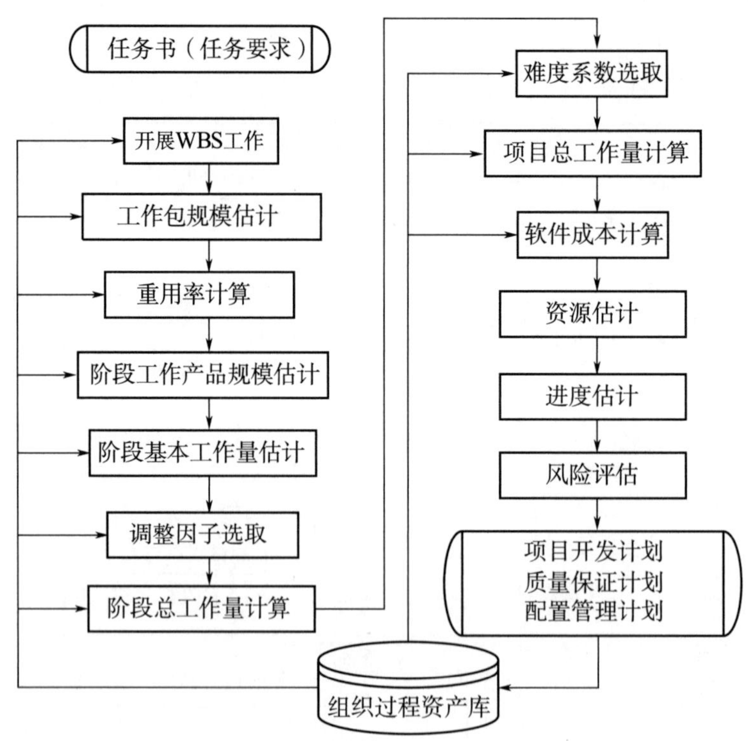

图 5－5　软件项目策划的流程图

（二）过程有监督

软件项目的研制是否能够按照计划要求保质保量地完成各项任务，这直接关系到整个型号研制任务的顺利开展，影响客户对我们研制能力的评价。为了确保能够按计划实施，应对软件项目实施监督与控制，通过实时收集研制过程的测量数据，定期跟踪项目进展情况，当项目进展与计划存在偏差时，管理层能够及时采取有效措施，使项目研制有效推进，最大限度地保证计划进度。

图 5 - 6 描述的是软件项目监督与控制的过程。首先软件项目负责人将经各方认可的项目开发计划分解给各项目组成员，各项目组成员根据计划开展工

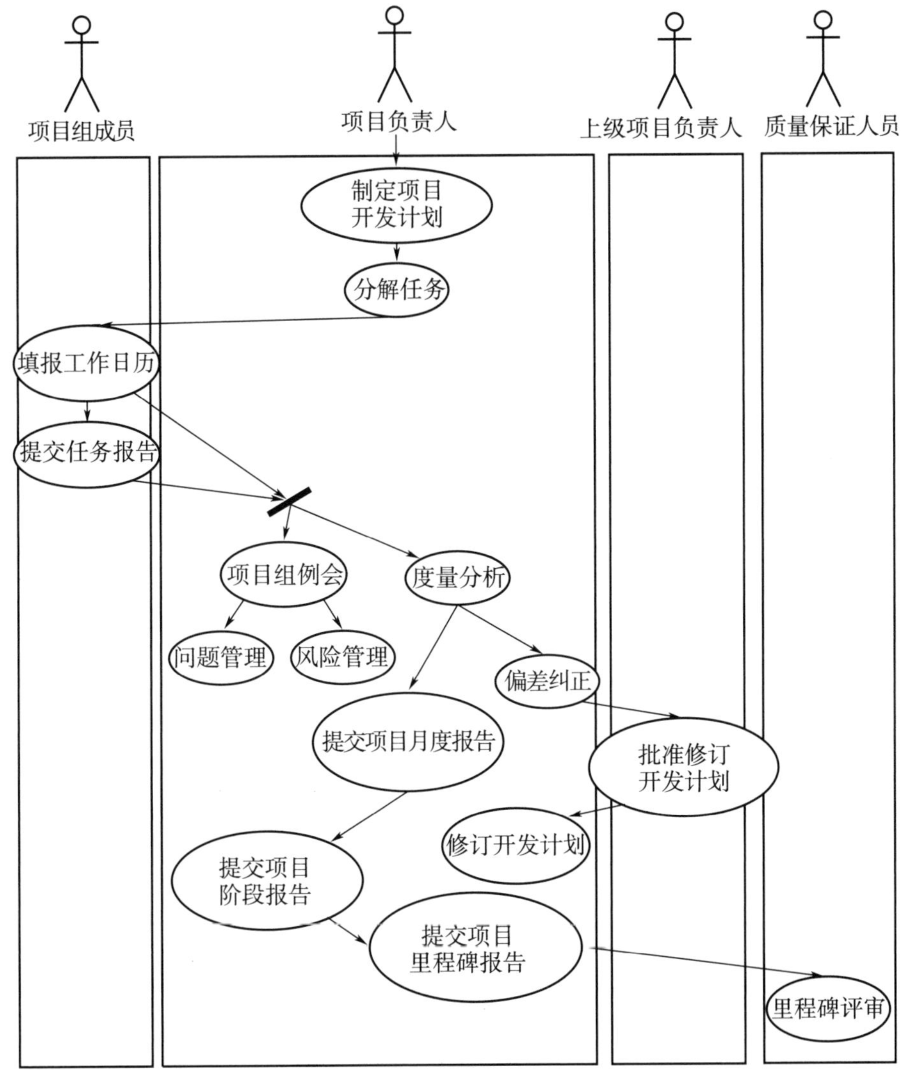

图 5 - 6　软件项目监督与控制活动流程图

作。同时，每天填写当日工作完成情况，每周上报一次本周任务完成情况，软件项目负责人每双周需要召集项目成员、质量保证和配置管理等相关人员召开项目例会，全面了解各个软件项目的进展、出现的质量问题、需要的资源保障、完成任务存在的风险等，确保计划按期执行，当计划出现较大偏差时，需立即分析原因、提出解决办法，并尽力在下双周将计划的偏差减少；同时，项目组每月需要对软件项目进度、工作量、成本、质量问题等测量数据进行统计分析，形成度量分析报告，及时发现项目运行的一些趋势并采取处理措施；根据度量分析的情况，项目负责人需形成本月项目运行的月度分析报告，当计划出现较大偏差，超出项目内部可控制的范围时，需报上级领导，确定后续应采取的措施，并修订项目开发计划。同时，项目在分阶段结束和里程碑结束时，也需要对本阶段项目进展情况进行跟踪、分析。

软件项目的过程监督与控制也就是按照上述日志、周报、双周例会、月度分析、阶段和里程碑控制等分层次控制的方式，将软件研制的进展透明、可视化，让各层管理者均能及时了解项目情况，并对项目出现的偏差进行及时调整，确保软件项目的研制按计划执行。

（三）状态有控制

航天工程是多个系统协同工作的工程，任何一个环节的失效都可能导致不可估量的损失。如何能够有效地控制各个分系统的技术状态，使各个分系统协同工作，是系统工程中一直面临的一个难题。软件配置管理作为对软件技术状态进行控制的方法，在多年的发展中不但形成了完善的管理标准，而且还建立了相应的配置管理系统，如构建三库管理模式、实施变更控制等措施有效地控制了软件的技术状态变化，为提供高质量的软件产品奠定了基础。

（1）构建三库管理模式

三库的配置管理模式主要体现了对软件产品由弱到强的分层级管理的理念。在软件研制的初期，由于技术状态的不确定性，软件的变更比较频繁，此时的管理应该在开发库中，一般由主任设计师或技术负责人进行技术状态的控制；而当软件状态一旦稳定（如可以提供综合试验或第三方测评），此时应该对软件产品进行相对严格的受控库管理（如由专门的人员管理，发生变更后由相应级别的人员审批等）；当软件产品经过了各种测试和验证，达到交付的条件后，应该进入产品库管理。图 5 - 7 是三库结构示意图，通常不同库在管理权限、控制要求上有所区别。

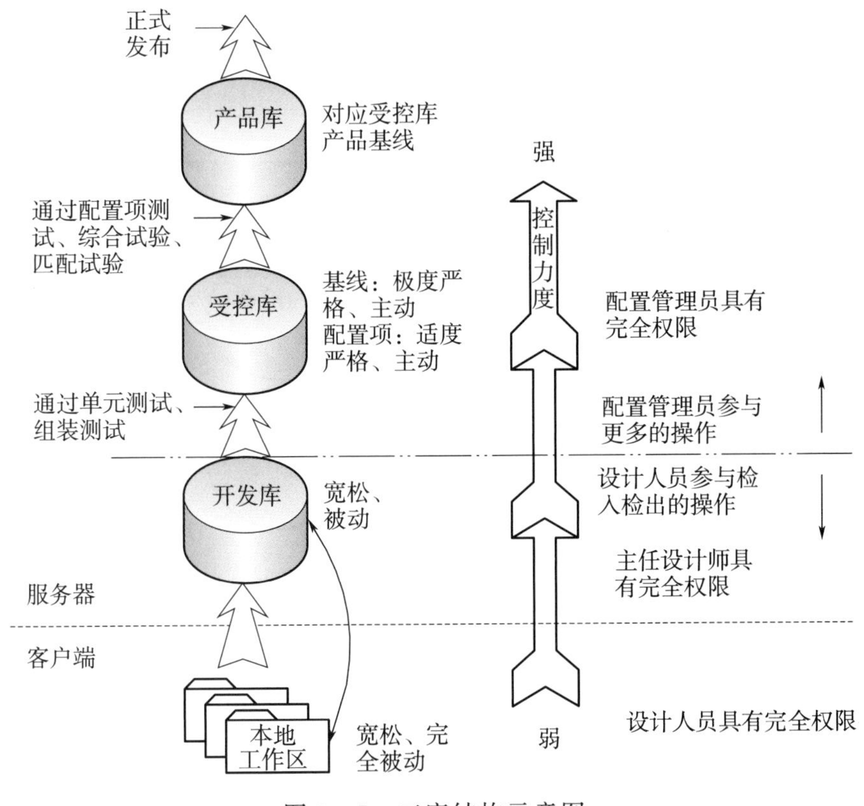

图 5－7　三库结构示意图

（2）实施变更控制

通过对软件的变更实施严格控制和审计，有关人员能够及时发现技术状态变更过程中容易引发的错误，从而杜绝因技术状态控制不到位引起的低层次质量问题。图 5－8 是软件变更控制过程示意图，通常在软件变更时，需提出变更申请，对变更的必要性、变更的影响域进行分析，待变更申请获相关方确认后，方可实施变更，变更后应对变更进行验证。

（四）流程有规范

由于型号软件在完成型号任务中的重要性以及型号软件功能的复杂性，与型号的其他部件相比，型号软件的研制更加系统化、工程化，在实际型号软件研制过程中必须严格遵循系统的研制流程，型号软件系统的研制流程如图 5－9 所示。

型号软件系统的研制流程包括型号软件系统分析与设计（M_1）、软件配置项研制（M_2）、系统测试（M_3）、运行维护（M_4）等 4 个过程以及软件系统设

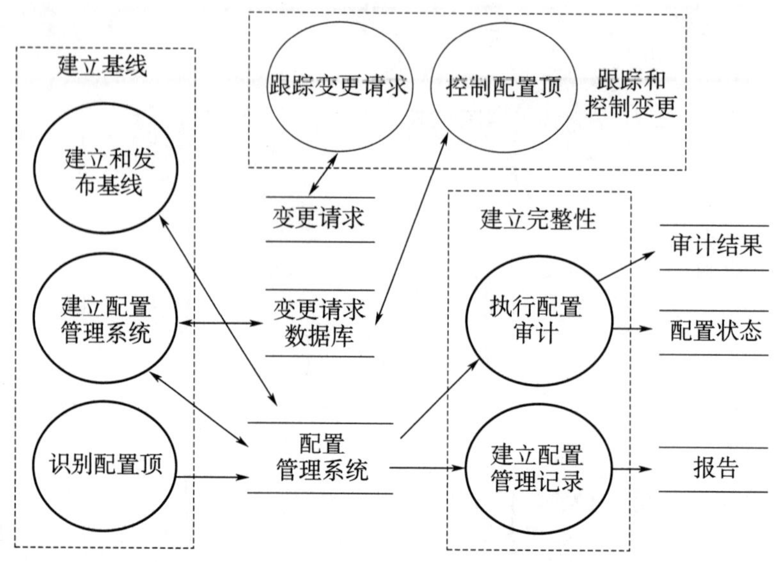

图 5－8　软件变更控制过程示意图

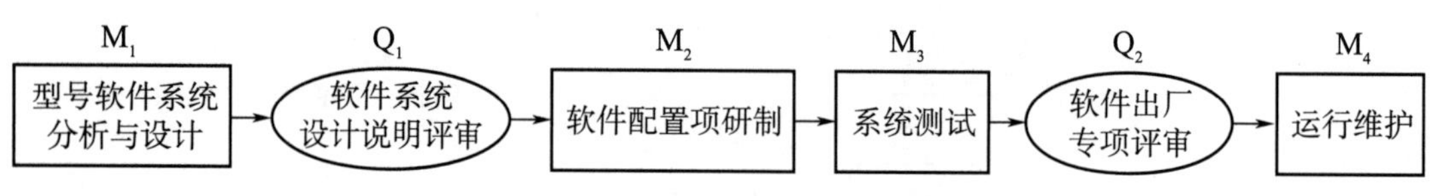

图 5－9　型号软件系统的研制流程

计说明评审（Q_1）和软件出厂专项评审（Q_2）两个阶段评审。

（1）型号软件系统分析与设计

在方案阶段，型号两总应组织型号系统初步确定整个型号的软件系统组成和待开发的软件配置项，同时需要初步明确分系统间的接口关系。

在初样阶段，应根据型号总体的技术要求，进行软件任务全景分析和系统策划；根据系统拓扑结构建立整体信息流（包括数据流、指令流及接口关系），规定软件产品代号和安全关键等级；软件基线状态和软件研制类型，完成软件产品配套表。应根据型号总体安全性大纲，进行系统级初步危险分析，识别并确定危险源，确定危险控制对策，制定系统级安全性可靠性设计要求。

在正样（试样）阶段，应完善型号软件系统分析与设计工作。型号软件系统分析与设计输出为型号软件系统设计说明、型号软件系统接口设计说明、型号软件系统危险分析报告。

（2）软件配置项研制

航天型号软件研制需要根据各自的特点和表 5－2 中的相关规定来选择合

适的研制类型，执行相应的技术流程，并与型号研制周期相协调。

表 5－2　软件研制类型

类型编号	类型名称	说明
Ⅰ类	沿用	已完成沿用可行性分析与审批，不加修改即可再次使用的软件
Ⅱ类	仅修改装订参数	不修改软件可执行代码的内容，仅修改软件装订参数即可满足任务要求的软件
Ⅲ类	适应性修改	根据任务要求进行适应性更改、完善设计的软件
Ⅳ类	新研制	不属于上述三类的新研制的软件

注：装订参数通常包括编译时绑定的宏和常量定义，以及固化时写入的配置文件；装订参数的修改应不引起软件二进制机器码中的可执行代码的改动。

不同研制类型的具体技术流程包含以下内容：

Ⅰ类软件技术流程如图 5－10 所示。Ⅰ类软件研制需依据任务要求，对软件进行沿用可行性分析后方可进行沿用。

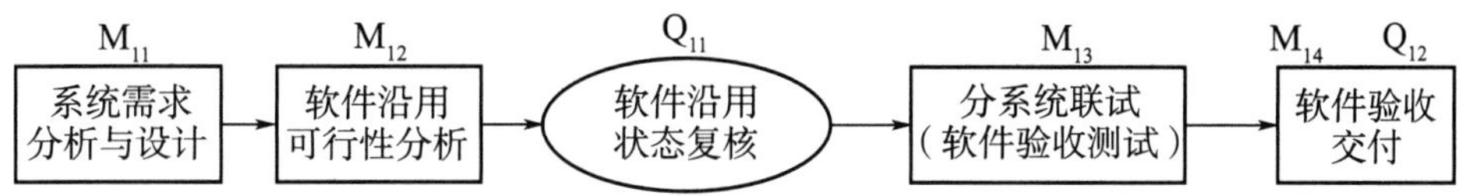

图 5－10　Ⅰ类软件技术流程

注：图中的 M_{mn} 为软件生存周期阶段的工作，Q_{mn} 为主要质量控制节点。

Ⅱ类软件技术流程如图 5－11 所示。Ⅱ类软件需要与被修改软件的软件、硬件及外部接口环境、功能和使用方式均保持一致；被修改软件的研制过程需

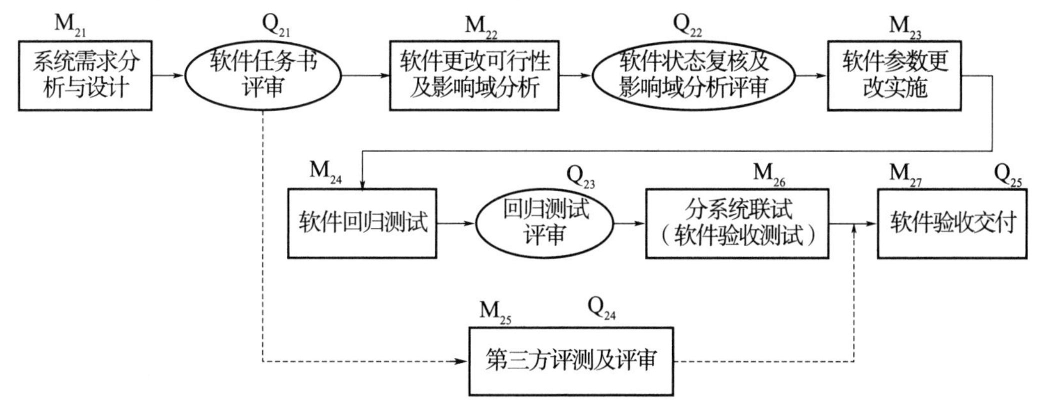

图 5－11　Ⅱ类软件技术流程

注：虚线框是 A、B 级软件和重点型号的 C 级飞行软件的工作要求，图 5－11～图 5－13 中的 M_{mm}、Q_{mm} 同图 5－10。

要满足软件工程化要求，在飞行试验过程中尚未发现问题，且不存在其他型号“举一反三”涉及的问题。

Ⅲ类软件技术流程如图 5-12 所示。Ⅲ类软件需要与被修改软件在功能和使用方式上保持一致；相对被修改软件仅进行适应性更改，不影响原有软件的体系结构；被修改软件的研制过程也应该满足软件工程化要求。

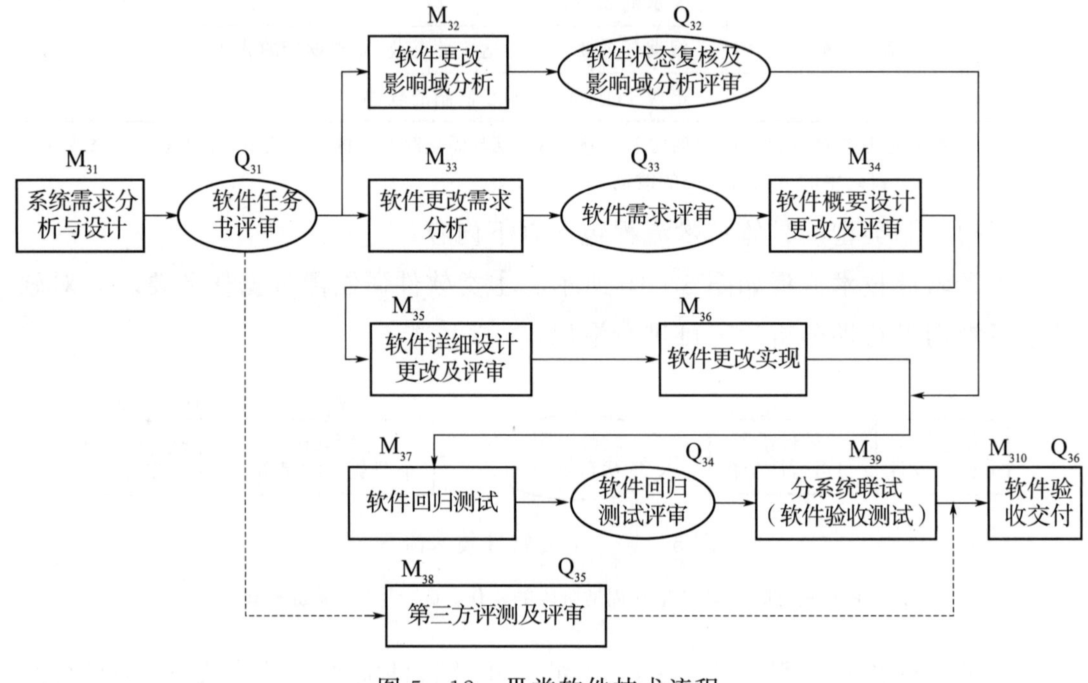

图 5-12　Ⅲ类软件技术流程

Ⅳ类软件技术流程如图 5-13 所示，软件研制是基于瀑布模型的完整生命周期。其中，对于安全关键软件需开展第三方测评后方可用于交付执行试验任务。

（3）系统测试

在软件的系统测试过程中，交办方依据型号系统测试计划来验证软件系统设计是否满足任务要求并编写系统测试报告。在这一过程中，承制方有责任提供必要的协助。

系统测试应按系统设计说明的规定，逐项测试系统的功能、性能等特性；测试系统接口的匹配性；同时参加系统测试的软件需取自于产品库，测试中出现错误或缺陷的软件则需进入软件纠正过程。经过更改后的软件应进行回归测试。

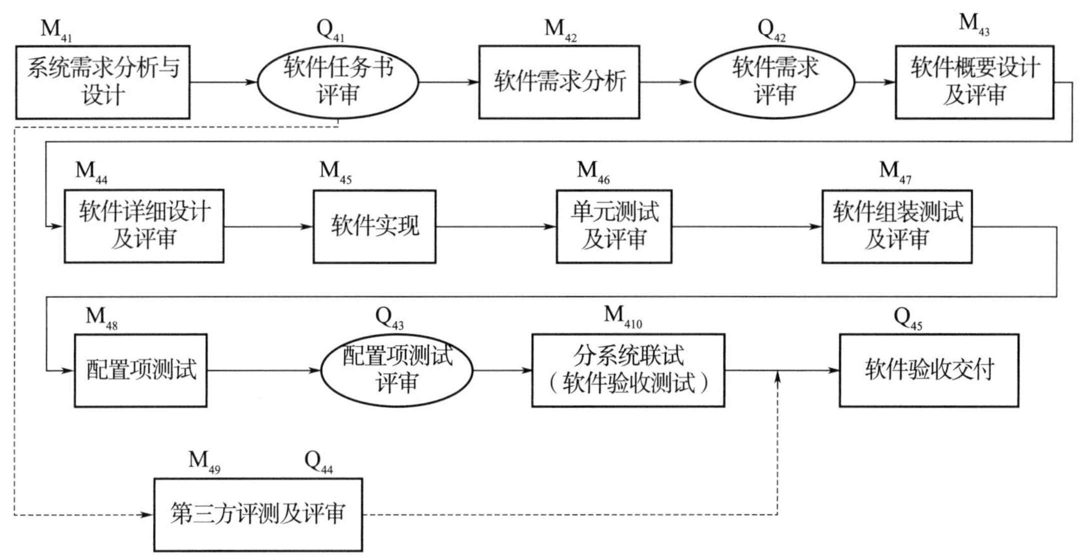

图 5-13　Ⅳ类软件技术流程

(4) 运行维护

在完成软件产品的交付后，承制方需要承担下列维护任务：

1) 改正性维护——对软件在运行中出现的问题进行修改；

2) 适应性维护——为适应运行环境的改变，对软件进行修改；

3) 改善性维护——为改善性能或扩充功能，对软件进行修改。

其中，改正性维护需要依据软件问题报告单，进入纠正过程；提出更改报告单，经批准后实施修改；对修改后的软件必须进行回归测试。

适应性或改善性维护需要依据修改后的软件任务书，启动部分或全部开发过程。当修改规模较小时，可按改正性维护的内容和要求实施。一切修改活动都要在软件配置管理控制下进行，并做到文文一致，文实相符。

所有运行维护应有记录，填写软件质量履历书。

承制方在软件生命周期内具有下列保障能力：

1) 提供软件产品（含配套使用的非开发软件）；

2) 实施软件的安装和维护；

3) 对用户进行培训。

(5) 型号软件研制各阶段质量工作主要内容

型号软件研制各阶段质量工作主要内容见表 5-3。

表 5－3　型号软件研制各阶段质量工作主要内容

阶段	输入	主要工作	输出	质量管理要求
软件系统分析与设计	总体任务要求	1. 分配软硬件需求 2. 确定软件技术解决途径 3. 确定软件体系结构 4. 进行软件系统初步危险事件分析和失效模式分析 5. 确定关键资源	1. 软件系统方案设计报告 2. 软件系统策划报告 3. 确定的软件安全关键等级	1. 软件系统方案评审 2. 审定软件安全关键等级 3. 过程审核和工作产品审核
系统需求定义	系统设计要求	1. 分析系统需求和使用环境 2. 确定软件任务要求和确认测试要求 3. 明确软件验收方法 4. 进行系统安全性分析	1. 软件任务书 2. 软件第三方测试任务书	1. 软件任务书评审 2. 对系统需求定义阶段进行里程碑评审 3. 过程审核和工作产品审核
软件需求分析	软件任务书	1. 确定开发与测试环境 2. 进行软件项目策划 3. 确定功能、性能、接口、可靠性、安全性和测试要求，编制软件需求规格说明 4. 进行软件 SFMEA 或 SFTA	1. 软件项目开发计划 2. 软件质量保证计划 3. 软件配置管理计划 4. 软件需求规格说明 5. 确认测试初步计划	1. 项目开发计划、质量保证计划、配置管理计划、软件需求规格说明及里程碑评审 2. 过程审核和工作产品审核
软件设计	软件需求规格说明、软件概要设计报告	1. 建立总体结构、划分模块 2. 定义各功能模块接口 3. 进行可靠性、安全性分析和设计 4. 确定软件组装测试计划 5. 设计模块内的算法和细节 6. 确定模块间详细接口信息 7. 确定软件安全关键模块	1. 软件设计说明 2. 软件组装测试初步计划 3. 软件单元测试初步计划	1. 软件设计评审 2. 过程审核和工作产品审核
软件实现	软件设计说明	1. 编写源程序 2. 进行调试 3. 编制软件使用说明	1. 源程序 2. 软件使用文件 3. 软件产品生产操作说明	1. 代码走查 2. 过程审核和工作产品审核

续表

阶段		输入	主要工作	输出	质量管理要求
开发方测试	单元测试	软件设计说明、单元模块	1. 制定单元测试计划，设计单元测试用例，编写单元测试程序 2. 进行单元测试	1. 测试计划、用例、测试程序 2. 单元测试分析报告	1. 测试计划、用例、分析报告可进行项目级审查 2. 过程审核和工作产品审核
	组装测试	软件设计说明、部件	1. 制定组装测试计划，设计组装测试用例，编写组装测试程序 2. 进行组装测试	1. 测试计划、用例、测试程序 2. 组装测试分析报告	1. 测试计划、用例、分析报告可进行项目级审查 2. 过程审核和工作产品审核
	确认测试	软件需求规格说明、软件设计说明、软件源代码	1. 制定确认测试计划，设计确认测试用例 2. 进行确认测试	1. 确认测试计划、用例 2. 确认测试分析报告	1. 测试计划、用例、分析报告可进行项目级审查 2. 过程审核和工作产品审核
	系统联试	软件任务书、软件使用说明、软件	按系统测试要求开展工作	系统联试分析报告	1. 故障报告、纠正措施系统 2. 系统联试大纲、报告评审 3. 过程审核和工作产品审核
第三方测试		第三方测试任务书、软件任务书、软件需求规格说明、软件设计报告或软件设计更改及影响域分析报告、软件源代码	1. 开展测试策划工作 2. 开展测试需求分析 3. 开展测试设计与测试环境准备工作 4. 开展测试执行 5. 进行问题记录和反馈 6. 进行测试总结	1. 软件测试计划 2. 软件测试需求规格说明 3. 软件测试说明 4. 软件测试/测评报告 5. 软件测试记录 6. 问题报告单	1. 软件测试计划、测试需求规格说明、测试说明、测试就绪评审 2. 软件测试/测评结果评审 3. FRACAS 4. 过程审核和工作产品审核

续表

阶段		输入	主要工作	输出	质量管理要求
生产、验收和交付	生产	软件产品生产作业文件	1. 生产 2. 检验	1. 检验合格的软件产品(包括固化软件产品) 2. 产品质量证明文件 3. 软件生产质量跟踪卡	1. 软件产品检验、验证 2. FRACAS
	验收	软件开发过程文档及记录	1. 进行验收测试 2. 对软件开发过程进行检查确认,完成软件研制报告 3. 整理提交软件项目过程的文档和记录	1. 软件研制报告 2. 软件验收结论报告	1. 对软件产品验收阶段进行里程碑评审,一般为正式评审 2. FRACAS 3. 过程审核和工作产品审核
	交付	软件交付清单	按型号配套进行交付	1. 软件产品 2. 交接单	不合格品处置(若有)
运行与维护		软件使用说明	1. 使用 2. 记录运行状态与问题	1. 问题报告单 2. 修改报告单	1. 问题追踪 2. FRACAS 3. 技术状态变更控制

（五）过程有裁剪

航天型号软件的开发一般符合软件生存周期要求，与型号研制周期协调一致，同时根据型号研制的不同阶段，软件的研制任务各有侧重。表 5－4 列出了软件开发过程与型号研制周期的对应关系，模样阶段初步建立软件设计方案，初样阶段为航天型号软件的主要研制阶段，正样（试样）阶段可根据需求情况执行部分或全部开发阶段的任务。武器型号经过定型后方可交付用户。

表 5－4　型号研制阶段软件开发的主要任务

型号研制阶段	软件开发的主要任务
方案(模样)	根据软件初步的系统需求建立软件原型,并确定软硬件功能分配、运行环境、体系结构、信息流、通信和接口,最终明确初样阶段软件任务要求
初样	根据软件初样的系统需求细化软件需求,并设计和开发软件产品,完成全面的验证和确认活动,完成验收与交付,使产品的功能、性能、可靠性、安全性等满足初样任务要求,最终明确正样(试样)阶段软件任务要求
正样(试样)	根据软件正样(试样)系统需求完善软件设计,对软件产品进行全面的验证和确认,控制软件的技术状态,完成验收与交付,通过型号出厂软件专项评审,确保软件产品的质量满足飞行试验(或软件交办方)要求
定型	在软件试样的基础上根据用户需求和试验情况完善软件设计,通过定型鉴定试验考核,固化软件技术状态,最终通过定型验收

同时，在配置项研制过程中，根据软件安全关键等级（详见表 5－5）和规模（详见表 5－6）进行裁剪。

表 5－5　软件安全关键等级

软件安全关键等级	软件危险程度	软件失效可能的后果
A	灾难性危害	人员死亡、系统报废、任务失败、环境严重破坏
B	严重危害	人员严重受伤或严重职业病、系统严重损害、任务受到严重影响
C	轻度危害	人员轻度受伤或轻度职业病、系统轻度损害、任务受影响
D	轻微危害	低于轻度危害的损伤,但任务不受影响

注:软件失效可能的后果有多个描述,它们之间是或的关系,即只要一项描述满足就可以确定关键等级。若某个软件失效有多种影响,则按照影响的最高等级确定关键等级。

表 5-6 软件规模分类

软件规模	嵌入式软件源代码行数 n	非嵌入式软件源代码行数 n
巨	$n \geqslant 100\ 000$	$n \geqslant 500\ 000$
大	$10\ 000 \leqslant n < 100\ 000$	$50\ 000 \leqslant n < 500\ 000$
中	$3\ 000 \leqslant n < 10\ 000$	$5\ 000 \leqslant n < 50\ 000$
小	$300 \leqslant n < 3\ 000$	$500 \leqslant n < 5\ 000$
微	$n < 300$	$n < 500$

原则上，微、小规模软件的文档可适当合并，有关剪裁合并的规定应在软件开发计划中明确。

对于不同关键等级的软件，可对其测试活动和测试充分性要求进行裁剪，详见表 5-7、表 5-8。

表 5-7 软件测试活动裁剪要求

测试级别	测试类型	软件等级			
		A	B	C	D
单元测试	静态分析	△	△	△	△
	代码审查	△	△	△	○
	功能测试	△	△	△	△
	性能测试	○	○	○	○
	逻辑测试	△	△	○	○
组装测试	静态分析	△	△	○	○
	代码审查	△	△	○	○
	功能测试	△	△	△	△
	性能测试	○	○	○	○
	接口测试	△	△	△	△
	逻辑测试	△	○	○	○

续表

测试级别	测试类型	软件等级			
		A	B	C	D
配置项测试	静态分析	△	△	○	○
	文档审查	△	△	△	△
	代码审查	△	○	○	○
	功能测试	△	△	△	△
	接口测试	△	△	△	△
	余量测试	△	△	△	△
	边界测试	△	△	△	△
	安全性测试	△	△	○	○
	强度测试	○	○	○	○
	人机界面测试	○	○	○	○
	恢复性测试	○	○	○	○
	安装性测试	○	○	○	○
	逻辑测试	△	○	○	○
验收测试	功能测试	△	△	△	△
	性能测试	△	△	△	△
	接口测试	△	△	△	△

说明：在表中“△”表示必选项，“○”表示可选项；对必选项进行的裁剪必须说明理由，需在开发计划中明确，并经过两总审批。

表 5－8　软件测试充分性要求

测试项目	A	B	C	D
单元测试	语句覆盖 100% 分支覆盖 100% MC/DC 覆盖 100%	语句覆盖 100% 分支覆盖 100% MC/DC 覆盖 100%	AM	AM
组装测试	调用覆盖 100%	AM	AM	AM
配置项测试 （开发方）	需求覆盖 100% 目标码覆盖 100%	需求覆盖 100%	需求覆盖 100%	需求覆盖 100%

续表

测试项目	A	B	C	D
配置项测试（第三方）	需求覆盖 100% 语句覆盖 100% 分支覆盖 100% 目标码覆盖 100%	需求覆盖 100% 语句覆盖 100% 分支覆盖 100%	AM	AM
分系统联试（软件验收测试）	功能性能覆盖 100% 接口覆盖 100%	功能性能覆盖 100% 接口覆盖 100%	功能性能覆盖 100% 接口覆盖 100%	功能性能覆盖 100% 接口覆盖 100%

注：1. “AM”是指由软件交办方和软件承制方协商确定，但应与软件产品的质量要求相一致；

2. 单元测试中的 MC/DC 覆盖(修正条件判定覆盖)仅针对高级语言编写的程序代码；

3. 目标码覆盖仅针对使用高级语言编写的嵌入式软件；

4. 对未达到覆盖率要求必须进行分析说明，必要时采用分析、审查、评审等方法补充说明情况和影响；

5. A、B 级软件的配置项测试(开发方)应对语句覆盖和分支覆盖情况进行分析。

第七节　航天元器件保证

元器件是构成航天型号的最基本单元，一个航天型号使用的元器件数量通常有几万只到数十万只。因此，元器件的性能直接影响航天型号任务的成功与否，影响武器装备性能的发挥，甚至影响任务执行人员的生命安全乃至人民的生命财产安全。许多世界著名的航天飞行事故都是由一个小小的零件、元器件导致。我国载人航天工程也曾因为一个连接器的失效导致飞船从发射场地撤回返修。在航天型号研制过程发生的质量问题中，多达 40%的问题是由于元器件质量问题导致。中国航天一直将电子元器件的质量水平和使用可靠性作为航天型号质量保证的重要内容之一。航天型号用元器件的质量保证包含元器件的选用、采购、监制、验收、筛选、复验、使用等全过程的质量保证工作。为了不断提高航天型号用元器件质量，中国航天建立并形成了一套完备的标准体系。

一、航天元器件管理概况

在中国航天创建初期，由于我国工业基础底子薄、技术水平较低，那个年代的航天型号用的元器件，根本谈不上质量等级，解决有无问题更为重要。为了能够获得型号可用的元器件，可以说是集全国之力，从众多的厂家和产品中千挑万选才能凑够满足型号要求的元器件。在航天型号的需求牵引下，航天型号用元器件不断发展，航天型号元器件质量管理和质量保证工作也在不断加强。通过先后建立元器件“七专”“七专加严”条件和国军标、宇航质量等级标准，实施元器件“五统一管理”和“新五统一管理”，航天型号用元器件的固有质量水平不断提升，使用可靠性日趋完善。

（一）“七专”及“七专加严”条件的诞生

“七专”条件是指专批、专人、专料、专机、专检、专技、专卡共七个方面的专项生产过程控制的简称。“七专”条件源于航天工业建设之初，是在当时的航天型号用元器件基本靠专门生产、百里挑一，甚至不计工本获取的情况下提出的一种最初的质量管控模式。20 世纪 70 年代，首先应用于运载火箭的元器件质量管理。为了适用于卫星型号的高可靠要求，宇航及卫星型号在“七专”条件的基础上，提出了 9 种元器件的补充技术协议，形成了“七专加严”技术要求。至 1984 年，中国航天在全领域范围召开了“8406”会议，对元器件“七专”质量管理工作经验进行了系统总结，并进一步修改了管理办法，形成了“七专”元器件目录和 24 个“七专”技术条件，并确认了相关的生产单位。至此，航天元器件“七专”质量管控模式基本形成，标志着航天型号用元器件可靠性保证工作进入初始阶段。

（二）元器件国家军用标准体系的初步建立

20 世纪 80 年代开始，我国军用标准化组织建立了 GJB 体系，其中元器件军用标准分为国家军用标准、行业军用标准和企业军用标准三个级别。

20 世纪 90 年代初期，航天型号任务进入了一个新的历史时期，载人航天工程开始立项论证，长寿命、高可靠卫星进入研制阶段，航天型号用元器件原有的“七专”条件难以满足航天型号新的任务要求。同时，由于市场经济的迅速发展，“七专”条件的外部实施环境发生了较大变化，部分生产企业转制或关闭，元器件出现断档断供现象，航天型号用元器件的稳步供货面临困境，产品质量也急待提升。

为解决遇到的问题和摆脱元器件供货困境，于是开始了元器件军用标准的认证工作，其认证工作是由原国防科工委授权的中国军用电子元器件质量委员会承担，属于第三方认证方式。认证机构对生产单位的元器件生产线及质量保证能力按照相关标准和法规性文件要求进行考察，对产品进行鉴定和考核，合格后纳入军工行业目录，作为型号选用的依据。直至今日，国军标级别的元器件仍然是航天型号应用的主要部分。

在军用标准和规范中，不同质量等级的元器件质量保证要求也不相同。军用电子元器件质量保证要求包含的典型内容包括产品保证大纲审查、生产线认证、产品鉴定检验、检验批构成、可追溯性、生产过程检验、筛选及质量一致性检验等。产品质量等级越高，所涉及的质量保证要求也越多越严。军用元器件标准体系的建立标志着航天型号用元器件高可靠性保证的第二阶段。

（三）宇航元器件标准体系的形成

我国的元器件军用标准由于受到基础工业能力的制约，部分军用元器件标准存在只有标准而无产品的局面。同时，随着载人航天工程任务的实施以及电子信息技术的发展，部分军用标准质量等级的元器件不能完全满足载人航天等空间环境任务的要求，建立满足型号任务要求并具有中国特色的宇航用元器件标准体系势在必行。为此，自 2000 年开始，中国航天开始立足国情，借鉴欧美先进经验，以航天用户为主导，以“选好、采购好、用好、管理好”为目标，着手建立宇航元器件的研制、生产、应用体系，并实施宇航元器件认证制度。经过 20 年的发展和实施，建立了一套较为完善的宇航元器件标准体系，形成了完整的研制、选用、采购、验证管理流程和规范。目前，宇航级元器件已经普遍应用于载人航天工程、探月工程、空间站等宇航型号任务领域。

尽管随着科技的进步和航天技术的发展以及我国综合国力的不断提升，航天型号用元器件的性能和质量可靠性在不断增长，一大批元器件逐步实现了国产化和自主可控，然而我国的元器件整体水平目前仍然落后于欧美发达国家，特别是在微电子等核心产品技术领域更是任重道远，航天型号用元器件的发展道路充满了艰难险阻。可以说，航天型号用元器件的发展史也是我国元器件工业发展的缩影，而航天元器件的质量管控也一直是确保航天型号任务成功的重中之重。

二、元器件选用控制与评审

（一）航天元器件选用

航天元器件的选用是确保航天型号质量的首要环节。航天型号项目启动后，型号研制队伍要开展元器件需求分析，制定元器件总体技术方案和元器件保证大纲，指导型号元器件选用和质量保证工作。在型号研制过程中，设计师要依据《型号元器件选用目录》进行元器件设计选用，要明确元器件的型号、规格以及技术标准、质量等级，同时要通过热设计、降额设计考虑元器件的可靠性指标；在确定元器件选用的顺序时，要优先选用国产器件；在确定元器件的质量等级时，要考虑型号的重要程度和可靠性需求；在确定元器件的可靠性等通用质量特性水平时，要考虑到型号任务剖面的要求，如考虑是否需要抗辐照性能、防静电能力、电磁兼容性、防潮防霉防盐雾等性能。型号选用的元器件的固有特性满足型号使用要求是确保质量的必要条件。

在航天型号研制初期，当型号需要选择进口元器件或者有特殊要求的专用元器件时，型号系统须进行充分的论证，分析选用的必要性和可行性，并制定相应的质量保证措施。进口元器件或目录外的型号元器件选用，应由型号项目管理部门组织型号系统专家开展专题评审，评审通过后履行必要的审批手续，方可实施。

（二）航天元器件选用评审

为了确保航天型号选用元器件的适宜性、经济性和持续可获得性，型号研制过程中要由研制单位、型号总体在型号研制的不同阶段组织元器件选用评审工作，元器件选用评审一般由设计、物资、质量、工艺、元器件质量保证等方面的专家组成，评审的内容根据航天型号所处的研制阶段不同，侧重点也有所不同。

元器件的选用评审按照评审的时机分为元器件采购实施前和产品出厂前，这两种评审主要由研制单位完成。采购前评审重点评审元器件选用的适宜性、合理性，包括技术性能指标以及元器件的生产厂家、质量等级、标准规范是否满足要求等内容，还要关注元器件的经济性和持续可获得性等。而产品出厂前的元器件评审主要关注型号产品用元器件的质量保证情况和结果，包括使用过程中出现的质量问题及处理结果，以评价对型号产品质量的影响。

元器件的选用评审按照层级分为厂所级、院级和型号级。按照层级开展的元器件选用评审主要在于不同层级参加的专家的范围有所不同，评审的内容基本上没有差异，主要是对选用元器件的必要性和可行性进行审查，包括目录外选用情况，进口器件、特殊器件的选用情况等。

元器件的选用评审按照型号产品研制阶段分为方案阶段、初样阶段、正样（试样）阶段。方案阶段的元器件选用评审主要评价型号选用的关键元器件、国产化元器件、新研制元器件的必要性和可行性；初样阶段元器件评审主要对该阶段选择的元器件的必要性和可靠性进行审查，对元器件品种压缩、选择优化和供方选择等方面进行审查；正样（试样）阶段元器件选用评审主要是对该阶段发生变化的元器件选用情况进行确认以及对发生技术状态变化的元器件选用情况进行确认。

三、元器件过程控制

航天型号用元器件的质量保证工作要由具备型号认可资质的质量保证机构和人员统一实施，其工作内容包括：元器件的下厂监制、下厂验收、到货检验、筛选和补充筛选、补充试验、破坏性物理分析（DPA）等工作内容。

（一）下厂监制

为了弥补元器件生产单位质量保证能力的不足，尽早发现并剔除元器件质量隐患，防止不合格或有隐患元器件流入型号研制过程中，航天型号用元器件实施下厂监制制度。下厂监制需要由具备资质的人员按照标准或协议要求，到元器件生产单位监督检查是否按照相应的标准、技术条件、工艺文件、质量保证要求等确定的内容实施生产。

下厂监制的主要内容包括了解生产厂家的生产工艺情况和重点工序质量控制情况，由监制人员对生产单位已经检验合格的过程产品进行抽检或全检，向生产单位反映监制工作中发现的主要问题，按照要求在过程监制点对监制情况进行确认。监制人员对监制工作质量负责。

（二）下厂验收

航天型号用元器件依据供需双方签订的合同约定是否需要实施下厂验收工作，对于重点型号元器件和关键元器件一般采用下厂验收方式。

下厂验收工作需要由使用单位委托具备资质的验收人员实施，如涉及需要进行验收试验的元器件，需要由委托单位委托具备资质的实验室进行。

下厂验收工作的主要内容包括：了解元器件的生产全过程质量管理和控制情况、了解生产过程发生的质量问题、处理和分析结果以及采取的纠正措施情况；检查元器件的储存期限是否满足合同要求；审查生产厂提供的质量证明文件；与生产厂共同完成约定的验收试验项目；落实交货事宜。

（三）到货检验

航天型号用元器件依据型号有关要求和元器件采购规范，实施到货检验。对于经过下厂监制的元器件使用单位的到货检验一般只进行外观检查和质量证明文件的确认。对于进口元器件、定制元器件，型号使用单位要制定详细的到货检验规范，指导到货检验工作。

（四）筛选和补充筛选

元器件的筛选是为了剔除有缺陷的或早期失效产品而进行的一组试验项目，一般在元器件产品全部生产过程完成之后100%进行。筛选的目的是提高元器件的使用可靠性，元器件经过筛选可以暴露并剔除在制造、工艺、材料等方面的缺陷和隐患。元器件的筛选根据筛选的条件和时机不同分为一次筛选（简称“筛选”）和二次筛选，二次筛选也称为补充筛选。所有筛选检查和试验项目均需要是非破坏性的。

筛选一般由元器件生产单位按照产品规范或供需双方签订的合同或技术规范进行。筛选试验项目通常包括外观检查、X射线检查、密封性检查、高温储存试验、老炼试验、温度循环试验、机械振动试验、恒定加速度试验、颗粒碰撞噪声检测试验（PIND）、高温试验、低温试验等检查和试验项目。

二次筛选的目的是补充第一次筛选的不足，进一步提高被筛选批次的元器件固有可靠性，满足航天型号使用可靠性。型号总体单位要制定型号用元器件筛选规范，明确二次筛选的试验项目和试验量级，指导型号产品开展元器件二次筛选工作的实施。型号产品设计师系统根据选用元器件的重要程度、使用要求、质量等级等明确具体的二次筛选器件的范围和具体要求。

（五）破坏性物理分析（DPA）

DPA是为了验证元器件的设计、结构、材料和制造质量是否满足预定用途或规范的要求，按照元器件的生产批次，对元器件进行解剖以及一系列检验和分析的过程。

DPA技术于20世纪70年代发源于美国航空航天领域，中国航天于1996年开始在国内首先推行使用。

DPA是对合格产品的分析，是分析评估性能良好的元器件是否存在影响可靠性缺陷的一种批次质量评价方法，其遵循了可靠性工作预防为主的基本原则，通过先期投入，采用行之有效的可靠性分析试验技术，以发现和预防元器件设计、工艺、材料方面的缺陷。按批次对元器件抽样进行DPA，可以剔除不合格的、有缺陷的批次，确保符合质量要求的元器件装机使用，降低型号全寿命周期费用。

对于航天型号电子设备中确定为关键件或重要件的元器件、使用的元器件、质量等级低于航天型号要求质量等级的元器件、超期使用的元器件等，都需要进行DPA。DPA属于破坏性试验，一般采用随机抽样方法进行，样本量应遵循国家军用标准规定或依据供需双方签订的合同执行。当合同有约定时，也可采用最能暴露缺陷的元器件作为DPA样品，或抽取电性能不合格但未丧失功能的元器件作为DPA样品。

DPA工作要对试验结果给出合格、不合格、样品通过、可疑等正式的结论，作为产品批次拒收或采取措施的依据，型号使用单位根据DPA结果，结合型号任务要求，做出具体决策。

四、元器件的使用

元器件在出厂时通常在产品使用规范中明确具体的使用范围、使用条件以及使用的最佳参数。使用规范应可以用来指导元器件使用人员进行选择。对于航天型号的高可靠性要求来讲，期望元器件的质量能够承受航天型号的使用环境考验，在异常状态下仍然能正常工作。因此，航天型号设计人员要吃透元器件的性能，熟悉掌握元器件使用规范，在进行型号产品设计时遵循元器件使用可靠性设计准则。同时，型号产品生产、操作人员要遵守必要的操作准则，防止由于错误操作造成的元器件损伤。

元器件的使用可靠性设计准则包括降额设计、热设计、静电防护设计、抗辐射加固设计、耐环境设计等内容。

降额设计是使元器件在使用中所承受的应力低于其设计的额定值，通过限制元器件所承受的应力大小，达到降低元器件的失效率、提高使用可靠性的目的。工程实践证明，元器件在额定应用值条件下工作，其失效率较降额使用要高，且随着应用时间的积累，其失效率会增加。为此，航天型号设计师在进行产品设计时，要根据型号任务需要，依据国家标准和型号要求对使用的元器件进行适当的降额，不同型号、不同元器件的降额内容和参数也不尽相同。

热设计是控制电子设备内所有元器件的温度，使其在工作环境条件下不超过允许的最高温度，从而防止元器件过热失效引发电子设备故障的一种设计方法。电子元器件在工作过程中可能受到来自于外部环境的温度升高或来自于器件内部电流密度提高造成的电热效应，温度升高可能导致元器件的电参数漂移，或者加速器件内部的物理或化学变化，进而导致元器件损伤或失效。元器件热设计的方法有自然冷却设计、强迫风冷却设计、液体冷却设计等，也可以通过合理安排元器件的安装与布局，从而增加对流，充分散热。

静电防护设计是在电子产品的设计、生产、使用过程中的各个环节都要采取措施防止对器件造成静电损伤的方法。一方面是要在器件的设计和制造阶段，通过在芯片上设计制造静电保护电路或保护结构，从而提高器件的抗静电能力；另一方面就是在器件的装机使用阶段，制定并执行各种防止静电的措施，以避免或减少器件受到静电影响造成损伤。装机使用阶段的静电防护工作又包含了单机或设备在系统设计时要考虑为静电敏感器件提供静电放电防护能力，通过外围电路保证器件不易受到静电损伤。同时要考虑器件在使用过程中的包装、运输、检验、测试、装机等各个环节避免产生静电放电损伤器件。

抗辐射加固设计是指为了避免辐射环境造成元器件性能退化或功能失效而采取的设计防护措施。辐射环境是由于航天器的使用环境中存在高能粒子、射线，其中一些粒子能够穿透航天器屏蔽层，与元器件材料相互作用产生辐射效应，引起元器件性能退化或功能失效。抗辐射加固技术通常有两种途径：一方面是采用抗辐射能力强的新设计、新工艺、新材料等进行器件的抗辐射设计，提高器件本身的抗辐射性能；另一方面是在元器件的使用过程中，通过采取屏蔽、降额等抗辐射加固措施，降低辐射环境对器件的影响。

耐环境设计是指保证航天型号用元器件在寿命期内能够承受航天型号使用环境的温度、湿度、震动、冲击等自然环境和诱发环境的综合影响，避免受到损伤或失效的设计方法。航天型号应用环境不同，耐环境设计的侧重点也不同，通常包括耐高温环境设计、耐力学环境设计、三防设计、耐静电设计和耐辐射设计等内容。

元器件的可靠使用贯穿于元器件使用的全部过程，包括工作状态和非工作状态两种情况。元器件在工作状态下，可能受到浪涌、静电、过热和辐射等应力的损伤；在非工作状态下，可能受到静电、机械、温度、湿度等环境因素的影响，造成性能损伤或失效。

为了提高元器件的使用可靠性，通常采取的方法是在遵循元器件可靠性设计准则，如热设计、降额设计、防静电设计、抗辐照设计、冗余设计、低功耗设计等要求之外，还应考虑通过增加保护电路、优化电路布局、应用防护元件或通过增强印制板的布线可靠性等方法防止元器件使用过程受到损伤或失效。

五、元器件失效分析

航天型号用元器件从单机装配开始，一旦发生功能失效，应对元器件的失效状态进行保护和确认，然后立即送交专业的失效分析机构进行失效分析。失效分析机构要对失效现象进行确认，在对器件的功能、物理特性进行专业检查分析的基础上，确认失效部位，根据失效部位的损伤程度和损伤形貌，给出引起失效的原因分析或列举出可能因素，形成正式的失效分析结论，提供给元器件使用单位及型号设计师系统开展归零工作。一旦失效的原因可能涉及批次性问题，要立即组织在全型号、全系统开展举一反三工作。航天型号用元器件失效不经过失效分析或没有明确的偶发问题结论不能开展后续工作。

六、元器件问题归零

航天元器件在补充筛选、超期复验、储存、发放、使用等过程中出现质量问题要开展归零工作，从技术和管理两方面采取纠正措施。当元器件质量问题确认为元器件固有质量问题时，要由元器件的采购单位组织元器件生产单位归零。同时，采购单位也要从元器件的采购管理方面查找管理问题，进行管理问题归零。当确认为使用问题时，归零工作主要由元器件使用单位负责进行，元器件研制单位配合使用单位完成质量问题的定位和原因分析等工作。

七、新型元器件管理

在航天型号的研制生产过程中，当国内缺少现有可选用的元器件或质量等级达不到要求时，要启动新型元器件的研制工作。新型元器件的研制要由使用单位开展充分的立项论证和必要性审查，由型号系统履行审批手续后方可正式启动。元器件使用单位和研制单位要签订正式的技术协议，对元器件产品的技术指标、使用环境、可靠性、研制阶段、质量要求等内容进行充分的确认。所有新型电子元器件在完成研制且满足用户使用要求后，要开展定型鉴定工作，未经鉴定的元器件产品不得在航天型号上正式使用。

航天新型元器件的研制过程通常划分为初样、正样（试样）、设计定型三个阶段。

初样阶段的主要工作又可根据新研制元器件的技术成熟性的差异分为方案论证和初样研制。对于全新研制的元器件，应先完成方案论证并在方案论证评审通过后进行初样研制，对于继承性研制的元器件可直接开展初样设计。方案论证的主要内容包括新研制元器件的技术指标的实现方案、技术途径、可靠性以及须遵守的设计准则、产品的检验和验收要求等。初样研制阶段的主要工作是开展具体的产品设计，包括进行产品的工艺设计，要明确设计验证的指标、试验项目和试验方法，应用复核复算、仿真分析等方法验证指标的实现情况。初样阶段完成时产品应具备基本的功能性能，并经过设计验证，启动产品详细规范的编写工作。

正样（试样）阶段的主要工作是在初样研制的基础上进行设计改进和提升，进一步完善产品可靠性设计和工艺设计的可制造性和可生产性。该阶段完成的标志是向使用单位提供性能指标、外形尺寸均满足技术协议要求的样品，并经过环境摸底考核试验，完成产品详细规范的编写，样品可提供给使用单位使用。

设计定型阶段的主要工作是在正样（试样）研制的基础上，进一步完善工艺，提高工艺稳定性、提高产品可靠性和合格率，使产品各项性能指标全面满足技术协议要求，正样（试样）经过用户使用并满足使用要求。要在完成产品详细规范的确认，通过样品鉴定考核试验，形成完整、齐套的产品技术文件，获得用户单位的使用证明后，方可提出设计定型鉴定申请，鉴定通过后，履行手续正式进入批量生产阶段。

八、元器件应用验证

宇航元器件的应用验证是指元器件在宇航型号应用前开展的一系列试验、评估和评价等工作，以确定元器件的研制成熟度和宇航工程中应用的适用度，并综合分析评价得出可用度。

应用验证工作需要针对被验证的元器件的特点和宇航应用要求，进行评价指标体系的构建，制定总体方案、实施验证试验、开展分析评价，并最终给出评价结论。

应用验证的项目要涵盖对元器件生产厂家的设计能力、制造工艺、过程控制能力的验证，同时要对元器件的功能性能、可靠性、应用环境的适应性进行验证，对于环境适应性的验证通常要考虑空间环境、热环境、力环境、系统环境。其中对于元器件的设计、工艺、材料、过程方面的评价结果称为研制成熟度，而对于元器件的寿命、环境、设计要求实现等方面的综合评价称为应用适用度，最终将研制成熟度和应用适用度综合分析，得出元器件的宇航应用可用度。可用度分为五个等级，作为用户评估元器件可用性的依据。

应用验证通常包括三个阶段，即元器件研制阶段、地面整机阶段和飞行阶段，其中前两个阶段为必选阶段，飞行阶段则可以根据验证工作的整体需求和可行性进行选择。但是，使用了新工艺、新材料的元器件以及结构复杂的元器件应进行飞行验证。

尽管航天型号元器件经过几十年的不断积累取得了很大的进步，中国航天重要型号元器件研制任务已经实现了自主可控，然而元器件的发展与航天型号任务发展需求仍然有差距，与欧美元器件的技术和质量可靠性乃至性价比都有很大的差距。要解决受制于人的问题，大力发展国产元器件，全面实现航天型号用元器件的自主可控势在必行。

第八节　航天通用质量特性

随着航天型号科技含量的增加和航天型号用户需求的提高，航天型号新技术含量不断提高，大型试验不断增多，系统高度综合，质量管理的难度越来越大，重大质量问题和事故时有发生，质量问题日益凸显。高质量的航天型号产品既要具备优良的功能和性能，即具备优良的物理、人因功效和功能等专用质量特性，还必须具有优良的时间特性，即尽可能长的保持合格水平的时间，尽可能短的预防性和修复性维修时间，尽可能及时发现和隔离故障，尽可能快速地提供使用保障和维修保障，同时在航天型号寿命周期内不发生因危险而造成的安全性事故和不因环境效应而使型号产品发生故障。因此，要提高航天型号产品固有可靠性和内在的质量水平，需要开展航天型号产品的可靠性、安全性、维修性、测试性、保障性和环境适应性工作，简称“六性”，也称为“通用质量特性”。航天型号通用质量特性是航天产品质量的重要属性，航天型号产品承制单位在航天型号产品研制过程中，通过通用质量特性工作，可以保证航天型号满足用户的使用要求，确保其稳定的工作状态和技术性能，以合理的寿命周期费用实现航天型号完好性的要求。

一、国内外发展概况

二次世界大战期间，美国就开始了武器系统可靠性的研究。但是可靠性工程作为一个独立的学科是20世纪50年代初期在美国兴起和形成的。为了提高电子管等器件的可靠性，美国军方及工业界也开始有组织地解决军用电子设备的可靠性问题。20世纪60年代是美国航空、航天工业迅速发展的年代，也称为“航宇时代”。在这10年中，美国学者和工程师先后研究提出的一整套可靠性设计、试验及管理方法被国防部及NASA所接受，在航空及航天飞行器中得到广泛应用并迅速发展，形成了一套较完善的可靠性管理、设计及试验标准。20世纪70年代，美国等西方国家遇到了经济困难，军费紧缩，而可靠性及维修性工程作为降低武器系统寿命周期费用的一种有效工具反而得到了进一步的发展，美国国防部成立了可靠性、可用性及维修性联合技术协调组，负责制定、组织和协调美国国防部范围内可靠性及维修性政策、标准、手册和重大研究课题。进入20世纪80年代，美国的可靠性工程向着更深入和更广泛的方向发展。在管理上，加强统一管理，强调可靠性管理的制度化；把可靠性置于与武器系统性能、费用和进度同等重要的地位。1985年美国空军颁发了“可靠性及维修性2000年行动计划”，该行动计划从管理入手，依靠政策和命令来促进领导机关对可靠性工作的重视，加速观念转变，使之在空军部门形成制度化，推动整个空军及航空航天工业可靠性工程的发展。20 世纪 90 年代后，“六性”工作已经进入综合化、自动化、智能化和实用化发展阶段，形成了从美国军方到 NASA 再到各航天产品研制主管单位的完整的“六性”标准和规范体系，确保了“六性”技术得到有效的应用。

欧洲国家对“六性”工作的研究和应用略晚于美国，它们以美国的标准和技术为基础，充分吸取了美国军方以及 NASA 的经验，并且结合了欧洲航天工业的实际情况，在发展过程中形成了自己的特色。ESA 作为负责组织、管理、协调与统一欧洲各成员国航天产品研制、生产、发射活动的机构，为保证其航天产品的高质量、高可靠和低成本，制定了比较系统、全面的标准和规范，并以此来约束和指导相关的技术和管理活动。

国外成功的六性工作具有以下特征：

1）“六性”工作组织落实；

2）用户、工业界和其他参与方之间密切协作；

3）有一个有计划的并与研制过程紧密结合的“六性”工作实施程序；

4）对“六性”工程项目及其风险不断进行评估；

5）注重可靠性工程的有效性；

6）有效的试验与评价计划；

7）规范的文件记录；

8）各工业部门可以共享的“六性”数据库；

9）有充分的“六性”软件工具及先进的试验设备和设施；

10）项目管理办公室对相关人员不断地进行“六性”技术培训。

我国从 20 世纪 60 年代中期开始研究可靠性工程，于 20 世纪 80 年代快速发展，并引进了一系列美国军用可靠性标准，相应地制定了我国的国军标可靠性标准，从而使我国的可靠性工作步入了正常的发展道路。

1988 年，我国发布了可靠性系列国家军用标准，后续发布了一些“六性”的其他标准，特别是 GJB 9001《质量管理体系要求》中明确了“六性”的基本要求。但是，如何提出符合航天型号产品和研制特点的“六性”工作方法和工作内容，将上述标准中的要求真正落实到航天型号产品“六性”中，既需要质量管理理念的创新，也是航天型号产品研制急需解决的实际问题，航天科技人员和质量工作者开展了有益的探索和实践。

二、工作要求

航天型号产品“六性”工作是以“六性”的全面贯彻落实为目标，结合产品研制生产过程建立相关的工作方法，通过专业而周密的策划活动、技术风险分析控制与评价活动、关键项目管理和控制活动等，推进“六性”相关工作的开展。

设计师应透彻地了解“六性”的输入条件，包括用户或总体单位对“六性”提出的定量、定性要求。“六性”设计要贯彻系统工程的方法，保证“六性”要求的协调一致，并在现有技术条件、研制进度、经费等条件下，有针对性地开展“六性”工作。

“六性”设计与功能性能设计同步进行，不能在图纸、技术文件形成后补做。“六性”设计与分析是一项反复迭代、优化的过程，应设置“六性”设计与分析评审的节点并进行评审。“六性”指标的验证应强调工程化的验证思路，强调可操作性和时效性，重点放在及时发现航天型号在“六性”方面的薄弱环节，不断寻求改进机会，通过收集“六性”基础数据，结合功能性能试验、有针对性的演示与验证试验，以摸清航天型号的真实“六性”水平。

三、工作内容

（一）航天型号产品可靠性工作

可靠性是指产品在规定的时间内和规定的条件下，完成规定功能的能力。

可靠性工作必须从用户需求出发，贯彻“从源头抓起、预防为主、全过程控制、系统管理”的原则，注重早期投入，力求事半功倍。

可靠性工作项目包括：可靠性建模/预计/分配、分析、设计、验证与评估和管理。可靠性建模/预计/分配包括：可靠性建模、可靠性预计、确定可靠性保证要求和可靠性分配；可靠性分析包括：任务剖面分析、功能分析、继承性分析、FMEA、FTA、SCA、最坏情况电路分析（WCCA)、可靠性关键项目的识别与控制；可靠性设计包括：结构可靠性设计、机构可靠性设计、抗力学环境设计、热设计、电磁兼容性设计、静电放电防护设计、降额设计、冗余设计、裕度设计，以及满足特殊要求的设计，如微流星体与空间碎片防护设计、微振动控制设计、轨道摄动影响及应对措施、羽流分析、杂光分析、材料蠕变防护设计等；可靠性验证与评估包括：可靠性研制/增长试验、环境应力筛选(ESS)、可靠性验证、可靠性评估、在轨数据收集与分析；可靠性管理包括：制定可靠性保证计划、可靠性评审、对分承制单位和供方可靠性工作的监控。

可靠性关注航天型号的优生和优育。可靠性工作的核心是可靠性设计，量化可靠性要求，明确可靠性工作项目，制定可靠性工作计划，确定可靠性关键项目，制定可靠性设计准则，依据可靠性设计准则开展设计工作，针对可靠性设计进行试验或分析、仿真验证。

航天型号可靠性保证应坚持预防为主的方针，预防、发现和纠正设计、制造、元器件及材料等方面的缺陷，充分识别故障模式，消除或控制Ⅰ、Ⅱ类单点，量化裕度设计，充分验证冗余设计的有效性、确保系统健壮性；充分利用试验件开展可靠性增长试验，通过试验—改进—试验的手段实现可靠性增长目标；对航天型号研制各阶段的可靠性工作进行充分的策划，并将控制可靠性关键项目等作为可靠性工作的重点。

可靠性工作首先应明确可靠性要求，同时将型号的可靠性要求逐层分解，分配到规定的产品层次，作为产品研制的依据。可靠性要求包括可靠性定性要求和可靠性定量要求，定性要求主要是可靠性设计、分析和试验验证等工作项目要求，定量要求主要是可靠性指标要求。

可靠性工作必须以提高产品使用效能为目标，系统策划并规范实施。从产品设计阶段开始，明确可靠性保证工作项目，制定可靠性保证大纲和可靠性工作计划，可靠性工作计划应纳入研制流程，同时应保障必要的资源。采用有效的方法和控制程序，减少制造过程对可靠性带来的不利影响，如利用 FMEA 和 ESS 等方法来保持设计的可靠性水平。采用规范化的工程途径，利用有关标准或有效的工程经验，开展各项可靠性工作。

可靠性设计的目标是产品可靠性满足可靠性定量和定性要求。要提高产品固有可靠性，必须在设计中主动积极地去识别产品中存在的薄弱环节。可靠性分析方法就是从不同的方面去识别产品的关键特性、关键功能、薄弱环节或风险源，并通过制定和落实相应的设计改进措施以提高产品的可靠性。任务剖面分析用于识别产品的关键特性；功能分析用于识别产品的关键功能；继承性分析用于识别新产品的风险源；FMEA 用于识别潜在的设计或工艺中的薄弱环节；FTA 用于识别出设计中的薄弱环节和关键项目；SCA 用于识别航天型号中引起非设计期望的功能或抑制期望功能的潜在状态，WCCA 用于发现设计薄弱环节。

航天型号系统和单机产品结构的可靠性设计应遵循简化设计、继承性设计、规范性设计、健壮性设计、可制造性设计等基本原则，以裕度设计为基本方法，以结构不发生破坏和不产生有害变形为可靠性设计目标，通过结构可靠性分析和试验验证，确保航天型号系统和单机产品结构满足结构的强度、刚度和动力响应的要求。

应正确开展机构和可动组件的可靠性设计，确保设计合理、安全可靠，产品功能、性能和接口满足要求。可动组件及其机构产品的可靠性设计力求简化，遵循健壮性设计原则，制定与制造装配相结合的、比较容易制造和容易装拆的设计方案，严格控制单点故障产品，慎重选择冗余件，确定完备的仿真分析和试验验证矩阵，满足产品设计裕度和环境适应性要求。

为防止或尽量减少各种力学环境因素对航天型号产生的不利影响或对人员造成的危害，需要合理设计单机产品结构，确保单机产品刚度强度满足要求，连接可靠。系统级抗力学环境设计应综合考虑航天型号力学性能、电性能、热性能以及光学性能等因素之间的相互影响，权衡航天型号的系统功能和性能指标，以满足工程大总体要求，避免研制工作出现不必要的反复。单机产品级抗力学环境设计应确保各机械部件、电子单机产品及其连接环节在经受准静态过载、正弦振动、随机振动和冲击中满足相关规范与准则要求。

航天型号热设计是一项不可忽视的重要工作。航天型号系统级热设计的目的是在给定轨道、姿态、构形与结构、仪器单机产品布局、热功耗等条件下，采用合适的方法，控制航天型号内、外热交换，使航天型号结构及其单机产品的温度、温度差、温度稳定性等技术指标满足总体技术要求。航天型号单机级热设计的目的是在给定的安装边界及辐射环境下，通过调节元器件、零部件散热路径和热阻，将元器件、零部件工作时产生的热量传给机箱壳体或安装面，使零部件温度控制在规定的范围内，使元器件、零部件满足温度降额要求，或减小零部件温度交变的幅度或温差，满足单机产品性能指标要求，确保单机产品可靠运行。设计力求简化，优先采用被动热控技术，优先采用成熟技术和产品，支持对提高可靠性有利的新技术，留有一定的设计余量，避免单点故障，确保设计合理可行，产品安全可靠，可靠性指标与其他指标协调，各项功能和性能指标满足要求。

航天型号系统内的电子单机产品在预期的电磁环境中工作时，应按规定的电磁干扰安全裕度实现设计的工作性能，不能给环境（或其他单机产品）带来不可接受的电磁干扰，也不能因电磁干扰而受损或产生不可接受的性能降级，从而确保航天型号系统和单机产品能安全、可靠地工作。应梳理航天型号全寿命周期的任务需求、电子单机产品组成和关键电磁特性指标，从电磁频谱兼容性、外部电磁环境、静电充放电防护、电磁辐射危害等电磁环境效应的角度，逐步明确电磁干扰安全裕度、系统内电磁兼容性、屏蔽、电搭接和接地、布线束设计、分系统和单机产品级的电磁干扰控制等指标。依据航天型号电磁特性分析和相关专业规范，制定针对性的系统级和单机产品级的电磁兼容性设计和验证要求，并将电磁兼容性设计落实到单机产品电性能设计工作中。具体包括：电子元器件的选用和印刷电路板的布局设计；采取适当的滤波、隔离等手段来处理由电源等引起的电压瞬变和电流瞬变干扰等。在工程研制期间应对电磁兼容性要求和设计的更改进行连续跟踪，及时控制电磁干扰的来源和设计更改的影响。

静电放电防护设计也是可靠性设计的重要内容。采用适当的静电放电防护设计，在满足规定的技术指标前提条件下，为产品在全寿命周期内提供连续的ESD 防护；对产品生产、储存和使用全过程提出专用的、有针对性的 ESD 控制要求和措施，避免产品受到 ESD 损伤。电子单机产品 ESD 防护设计应执行防静电设计相关标准。通过增加隔离、屏蔽、衰减、旁路、限幅、阻尼等外部防护网络和设施，使航天型号电子产品的抗 ESD 损伤能力满足规定的要求。ESD 过程控制应按照 ESD 控制相关标准，在产品设计输出文件中，结合已有ESD 防控设施、规章制度建设和人员培训情况，分别对产品生产、使用全过程提出 ESD 控制要求。

（二）航天型号产品安全性工作

安全性是免除人员伤亡、职业病、航天型号毁坏、重大财产损失或环境破坏的状态。如果说可靠性主要是围绕“故障”开展工作，安全性则是围绕“危险”开展工作。所谓危险是指可能导致事故发生的实际或潜在的状态，引发危险的根本因素称为危险源，危险源通常包括物质或产品固有的危险特性（如能量或毒性）、有害的环境、硬件或软件产品的故障或失效、人员行为失误（包括由心理、生理或违反操作规程等因素引起的失误）等，这些是航天型号安全性保证需要重点控制的风险因素。

具有固有危险特性的材料和产品（如推进剂、高压气瓶等）以及与环境有关的危险因素（如空间碎片等）称为一般危险源。材料或产品本身存在的固有危险特性，如能量、有毒、易燃、易爆等，它们在完成功能任务的同时，也有可能伤害人体、物体或造成环境破坏，因此产品在预期工作条件下工作，意外释放能量、危险物质（如有毒物质），就可能造成事故。为了防止这些一般危险源产生事故，应采取措施来约束，限制能量或危险物质的意外释放。

引发危险的系统功能故障因素（包括软件、硬件故障及人为差错等）称为故障危险源。在正常情况下，系统中的能量或危险物质是受到约束或限制的，通常不会发生意外释放。但是，一旦这些约束或限制的措施无效（如故障、失效或误操作等），则必将发生事故。导致能量或危险物质的约束或限制措施无效的各种因素属于故障危险源。故障危险源主要包括产品故障、功能失效、人为差错和环境因素等。

安全性工作目标是通过实施安全性工作项目，对航天型号产品在研制和使用过程中的危险风险进行评价和控制，保证能有效识别危险风险，使危险风险最小化，将危险风险降低到可接受的水平。

安全性关注危险源识别不漏项，残余危险风险可接受。安全性工作项目包括安全性设计与验证、安全性管理。安全性设计与验证包括：危险源识别、危险分析与风险评价、安全性关键项目确定和控制、安全性设计、安全性评估、安全性验证；安全性管理包括：安全性工作计划、安全性评审、安全性培训。应制定与实施安全性设计准则，并进行试验或分析、仿真验证，并对安全性设计、安全性关键项目控制措施有效性进行验证。具体工作输出可体现在“三单”“一表”“三情况”上。“三单”是指一般危险源清单、故障危险源清单和安全性关键项目清单；“一表”是指危险分析表；“三情况”是指安全性设计验证情况、安全性关键项目控制措施验证情况、型号举一反三中有关安全性措施落实情况。

（三）航天型号产品维修性工作

维修性是指产品在规定的条件下和规定的时间内，按照规定的程序和方法进行维修时，保持或恢复到规定状态的能力，维修性的概率度量亦称为维修度。维修性保证工作项目包括：维修性设计、分析和验证。

维修性工作要求一般包括：减少维修内容，降低对维修技能的要求，具有良好的维修可达性；提高标准化和互换性程度；具有完善的防差错措施及标识；保证维修安全；检测诊断准确、快速、简便；重视贵重件的可修复性；符合维修中的人素工程（人因工程）要求。

维修性设计包括：在方案设计阶段、初样研制阶段，依据维修性设计准则开展系统/分系统维修性设计工作，根据系统/分系统对设备的维修性要求开展设备维修性设计工作；在正样（试样）研制阶段，若有涉及维修性的技术状态更改时，应重新开展维修性设计工作。

维修性分析包括对产品维修进行人因分析，如维修作业用力分析、可达性分析、维修操作空间分析、可视性分析、维修安全分析等。必要时，对维修时间进行分析。应开展 FMEA 以获取维修性信息。

维修性验证包括利用分析、演示、测试/试验等方法，对维修性设计措施有效性进行定性验证。可分别采用维修性设计准则符合性检查、维修性设计检查单的检查表等方式对维修性设计是否满足要求进行验证；可达性设计、防差错设计可通过实际操作或虚拟操作等方式进行演示验证。

维修性设计力求维修简单方便，维修时间短。要高度关注航天器在轨维修性，在轨维修性设计可通过故障注入的方式进行测试/试验验证，也可以利用研制过程中的相关测试、试验数据进行验证。有维修性定量指标要求时，可通过维修性专项试验、在研/在轨数据统计分析等方式进行定量验证。对维修性验证中发现的设计缺陷应及时采取措施，改进设计并重新验证。

开展维修性工作应首先识别产品维修性要求，只要装备使用期间有可能损坏（故障或受击损坏）且应当恢复使用的，均应有维修性要求。应针对维修性要求，制定与实施维修性设计准则，确保产品满足维修性要求。要为维修性设计方案的选择、故障预案制定和保障资源规划提供输入，进行产品维修性验证，考核产品是否符合规定的维修性要求。

产品通用质量特性要求一般是隐含的，必须满足装备完好性要求，也可以是明示的合同要求。装备完好性要求是通过装备固有的通用质量特性和拟定实施的保障方案共同作用实现的。因此，装备通用质量特性应附加配套的装备保障方案。装备保障方案应包含装备维修指南。

（四）航天型号产品测试性工作

测试性是指产品能及时、准确地确定其状态（可工作、不可工作或性能下降的程度），并隔离其内部故障的一种设计特性。测试性关注在维修前或自主切换前，对故障定位准，故障能被及时隔离。测试性保证工作项目包括测试性设计、分析和验证。故障检测、隔离和恢复（Fault Detection，Isolation and Recovery，FDIR）是航天型号常用的一种测试性和维修性技术的应用，故障检测和隔离是测试性技术的应用，故障恢复是维修性技术的应用。在航天产品设计过程中应开展测试性设计、分析与验证工作。

测试性设计包括在方案设计阶段、初样研制阶段依据测试性设计准则，开展测试性设计工作。正样（试样）研制阶段有涉及测试性的技术状态更改时，需补充开展测试性设计工作。通过该工作，支持故障诊断和隔离，保证故障发生后能及时、准确确定故障产品，支持故障预案的顺利实施。

测试性分析包括对产品的故障检测能力进行分析，评价故障检测能力能否满足测试性、维修性要求，为更详细的测试性设计提供输入。必要时，对故障检测率、故障隔离率、虚警率等指标进行分析。应开展 FMEA 以获取测试性信息。

测试性验证包括利用分析、测试/试验、演示等方法，对测试性设计措施有效性进行定性验证，对 FMEA 确定的故障模式检测方法的有效性应进行测试性验证。有测试性定量指标要求时，可通过测试性专项试验、在研/在轨数据统计分析等方式进行定量验证。对测试性验证中发现的设计缺陷应该及时采取措施，改进设计并重新验证。

产品测试性工作的目的是准确及时地进行故障定位，缩短故障的修复时间，以提高产品的维修性和可用性或装备完好性。测试性工作与可靠性和维修性关系更为密切，在航天型号研制中一定要统筹考虑“六性要求”，同步开展设计。测试性数据的收集、分析和处理，以及形成数据库和实现共享也是测试性工作的重要内容。

定量要求是测试性设计的出发点，是验证的依据，最能反映产品的测试性水平。测试性目标是通过测试性建模、分配、预计等工作，把定量要求结合到产品设计中，通过验证考核设计是否达到测试性指标要求。针对测试性定性要求，应制定与实施测试性设计准则，确保产品满足装备测试性要求，为维修性设计方案的选择、故障预案的制定和保障资源规划的制定提供输入，进行测试性验证，考核产品是否符合规定的测试性要求。

（五）航天型号产品保障性工作

保障性是指系统的设计特性和计划的保障资源能满足平时战备及战时使用要求的能力。保障性关注航天型号好保障（即“优生”）和航天型号保障好（即“优育”）。保障性保证工作项目包括保障性设计和保障性规划。保障性设计包括尽可能减少航天型号使用过程中的维护工作，尤其是影响航天型号任务连续性的维护工作；优化系统设计和产品在轨使用策略，降低对地面保障资源

（测控站、测量船、在轨维护人员等）的需求；兼容现有地面运控、测控保障设备、设施，降低对专用保障设备的需求等。航天型号在轨运行应具备一定的自保障能力，例如故障自恢复、系统重构、自主运行能力，减少对地面保障资源的依赖；影响航天型号任务的在轨故障应按最快恢复原则进行设计和处理等。保障性规划包括通过规划航天型号在轨寿命期内的保障活动和保障资源，确保航天型号在轨连续稳定运行。

航天型号系统应结合航天型号轨道设计和任务分析情况，确定在轨使用保障活动。分系统和设备应依据技术要求并结合任务剖面分析，确定在轨飞行过程中需开展的使用保障活动。航天型号系统/分系统/单机应依据在轨保障活动需求，分析现有地面保障设备、设施是否满足保障活动要求。不能满足要求时，提出新研保障设备和设施清单，开展保障设备研制和配套保障设施建设工作，例如建设地面仿真验证系统、型号专用的在轨数据分析软件等。

开展保障性保证工作，首先研究在航天型号研制时如何规划与航天型号使用有关的保障问题，并在航天型号交付用户使用前规划维修保障资源和建立保障系统。通过在航天型号研制过程中实施航天型号保障性设计，解决航天型号好保障和保障好的问题，并通过同步配套保障资源来形成保障能力。

（六）航天型号环境适应性工作

环境适应性是指航天型号在寿命期预计可能遇到的各种环境的作用下，能实现其所有预定功能、性能和（或）不被破坏的能力。环境适应性关注产品适应各种环境因素的能力。

空间环境适应性工作项目包括空间环境风险识别和空间环境适应性设计。

空间环境风险识别包括空间环境背景分析和空间环境效应分析。空间环境适应性设计包括：空间环境工程设计规范确定，空间环境效应模拟试验规范确定，电离总剂量效应防护设计，位移损伤效应防护设计，单粒子效应防护设计，表面充放电效应防护设计，内带电效应防护设计，原子氧防护设计，太阳紫外辐射防护设计，微重力环境适应性设计，地球磁场环境适应性设计，大气与真空环境适应性设计，电离层环境适应性设计，产品设计方案空间环境适应性审查和空间环境适应性设计技术确认，在轨空间环境数据收集与分析和型号在轨空间环境技术支持。

开展空间环境适应性工作主要是通过开展环境工程管理、环境分析、环境适应性设计和环境试验与评价等工作，运用各种科学技术和工程实践手段了解、获得环境条件，分析环境作用机理，实现环境模拟，改善和缓解各种环境对航天型号产品效能影响或提高航天型号产品耐环境能力。

在航天型号产品“六性”保证工作中，“六性”之间的关系用航天人通俗形象的语言表达为：可靠性是基础（产品故障少，故障发生后的后果轻），安全性没事故（前述三单，一表，三情况），维修性是后补（维修难度低、省时、省力、经济和安全），测试性是帮助（故障定位快而准，故障隔离全），保障性是充足（推进剂，电源，遥测，遥控均有保证），环境适应性是啥事都能顶得住（改善环境，减缓环境影响或适应环境）。为确保航天型号产品“六性”工作取得实效，应做到“六性”工作项目不漏项，而且每个工作项目的工作要求量化、具体化，工作过程可检查，工作结果可评价，同时对每个工作项目还应制定操作层面的实施指南，指南中应明确每项工作是否做到位的评价准则和附有配套的检查单。在实施过程中，应组织专家对“六性”工作是否达到要求进行独立评审和把关，以实现持续改进。

第六章

航天零缺陷系统工程管理方法

中国航天在探索实践质量工作科学发展规律的过程中，创新和发展了航天零缺陷系统工程管理理论，建立并完善了具有中国特色的质量管理模式和工作体系。为确保质量管理要求的落实落地，中国航天一直高度重视先进的质量工程技术和工具的开发应用，注重结合中国实际，推动质量与可靠性管理方法的创新发展，逐步形成了具有中国航天特色的质量管理方法，我们称之为航天零缺陷系统工程管理方法。

航天零缺陷系统工程管理方法，是在航天工程质量管理探索实践中总结形成的管理成果和经验，是经过广泛推广使用并被证明行之有效的质量管理方法，涉及航天质量管理模式、质量策划与分析、质量控制与监督、质量评价与改进等方面，是对航天工程设计、生产、试验和交付等全过程实施精细、量化控制的有效措施，对不断提升航天质量管理能力水平，充分识别和控制航天型号风险，保证航天产品的高质量和工程任务的一次成功，发挥了重要技术支撑作用。

本章重点介绍航天零缺陷系统工程管理方法中的部分原创内容，主要包括质量交集分析、飞行时序动作分析和确认、产品成功数据包络分析、单点故障模式分析、型号独立评估、测试覆盖性分析、元器件“五统一”管理、产品成熟度评价、质量检查确认、质量问题归零等方法。质量交集分析方法是在单因素风险评估的基础上，提出的基于多风险叠加的风险评估方法；飞行时序动作分析和确认方法是以运载火箭飞行成败为聚焦点的技术风险综合管理方法；产品成功数据包络分析方法是确认飞行试验产品各项参数是否在产品成功数据包络内，并对超出数据包络的参数开展技术风险分析的方法；单点故障模式分析贯穿全系统、全过程；型号独立评估是针对重大、首飞型号关键技术风险辨识的一种方式；测试覆盖性分析是对型号产品测试检查项目覆盖产品设计任务书或技术要求规定的功能和性能指标的程度，以及型号产品地面试验状态满足产品实际使用测试状态的程度的分析；元器件“五统一”管理是确保元器件质量的一种有效管理方式；产品成熟度评价是辨识产品成熟度，为产品选用和改进提供基础的方法；质量检查确认是把事后的质量复查转变为型号研制全过程的有计划、分阶段、全方位的质量检查和确认；质量问题归零是航天独创的质量问题闭环管理的方式，是提升技术能力和管理水平的重要手段。

第一节　质量交集分析

一、概述

交集的概念源于数学中集合的概念，是指在全集范围内，多个子集合中所共有的元素组成的集合。

交集分析的方法本身是通用的，已被广泛应用在各种领域，但是在航天领域应用于质量风险分析与控制则是一项首创性的工作，是落实零缺陷理念的成功实践。由于航天工程质量的特殊重要性，为确保产品质量与可靠性，航天工程研制试验工作中开展了大量风险识别与控制工作，采用了诸如 FMECA、FTA、概率风险评估（PRA）、设计裕度分析（DMA）、技术成熟度分析等一系列可靠性与风险分析技术，但这些技术一般都是单一方向、特定因素或趋势性分析，是对已确定的风险项目组织开展定性与定量评价工作，确定技术风险项目后果严重性、发生可能性以及风险综合等级等，进而有针对性采取控制措施。由于航天产品系统复杂性、影响研制质量的多因素、生命周期环境剖面及产品质量状态的多样性，已有的分析方法还不足以解决关键环节重点产品的万无一失问题。最早提出“质量交集分析”概念是在 2003 年，为确保中国首次载人航天飞行任务成功，降低首飞风险，研制队伍首次采用了“质量交集分析法”进行风险分析。该方法是在原来单因素风险评估的基础上，提出了基于“质量交集分析”的多风险叠加的风险评估方法，交集重叠的部分即是风险管控的重点。交集中的子集数目越多，说明对应该交集产品的风险越高，即具有多重“质量交集”的产品风险越高。因此，采取的风险控制措施相应更加严格和有效。要避免在设计中出现“质量交集”，特别是要杜绝多重交集的情况出现，新设计的产品要避免或减少测试覆盖不到的项目；对于影响成败的必须或尽量采取冗余措施，避免单点失效。

针对神舟五号飞船发射任务，当时提出并进行的质量交集分析是以火箭、飞船关键和重要产品为分析对象，对其“质量有前科、技术状态有变化、测试覆盖不到、单点失效”等情况进行分析，把存在每一类情况的产品当作一个集合，对集合的相交情况进行分析，根据其相交情况，找出存在“两交集”“三交集”“四交集”风险的产品，明确风险控制重点，然后对这些重点产品的全过程质量控制情况进行复查、确认，给出其是否可以确保飞行成功的明确结论。质量交集分析的示例如图 6－1 所示。图中，A 是质量有前科的集合，B 是技术状态有变化的集合，C 是测试覆盖不到的集合，D 是单点失效的集合。

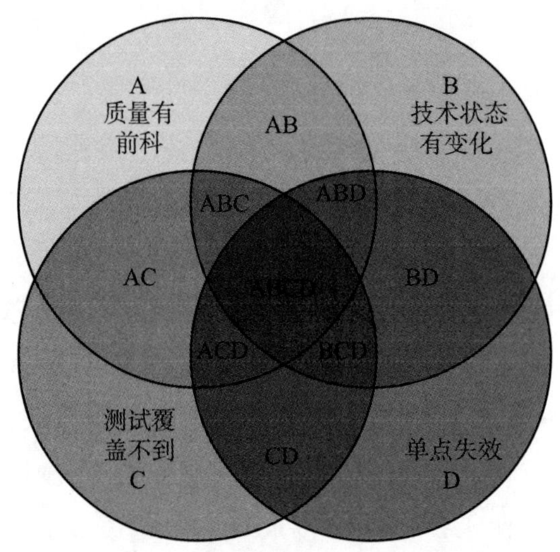

图 6－1　质量交集分析的示例

中国首次载人航天飞行任务圆满成功之后，为提高载人航天工程的可靠性与安全性，在工程研制中航天型号研制队伍系统策划并组织实施了“质量交集分析”工作。对飞船和火箭装机产品导致单点失效、质量问题多发、不可测项目、技术状态变化等情况以及其他风险情况进行了更深入的交集分析。按照交集级别（相交数量）设置处理方法和监控级别。根据质量交集分析结果，进一步做好可靠性分析和“六性”水平提升工作，采取相应的改进和风险防范控制措施，确保产品的最终质量，确保不带问题上天。“质量交集分析法”在载人航天工程型号研制中得到了较好的应用，也逐步推广到其他型号应用，形成了一套质量交集分析技术和管理方法。质量交集分析方法为航天风险分析与控制工作的深入开展提供了重要手段，为确保产品质量和可靠性奠定了重要基础。

二、质量交集分析实施过程

质量交集分析作为风险识别的一种方法，其核心是针对具体任务，结合产品成熟度分析，通过对产品形成历程的分析、归类，对识别、聚焦可能影响任务成败的关键产品以及导致任务失败的风险因素，提供一条技术途径。首先识别子集风险因素和确定风险指数，然后通过“质量交集分析法”对各种子集风险因素进行交集处理，计算出交集重叠部分的总风险指数。根据总风险指数的大小，对风险进行排序，有针对性和有重点地开展风险管控。质量交集分析工作主要内容包括：任务剖面分析、子集风险识别与风险评价、交集总风险评价和风险排序、风险应对与监控。具体内容如下：

（一）任务剖面分析

任务剖面分析是明确航天型号产品在执行任务期间经历的所有事件、环境条件、使用工况等，为产品可靠性设计提供全面、正确的输入。

分析航天型号任务期间经历的所有环境（包括自然环境、诱导环境、环境与产品相互作用产生的环境效应），明确并量化影响航天型号系统功能、性能与可靠性的关键环境要素及条件。

在航天型号任务分析的基础上，分析航天型号系统任务期间的所有飞行事件及事件链，明确事件链中的关键事件。

在事件链及关键事件分析的基础上，分析由航天型号空间环境和航天型号系统本身的工作模式相组合的工作状态，明确航天型号系统所有工况（包括工作模式及持续时间、该模式下环境应力、对外接口特性的变化等），确定航天型号系统各种工作状态下的最恶劣工况。

在航天型号系统最恶劣工况分析的基础上，分析影响航天型号系统功能实现或导致任务失败的关键故障模式，明确航天型号系统关键故障模式及可接受的降级模式，建立航天型号系统任务成功的判别准则。

（二）子集风险识别与风险评价

子集风险识别包括确定风险源和风险产生条件，描述风险特征和确定有可能影响航天型号研制任务的风险事件。风险识别工作应在整个研制阶段内反复迭代进行。

型号两总系统根据航天型号任务要求，充分利用已积累的信息（含相关标准、规范等）和实践经验，组织开展全系统（是指风险识别要覆盖航天型号系统级、分系统级及设备级产品）、全过程（是指覆盖产品研制的设计、生产、测试、试验等全过程）、全要素（是指覆盖航天型号技术风险管理中的风险因素及各专业技术领域方面的风险因素）的风险识别，对识别出的子集风险项目的全面性和准确性负责。将识别出的风险项目汇总形成清单，并经评审确认。

型号两总系统及各级产品负责人应结合航天型号及产品各研制阶段特点，对已确定的风险项目组织开展定性或定量评估工作，确定风险项目后果严重性、发生可能性以及风险综合等级，形成各级风险项目清单，并制定控制措施。

（三）交集总风险评价与风险排序

制定风险评价矩阵，进行风险评价，风险评价矩阵见表 6-1。

表 6-1　风险评价矩阵

产品名称	子集风险					R（交集总风险指数）
	r_1	r_2	r_3	…	r_n	
P_1	r_{11}	r_{12}	r_{13}	…	r_{1n}	$R_1=\sum_{j=1}^{n} r_{1j}$
P_2	r_{21}	r_{22}	r_{23}	…	r_{2n}	$R_2=\sum_{j=1}^{n} r_{2j}$
…	…	…	…	…	…	…
P_m	r_{m1}	r_{m2}	r_{m3}	…	r_{mn}	$R_m=\sum_{j=1}^{n} r_{mj}$

注：$r_1,r_2,r_3,\cdots,r_n$ 表示子集风险1，子集风险2，子集风险3，…，子集风险 n；r_{ij} 表示子产品 i 对应的子集风险 j 的风险指数；r_{ij} 的计算见表 6-2。$r_{ij}=0$ 表示子产品 i 不存在子集风险 j 的风险指数。

表 6－2　风险评价矩阵例

风险可能性	风险严重性			
	Ⅰ(灾难的)	Ⅱ(严重的)	Ⅲ(轻度的)	Ⅳ(轻微的)
频繁	1	3	7	13
很可能	2	5	9	16
偶然	4	6	11	18
很少	8	10	14	19
不可能	12	15	17	20

注:风险指数建议原则

1～5　不可接受

6～9　不希望(需要管理者决策)

10～17　可接受,但需管理者评审

18～20　不需评审即可接受

交集总风险排序的原则:

1）产品子集风险个数越多，其风险越高;

2）在产品的子集风险个数相同的情况下，交集总风险指数越低，其风险越高。

（四）风险应对与监控

型号两总系统根据交集风险总指数结果，梳理确定高风险项目、中风险项目和低风险项目，有针对性地提出消除、降低或接受风险的应对措施，确保风险应对措施充分、有效和合理。对于采取措施后降低或消除的风险，应重新进行风险评估;对于新认识到的风险，应及时补充到风险项目清单中，确保每项风险控制措施得到落实。

对于高风险项目，型号两总系统及相关单位制定消除或降低风险的应对措施，建立独立的技术风险项目控制表，全面描述风险项目相关信息，明确风险减缓或控制措施、风险控制计划安排、风险控制结果及检查方式、风险控制责任单位等，并落实在航天型号研制生产的各个环节中;采取计算、分析、试验等手段，验证风险控制措施的有效性，加强对实施效果的评估，并对采取措施后的项目重新进行风险综合评级，保证在航天型号出厂前风险降低至可接受水平。

对于中风险项目，型号两总系统及相关单位将其作为节点质量控制和里程碑评审的重点内容，重点监控，在后续研制生产各环节中密切关注，并结合研制流程采取有效措施，保证在航天型号出厂前风险降低至可接受水平。

对于低风险项目，型号两总系统及相关单位进行必要的监控，跟踪并记录其后续状态变化情况，防止风险等级上升。

质量交集分析方法在航天得到广泛推广实施。如长征三号甲系列型号结合本型号产品特点及发射任务，组织实施交集分析，识别存在的风险，并在进行确认的基础上，制定有针对性的预防措施。长征三号乙 Y8 出厂前，型号组织总体和各系统针对 Y8 火箭配套产品，从“技术状态变化、出现过质量问题、单点失效、影响成功”4 个环节进行交集分析，对存在 3 个、4 个环节交集的产品，复查研制质量保证情况，完成专题复查报告，给出能否满足任务要求的明确结论。同时，相关单机和系统要针对这些产品可能存在的风险制定发射场预案。长征三号丙 Y2 火箭出厂前，型号组织各单位、各系统针对“技术状态变化、出现过质量问题、单点失效、影响成功、可靠性指标相对偏低”等 5 个方面，开展五交集分析；重点对存在 3 个、4 个、5 个交集产品的质量保证情况进行复查确认，并给出是否满足任务要求的明确结论。

第二节　飞行时序动作分析和确认

一、概述

运载火箭每一次的成功发射，每一次的正常飞行，均需经历各项射前准备、点火、起飞、各子级飞行和分离、抛整流罩、星箭分离等多个飞行时段，每个飞行时段均对精度和顺序有极高要求，包括数以千计的时序指令和动作，必须确保每一个时序动作都能够精密地配合，才能保证大系统的正常有序运行。运载火箭的技术风险隐含于每一个时段、每一个时序、每一个动作的设计之中。

2006年，航天出台了以“飞行时序动作分析与确认”方法为代表的《航天型号技术风险分析要求》，这是航天系统最早出现的以文件的形式正式全面提出的型号技术风险控制的要求。

在火箭发射流程中，某一时刻发生的、以单独代号命名的一个指令称为时序。该指令包含了一系列信息流的传递，往往需要2个以上乃至多个系统（含产品）参与其中进行接力。因此，飞行时序动作分析也称为“接力棒”分析。时序动作是某一时刻同时发生的若干个动作的集合。火箭完美的飞行过程要靠时序关系的正确、逻辑合理，要保证所有执行动作的协调、可靠。

飞行时序动作分析与确认方法是以时序为主线，综合运用多种设计分析与质量管控手段，查找设计实现中输入输出、接口、设计验证等全系统、全过程的技术风险，通过设计迭代进行有效防控，从而消除或降低技术风险，确保实现用户提出的产品各项要求。飞行时序动作分析与确认方法基于逻辑推演和仿真的理念，检查实现的条件，从而达到消除风险的目的。

为此，通常以发射准备、点火到飞行结束的飞行时序过程为出发点，以每一个飞行时序动作为牵引，对每个动作或影响成败的关键环节（项目）的输入条件、输出（相应）结果、设计指标及满足情况、设计余量、可靠性措施、环境及相关影响、试验验证或仿真、计算等工程分析情况进行系统梳理，查找需要进一步分析和确认的问题，进而消除技术上可能存在的风险和隐患，最终得出从设计要求、设计结果到飞行实现能够完整闭合的推演分析结论。

二、风险因素识别与分析

根据近年来航天型号发射过程中的风险案例的统计分析和国内外航天飞行重大失利故障的调查结果，综合分析认为，影响航天型号发射、飞行的风险因素有时域风险、空域风险、差异性风险、影响域风险、环境适应性风险和裕度风险等六大类。飞行时序动作分析就是对型号发射、飞行的六大类风险因素进行识别与分析。

（1）时域分析

1）时序设计是否协调匹配；

2）时序动作指令能否正确发出，设计上是否单点，有无备保；

3）关键指令或指令须多项环节（条件）串行的，各环节是否匹配，能否保证工作正常。

（2）空域分析

1）各类动作的空间行为是否对相关产品或动作产生影响；

2）在空域环境作用下，各类动作是否与地面模拟试验状态一致；

3）各类动作能否产生多余物（活动物）及可能产生的多余物（活动物）对周边产品的影响。

（3）差异性分析

1）飞行状态、环境与地面试验状态、环境存在的差异；

2）技术状态与经飞行试验考核的状态是否有变化。

（4）影响域分析

1）各项时序动作对相关系统产生的影响；

2）各项时序动作对周边环境带来的变化（影响），如热环境、力学环境、电磁兼容环境等。

（5）环境适应性分析

1）不满足任务书要求的项目；

2）对实际飞行环境未完全认知的项目；

3）各时序动作可能对周围环境产生变化的项目。

（6）裕度分析

1）各类设计指标处于边缘状态的项目；

2）环境适应性处于技术指标的边缘或未完全认识的项目；

3）地面试验不能完全模拟飞行环境的项目。

三、分析与确认过程

飞行时序动作分析和确认的工作流程如下：

1）由总体按照飞行任务剖面和飞行时序，以表格形式将飞行任务划分为一系列飞行时段，并由设计师系统讨论、确定飞行时段选取的合理性，同时明确每一个飞行时段的技术责任人，详见表 6－3。

表 6-3　飞行时序动作分析与确认表

飞行时段	飞行动作或关键环节（项目）	输入条件和工作环境确认	输出（响应）结果	设计指标	指标实现情况（含设计余量）	可靠性设计保证措施	产生的环境及其相关设备（系统）适应性分析	试验验证或仿真、计算分析结果	人员保证	确认人
飞行时段1	动作1，动作2，动作3，……，动作 n									
飞行时段2										
飞行时段3										
…										
飞行时段 n										

2）由各系统副总师和系统主任设计师对表格内容进行细化、分解，梳理出各时段的飞行动作和影响成败的关键环节（项目或系统），提交两总审查、批准。

3）由各系统主任设计师、主管设计师根据表格要求，充分利用仿真、设计、验收、地面试验和以往飞行试验获得的数据及结果，根据风险的六大分析原则，对每个动作和项目采取的各类保证措施进行分析和确认。

4）由型号两总组织各系统进行充分的交流、讨论和审查。通过复查和讨论，一方面，提出需要进一步分析确认的问题和项目，再进行分析、研究和确认；另一方面，对识别出的新的风险进行分析，提出应对措施并组织设计改进。

飞行时序动作分析与确认方法注重系统的输入输出、接口、环境、地面试验、仿真分析、理论计算和工程分析结果等。从分析的流程看，从发射准备到飞行全过程，类似接力棒形式，体现了全时域、全空域的思想。从组织的流程看，总体、分系统到单机逐级分解，从型号两总、副总师到主任设计师层层落实，体现了全员参与的工作思路。在进行飞行时序动作分析与确认的工作中，尤其重视每一个飞行动作完成时是否满足下一个动作开启时在时域、空域和环境等方面应具备的条件，即重视动作交接区域的无缝连接。

通过这一分析方法的实施，可有效地发现航天型号潜在风险和问题，及时采取改进措施，确保了航天任务一次成功。这方面的成功案例很多，如长征五号运载火箭在点火段，9 秒之内就有 58 个时序动作发生。在飞行时序动作分析过程中，通过对时域、空域方面时序的输入输出条件、冗余措施、备保措施以及设计域度、环境适应性的详细分析，发现了两个方面的问题：一是发动机点火时刻存在一个瞬时电流的冲击，对外部存在电磁兼容性干扰，需要屏蔽导线，避免外部干扰；二是经参数指标分析，一级发动机电磁阀供电电压为21.9 V，略低于任务书要求的 22 V 指标，需要增加导线面积，降低线缆压降。

第三节　产品成功数据包络分析

一、概述

2009 年 5 月，为做好航天某型号“风险辨识及控制”工作，对该型号产品性能及材料工艺离散是否包络在试验考核范围内开展了复查。为把此项质量复查工作做深、做细、做实、做得有意义，型号研制队伍创新性地提出了产品性能和工艺参数离散性分析的复查方法，提炼形成了“产品性能及材料工艺离散是否包络在试验考核范围内复查的实施办法”，并按照风险分析的思路开展此项复查工作，对抽检产品性能指标相对以往试验考核的指标进行了分析。通过对产品参数离散性复查，查找出超出以往成功参数包络范围的数据，逐一作为风险点进行分析判断，提出有效的防范措施或给出不会给飞行试验带来风险的明确结论，以此作为可以参加飞行试验的条件之一。伴随着型号的成功，又对该项技术方法进行了深化与延伸，将风险分析从产品单位延伸到了原材料和元器件单位；从测试验收环节延伸到了产品生产工艺过程；从设计、工艺偏差的大圆延伸到成功包络的小圆；从产品质量本身复查延伸到设计裕度复查；从可测产品延伸到不可测产品。

同年，性能和参数离散的成功包络分析方法得到了各方面高度评价。航天总结型号的成功应用经验，制定了《航天型号产品数据包络分析管理要求（试行）》，明确了产品数据包络分析的基本概念，产品数据包络分析的工作程序以及研制各阶段的工作要求。

2010年，航天印发了《包络线分析若干规定》，全面推广产品成功数据包络线分析方法。

2011年，为进一步完善产品成功数据包络分析的理论方法，航天从总体、分系统到关键单机，系统化地开展了“产品成功数据包络分析研究及应用”专项研究，以便在国防科技行业进行全面的推广。通过课题研究，建立了产品成功数据包络分析方法体系，开发了软件工具，形成了一系列应用规范，突破了复杂系统关键产品和关键特性确定、包络线构建和包络分析结果风险评估以及闭环管理等关键技术。产品成功数据包络分析方法作为中国航天工程实践中总结出来的技术方法，被纳入航天技术风险管理方法体系中。

2012年，基于产品成功数据包络分析等方法的研究与应用成果，“运载火箭技术风险管理体系的建立和应用”项目获得全国质量技术奖唯一一等奖。2014年，航天制定并印发了首个产品成功数据包络分析的标准——Q/QJA 302—2014《航天型号飞行成功数据包络分析要求》。

产品成功数据包络分析方法是在开展航天产品数据包工作的基础上，在飞行试验产品各项参数满足设计要求的前提下，确认飞行试验产品各项参数是否在产品成功数据包络内，并对超出数据包络的参数开展技术风险分析，进而评估该发弹（箭）参加本次飞行试验风险的一种方法，是航天产品数据包管理成果的应用。

二、分析程序

成功数据包络线分析主要程序如下：

1）确定关键产品及关键参数。根据型号的具体情况，分析确定影响型号成败的关键产品及关键参数，经评审后作为型号开展成功数据包络线分析的基础。

2）形成包络分析范围。统计历次成功飞行试验产品参数的实测值，并结合成功地面试验结果，找出上、下边界，形成成功数据包络范围。

3）开展确认和分析。将参加飞行任务产品的各项关键参数实测值与成功数据包络进行逐一比对，查看趋势；分析数据是否在成功数据包络内，同时确认产品的质量表征趋势。

4）开展风险分析。针对超差或超出包络的参数，尤其是超差、不包络的数据，逐一进行风险分析，确定应采取的控制措施。

5）形成分析结果与结论。成功数据包络分析结果分为 4 种，分别是："合格、包络""合格、不包络""超差、包络""超差、不包络"。

• 对于"合格、包络"的数据，确认其一致性和稳定性，给出满足飞行任务的结论。

• 对于"合格、不包络"的数据，一方面，重新确定其子样数，扩大包络分析范围，在确实无法包络的情况下，进行风险分析和评估，给出是否影响飞行任务的结论，并根据分析结果采取措施；另一方面，对参数、性能要求的合理性进行分析和评估，根据分析、评估结果确定是否修改。

• 对于"超差、包络""超差、不包络"的数据，特别是"超差、不包络"的数据，围绕产品让步接收以及产品质疑单办理、审批手续等情况进行检查确认，进行风险分析和评估，给出是否影响飞行任务的结论，并根据分析结果采取措施。

综上所述，产品成功数据包络分析工作的量化控制流程如图 6－2 所示。

三、分析要求

在成功数据包络线分析过程中，对于可检验、测试的产品参数，一般应进行性能参数成功数据包络线分析；对于不可检验、测试的产品参数，一般应进行原材料、工艺参数成功数据包络线分析；对于与飞行环境密切相关的参数，一般应进行环境参数成功数据包络线分析。

1）型号转入初样研制阶段后，即确定开展成功数据包络线分析的产品和参数，并结合航天产品数据包的相关要求，对产品相关参数进行积累，在成功、可靠、有效的数据基础上逐步建立成功数据包络。

2）在参加飞行试验的单机、分系统产品逐级验收前，产品承研承制单位需完成成功数据包络线分析工作，形成产品成功数据包络线分析报告，作为产品验收的重要依据并纳入产品验收评审。

3）弹（箭）出厂前，型号需组织有关单位完成产品数据包络线分析工作，由总体设计单位汇总后作为型号产品出厂质量报告的部分章节，纳入型号出厂评审。

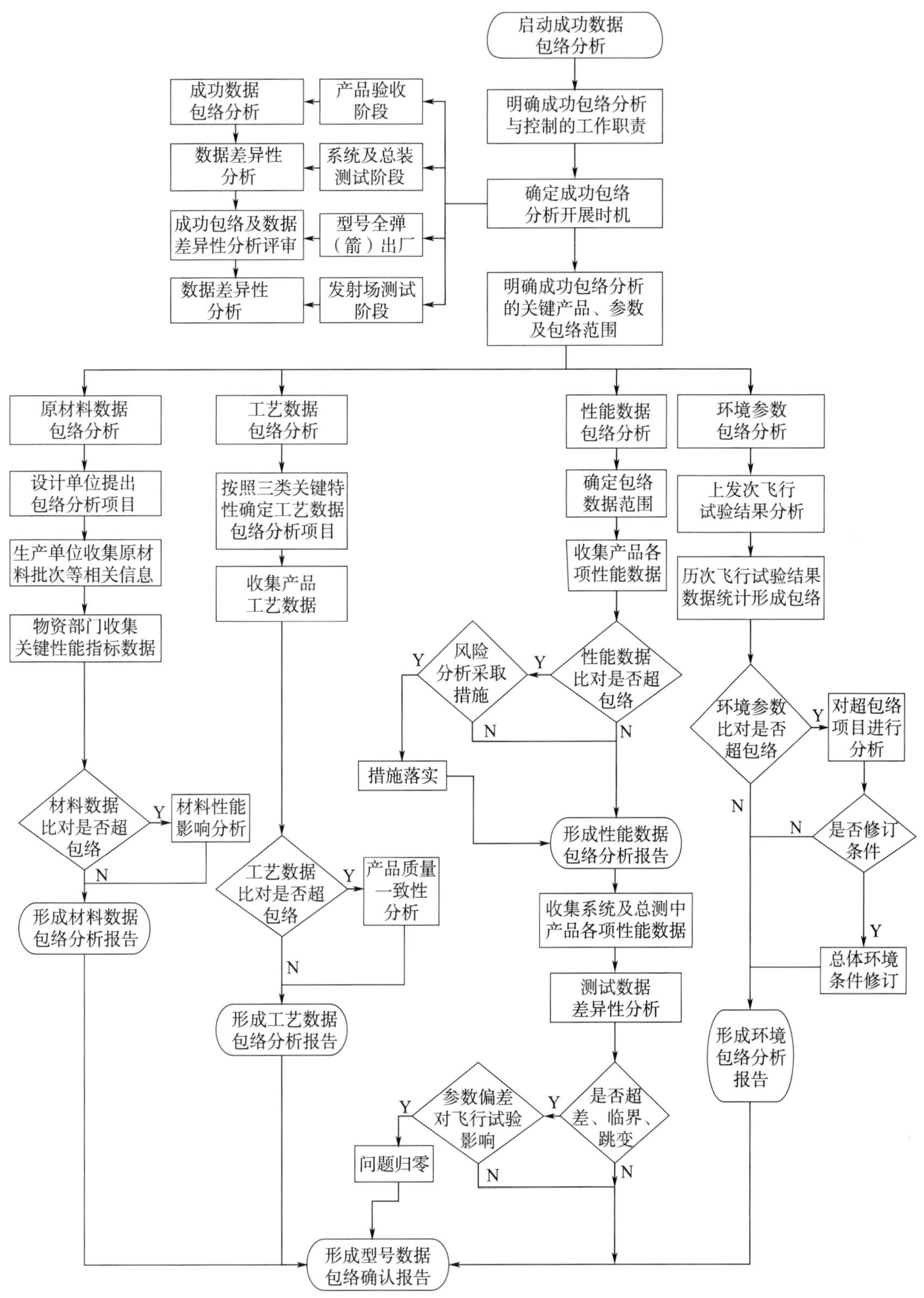

图 6－2　成功数据包络线分析量化控制流程

4）型号需充分利用信息化手段，建立产品性能、原材料、工艺和环境参数成功包络线数据库。

5）随着型号科研生产工作的深入和推进，需及时将各阶段飞行试验、地面试验成功验证的产品性能、原材料、工艺及环境参数纳入包络数据库中，使其得到有效扩展和动态更新。

6）成功数据包络线分析方法需不断更新、持续改进，在实际应用中充分借鉴和吸收其他方法的成功经验，不断改进和完善分析方法和分析程序，为确保飞行试验成功，提高风险分析水平及促进设计、工艺改进起到更大的作用。

成功数据包络线分析方法在航天得到广泛开展并取得实效，运用该分析方法发现问题并成功解决的案例很多。如 2011 年，在发射场对长征三号甲 Y17 火箭动力系统测试数据与包络线进行对比，发现火工品引爆线路回路阻值超出包络线 0.7 Ω，但合格。经排查，发现了电缆网插头根部 3 根导线由于操作不当可能造成断裂的隐患。

第四节　单点故障模式分析

一、概述

20 世纪 80 年代后期至 90 年代中期，随着可靠性工程管理相关工作的不断深入，“单点故障模式”也作为可靠性的一个术语出现在航天型号文件中。在这一时期，虽然提出了单点概念以及设计上消除单点环节理念，但在型号实践中尚未针对单点故障模式制定系统规划及明确规范。

载人航天工程实施后，为提高载人火箭的可靠性，长征二号 F 火箭研制明确提出了消除单点故障模式的要求，以可靠性设计为中心，首次实现了控制系统全冗余化设计，在系统级消除了Ⅰ、Ⅱ类单点故障模式。虽然单点故障模式控制工作在长征二号 F 取得突破，但由于“纵强横弱”的客观现实，各型号间差距较大，部分型号对于单点故障模式控制的意义并未充分认识，尚未开展实质性工作。

进入 21 世纪以来，随着型号研制工作由重点关注性能向性能与可靠性并重的转变，单点故障模式分析不断深入，并进一步明确为型号研制可靠性的关键工作项目之一。通过单点故障模式分析，又引入产品设计、工艺和过程控制三类关键特性，进而在质量管理过程中加以控制。通过长征二号 F、长征三号甲等型号的全面推广和经过几轮的反复摸索，中国航天建立了型号单点故障模式识别与控制的工作方法及流程。2011 年年初，《航天型号单点故障模式识别与控制方法》标准发布实施，确定了单点识别的主要方法（FMEA、FTA），提出了依据Ⅰ、Ⅱ类单点故障模式设立可靠性关键项目和强制检验点等控制方法和措施。

二、分析方法和结果确认

单点故障模式分析与控制工作，应按照“分阶段迭代、分层次集成、全过程控制”原则进行，自上而下分解要求，自下而上逐级确认，达到单点故障模式的闭环控制。具体做法如下：

1）单点故障模式及关键特性识别分析与控制工作，由型号总体院抓总和策划，在型号全系统范围内展开；从型号方案研制阶段开始，贯穿于初样研制阶段、正样（试样）研制阶段等全研制过程。

2）单点故障模式分析的结构层次划分为全箭（星、船、弹）、分系统、单机（组件）、元器件/零部件四级；分析范围至少涵盖各分系统的箭（星、船、弹）上组件，影响任务完成的Ⅰ、Ⅱ类单点故障模式要分析到元器件/零部件级；重点加强对接口的分析，分系统内部的接口由分系统负责，分系统间的接口及其他接口分析由总体负责。

3）单机、分系统、总体单位按照 FMEA（自下而上）、FTA（自上而下）等方式，全面识别型号产品存在的Ⅰ、Ⅱ类单点故障模式。在此基础上，对产品设计、工艺和过程控制关键特性的三个方面进行全面识别和量化控制，纳入产品数据包。针对单点故障产品，采取控制措施消除单点故障模式，或降低单点故障模式发生的概率，强化检验测试环节。对产品数据包尤其是关键特性参数的量化记录进行全面分析，对数据完整性、有效性和可追溯性做出明确结论，关键特性参数的记录要求必须做到 100％量化。

4）产品设计关键特性重点围绕用户要求、任务保障、系统兼容、环境适应、可靠性、安全性、维修性等方面的分析来确定；产品工艺关键特性重点围绕产品设计关键特性的工艺实现及不可检测项目来确定；产品研制过程控制关键特性重点围绕产品设计关键特性和工艺关键特性的生产实现来确定。型号各级产品关键特性参数要进行量化管理，主要工作包括关键特性参数识别与确认、量化记录与控制等内容，关键特性参数包括拧紧力矩、关键尺寸等。

5）在产品方案、初样、试样研制阶段直至产品出厂前，均要做好单点故障模式、产品设计、工艺和过程控制关键特性的识别和量化控制工作，不断完善产品数据包，针对产品形成关键过程设置必要的强制检验点。对Ⅰ、Ⅱ类单点失效环节要做到100％的识别，对单点失效环节，尤其是不可检、不可测的关键特性，要做到100％的量化控制；对型号各级产品单点故障模式识别的充分性和准确性、强制检验点设置的合理性和控制的有效性，要进行有效确认。

6）深入开展技术风险分析和关键环节的量化控制，重点开展关键特性识别与量化控制、设计裕度量化分析和确认、单点故障及其强制检验点设置充分性确认等工作，关注产品对型号的适应性、状态变化和生产过程的不一致性等带来的风险。在单机产品交付前、型号出厂前，分别对单机、分系统和总体关键特性参数的设计裕度及其鉴定试验的充分性进行100％确认，对关键特性的裕度要做到100％验证。

7）根据分析确认结果，提出后续产品改进计划，并严格落实。

单点故障模式分析流程如图6－3所示。

以长征三号甲系列型号为例，通过开展运载火箭型号单点故障模式及三类关键特性识别、分析与控制工作，针对识别出的设计、工艺与过程控制三类关键特性进行量化控制，按需要设置强制检验点，持续改进型号质量的量化控制。长征三号乙Y15火箭与同一状态的长征三号乙Y14火箭相比，量化力矩控制提升了41.29％。长征三号甲系列型号Ⅰ、Ⅱ类单点连接量化力矩控制提升了36.95％，消除Ⅰ、Ⅱ类单点模式数量2个，新增设置的关键特性产品620件/套，可测的关键特性产品数量增加了622件/套，新增设置强制检验点产品454件/套。

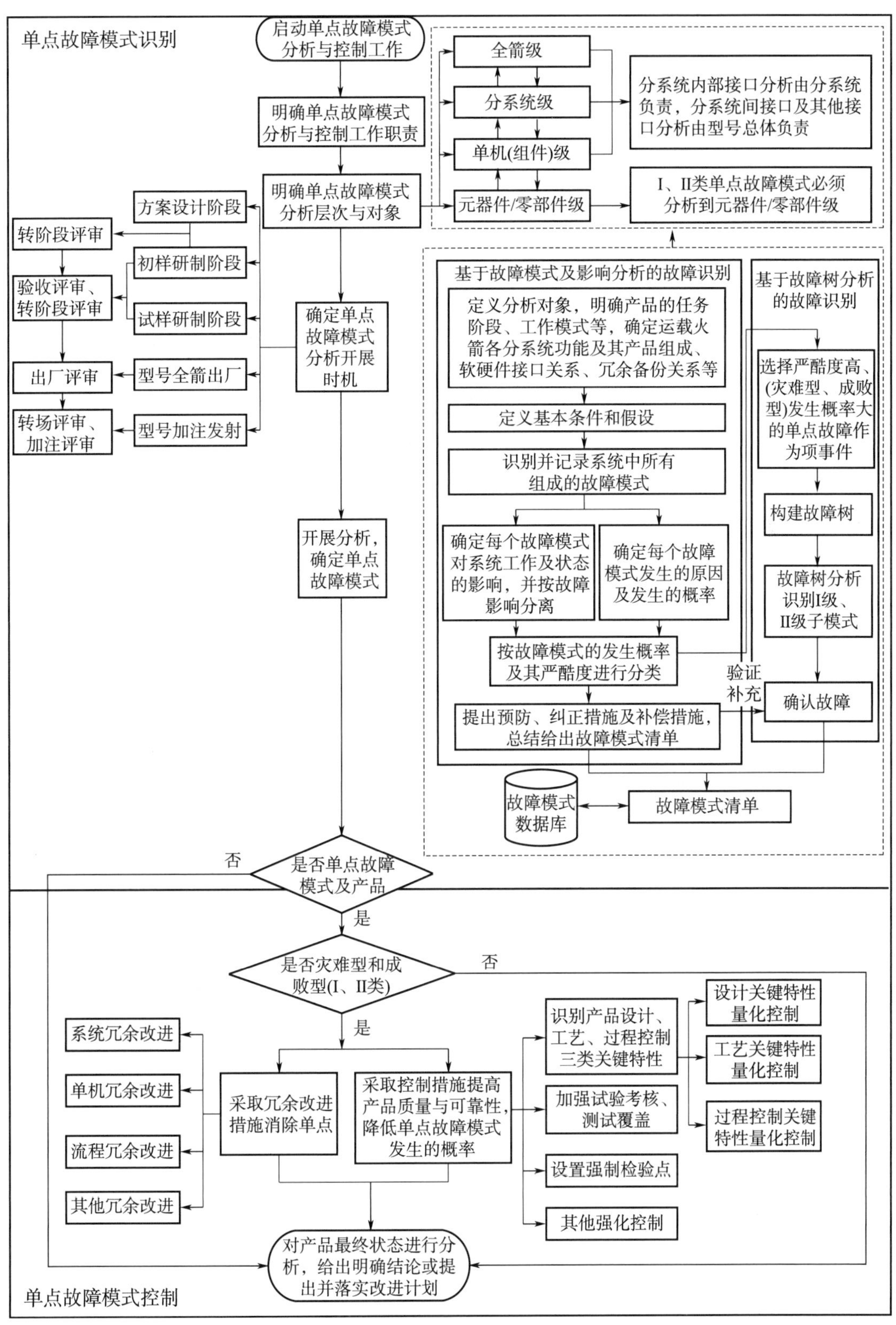

图 6-3 单点故障模式识别与控制分析工作图

第五节　测试覆盖性分析

一、概述

2000 年，航天针对靶场暴露的质量问题以及研制队伍中存在的松一口气思想，要求立即开展“六查”工作。其中明确提出，要检查出厂测试是否完全覆盖了靶场的测试项目和内容，如有漏项，必须补做工作。这是航天第一次提出测试覆盖性分析与控制的要求。

2002 年，在检查出厂测试覆盖性的基础上，在部分型号中实行了表格化检查，将此作为出厂评审的内容之一，使这一项工作进一步深化和细化。同年，针对个别单位对测试覆盖性工作重视不够，所暴露的问题已成为型号研制中突出的共性质量问题的状况，要求各型号出厂前必须进行测试覆盖性的检查与评审，并形成明确的结论，作为型号出厂放行的条件。

2003 年，为了提高型号研制地面试验及产品测试、检查的充分性、有效性和覆盖性，航天正式发文对测试覆盖性进一步提出了明确的要求，并按产品层级制定了各类单机、分系统、软件、全系统测试覆盖性分析与控制汇总表。航天各型号均按要求全面开展测试覆盖性分析工作。

测试覆盖性是指型号产品测试检查项目，覆盖产品设计任务书或技术要求规定的功能和性能指标的程度，以及型号产品地面试验状态满足产品实际使用测试状态的程度。测试覆盖性分析是基于产品规定的功能、性能能够全面检查的原则开展的分析与控制方法。

二、测试覆盖性分析流程

测试覆盖性分析为航天工程人员掌握型号系统状态提供了一条有效的途径，直接降低了系统不确定性，是消减技术风险的有效措施。该方法适用于单机、分系统、总体在单项、专项或系统级的试验，适用于从方案阶段开始到定型的整个型号生命周期。

1）从方案阶段开始，各单机、分系统、总体在安排单项及系统级的地面试验时，就需要考虑地面试验项目设置的合理性、试验内容的充分性和试验结果的有效性。特别是系统级的大型地面试验，要借鉴已飞型号的环境条件，利用初样、试样试验结果和理论分析，对飞行环境条件逐步进行修正。试验要尽量模拟箭（星、船、弹）飞行环境和充分覆盖箭（星、船、弹）的实际飞行状态，不能覆盖的环节应通过理论分析和旁证试验，并验证该试验的充分性和试验结果的有效性。

2）产品测试覆盖性是设计出来的，在产品设计之初，必须充分考虑产品的可测试性。任务书提出单位要在任务书和技术要求中交待和明确测试的要求，并应适时地组织产品承制单位对任务书和技术要求中有关进行测试方面的要求，进行面对面的逐条讨论、协调和复核；产品承制单位要保证对任务书和测试要求与任务书提出单位理解一致。

3）在分析的基础上，单机设计应逐项列出产品出厂后测试不到和不再测试的项目，并提前向生产单位提出项目清单和要求。

4）产品出厂前的测试项目应该覆盖出厂后系统及靶场测试项目；对未覆盖的项目要列出清单，提出详细的预案和措施，并得到上一级系统的确认。

5）新研型号产品的测试覆盖性分析，要在产品初样设计阶段进行初步分析，在试样（正样）阶段进一步补充完善，在首飞产品验收中检查，在型号首飞出厂前进行正式审查。

测试覆盖性分析流程如图 6－4 所示。

（一）测试项目分解

在型号研制的方案阶段，要以飞行任务或其他既定约束为顶层约束，结合各型号测试性大纲要求，将技术指标要求对应的测试项目进行自顶向下逐层分解，从总体到系统，再到单机，确定测试覆盖性分析对象及项目。主要测试项目设置要遵循“单机覆盖系统，系统覆盖型号总体，出厂覆盖靶场，地面覆盖飞行”的原则。

（二）单机测试覆盖性分析

单机产品的出厂检查、测试要全面覆盖单机任务书和技术条件所规定的内

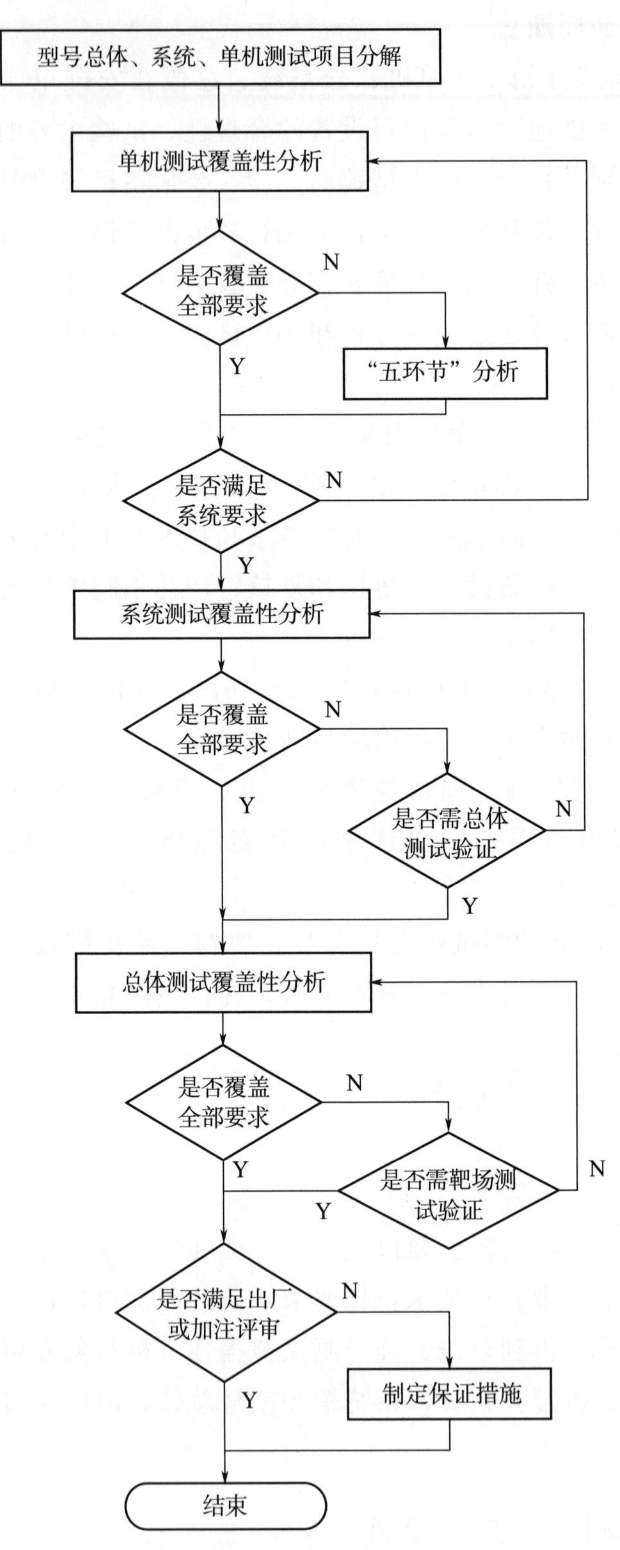

图 6-4 测试覆盖性分析流程

容，包括任务书、技术条件所规定功能和性能指标的测试情况及单机内冗余设计的测试情况，按性能要求、功能要求、接口设计、冗余设计等内容对单机测试覆盖性进行分析和确认。

单机在单元测试及产品出厂后不能覆盖的项目，要在产品验收、检验、工艺及人员保障各环节采取措施，并形成记录，证明产品在各种状态下可以满足设计要求。最好在关键单机产品图纸下厂前，进行产品测试、验收、检验、工艺、人员“五环节”的分析工作，确保“五个环节”能够保证其产品功能和性能。单机在检查中发现测试不到的项目要追溯到系统，要明确系统可在哪个环节测试到。

（三）系统测试覆盖性分析

系统测试覆盖性分析工作主要结合各系统的综合试验、专项仿真试验、半实物仿真试验等测试工作开展。系统测试要全面覆盖系统任务书和技术条件所规定的内容，包括任务书、技术条件所规定功能和性能指标的测试情况，系统级异常情况下的处理功能、冗余设计等。针对外系统接口、理论设计方法和算法等测试边界不够真实等情况，要提出上一级测试环节或经过仿真分析和试验验证的项目，并对系统测试覆盖性进行分析和确认。此外，针对单机提出的在单元测试中不能覆盖的项目，在系统分析中要给出是否通过系统测试覆盖的结论。

通过梳理，总结出系统测试未覆盖相关指标要求或接口要求的项目，并向型号总体报告。

（四）型号总体测试覆盖性分析

型号总体测试覆盖性分析工作主要结合型号系统间匹配试验、出厂测试等工作开展。要求型号总体的测试要全面覆盖发射场及任务状态的各项功能要求，以及系统间的接口及系统级冗余设计均能得到验证。针对工程外系统接口、理论设计方案和算法等测试边界不够真实等情况，要提出靶场测试或经过仿真分析和试验验证的项目，并对型号总体测试覆盖性进行分析和确认。此外，针对分系统提出的在系统测试中不能覆盖的项目，在总体分析中要给出是否通过型号总体测试覆盖的结论。

型号总体测试不能覆盖技术指标要求、不能进行握手见面的接口及发射场测试项目要详细列出不能覆盖的项目清单。针对此类项目提出保障措施，并有明确的结论，结论中要包含对任务成败的影响程度。

第六节　型号独立评估

一、概述

航天型号独立评估是针对国家专项工程、集团公司重点型号、首飞型号等重大型号，站在大系统层级的高度，以航天系统工程研制核心思想为基础，以风险管理方法论为指导，集中研制团队以外整个国防科技工业具有丰富工程研制经验的专家资源，围绕型号关键技术突破情况、系统接口协调匹配情况和研制过程管理情况，伴随关键研制阶段持续开展的一种独立、权威、深入的系统级风险评价活动。航天型号独立评估，起初只是对型号的某一系统、某一项目、某一专题进行，经过多年的探索实践，于 2015 年正式规范实施。

航天型号独立评估工作作为一项基于系统工程管理的，服务于工程、型号总体的风险管控实践活动，在国内外国防军工领域属首创。为此，航天进行了顶层策划、总体布局，在独立评估组织建设、队伍建设、模式方法和工作机制建设等方面进行了探索和实践，有效地识别了型号研制风险，保证了航天重大工程任务圆满成功。

二、组织管理与工作流程

航天型号独立评估思路：通过构建高效运行的组织管理体系，制定完善的管理制度和标准规范体系，调配评估资源保障评估活动，建设权威独立的专家队伍体系保证评估效果；以型号研制任务书和研制过程技术文件为评估双方沟通交流的基础，按照策划、实施、总结、闭环四个步骤，运用文件查阅、实物考证、交流质询和试验验证等多种形式，从识别风险的角度，对技术方案、产品设计、试验验证、可靠性、故障预案以及关键技术突破情况等方面进行独立、客观、深入的专业评估，达到有效管控系统级型号研制风险的核心目标。航天型号独立评估模型图如图 6－5 所示。

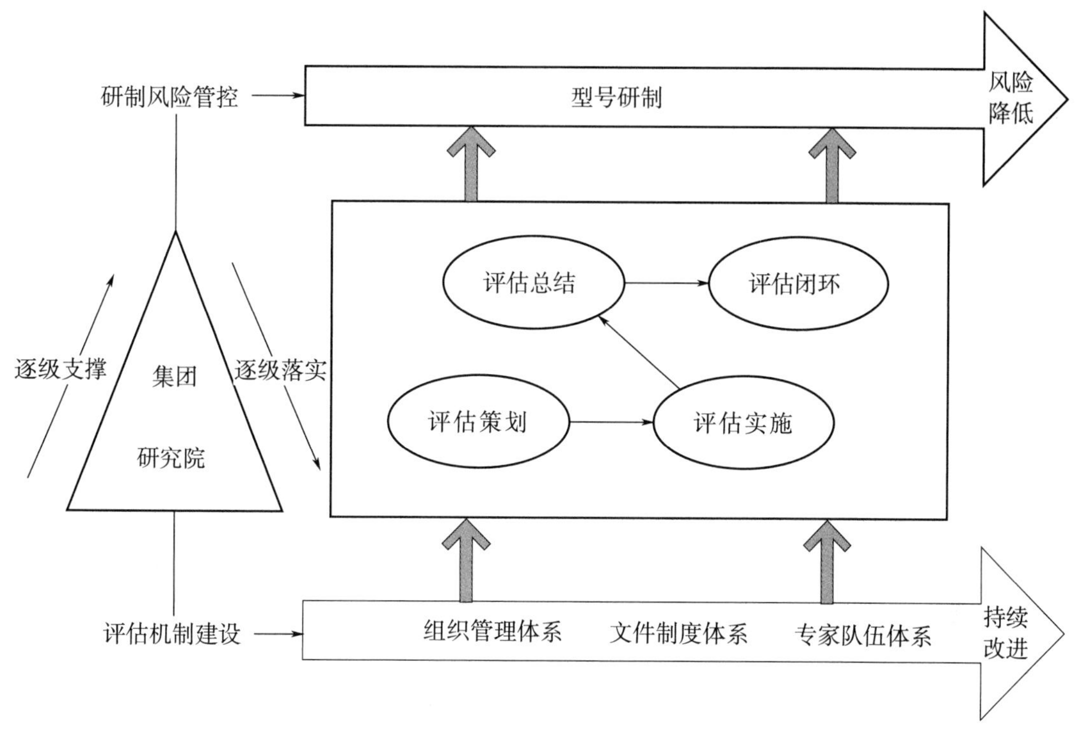

图 6－5　航天型号独立评估模型图

航天型号独立评估实施以来，持续完善支撑保障系统，建立了较为完善的组织管理体系、评估队伍体系，形成了科学规范的独立评估工作机制，有效保证了独立评估工作顺利开展。航天型号成立独立评估委员会，从顶层科学高效地策划和指导评估工作；成立独立评估办公室，在资源调配和组织协调方面突破研制单位的局限性，确保评估工作的深入和高效。

为确保航天型号独立评估工作规范开展，形成长效机制，针对独立评估工作特点，研究制定了《航天型号独立评估工作管理要求》，形成了《独立评估工作总结报告》《专项评估组总结报告》《独立评估组会议纪要》等独立评估全过程规范化的技术报告、记录表格模版，明确了独立评估组织机构和应具备的评估保障条件，规定了集团公司相关部门、各型号院、专业机构以及各评估组织在独立评估工作中的职责和工作程序，科学划分了评估策划、评估实施、评估总结、评估闭环四个工作阶段。

（1）评估策划阶段

本阶段的工作思路是“解放思想，集思广益”，主要任务是紧密结合型号特点完成对评估委员会人选提名，组建评估办公室。同时，型号上级主管部门

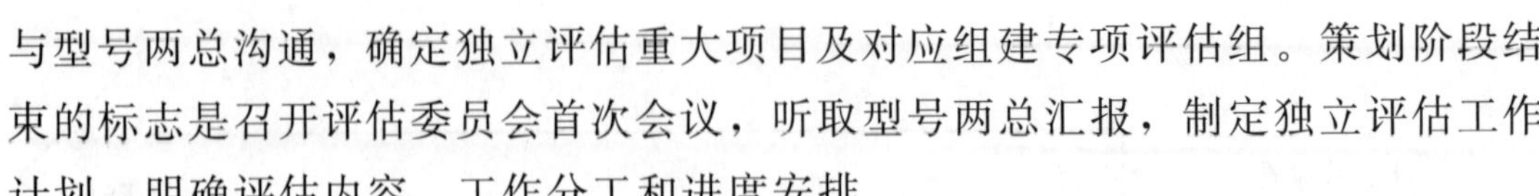

与型号两总沟通，确定独立评估重大项目及对应组建专项评估组。策划阶段结束的标志是召开评估委员会首次会议，听取型号两总汇报，制定独立评估工作计划，明确评估内容、工作分工和进度安排。

（2）评估实施阶段

本阶段的工作思路是“大胆质疑、小心求证、关注细节、注重证据”，本阶段的工作任务是按照各评估组关注风险项目分工，严格把关，帮助型号研制单位发现问题，提出解决问题的建议。本阶段工作结束的标志是各评估组召开末次会议，梳理重点关注问题及风险点解决情况，总结评估任务完成情况，形成初步评估结论与建议。

（3）评估总结阶段

本阶段的工作主要有，各专项评估组系统梳理评估工作成果，紧紧围绕评估组关注的风险点，回顾分析评估过程所提问题和型号系统对问题的书面答复，对识别的风险和管控措施的有效性给出正式评估结论和评估建议，并按照统一评估文件要求，编制完成专项评估报告；评估办公室汇总整理各专项评估组评估报告，在此基础上初步编写完成独立评估工作总结报告，提请评估委员会讨论通过；评估委员会召开末次评估会议，针对型号设计方案的正确性、试验充分性、测试覆盖性等方面给出最终评估结论和评估建议。

（4）评估闭环阶段

做到评估闭环，就要抓好评估建议的落实。由于独立评估工作早于型号发射或飞行阶段，截至评估末次会议时，会存在型号研制方仍未完成评估问题答复和评估建议未完全落实的情况，评估闭环是航天型号独立评估工作的延续，也是航天型号独立评估不可或缺的重要阶段，它体现了型号独立评估工作深入性的重要特点。在此阶段，评估办公室会持续与型号研制方沟通，跟踪问题答复和建议落实情况，督促型号两总系统完成相关落实情况报告或说明，报型号上级主管部门，完成风险识别管控工作闭环。

三、评估内容与实施

独立评估工作主要是将风险管控理念贯穿到评估工作全过程，紧密围绕航天型号核心任务实现，对影响任务成败的重大技术薄弱环节和潜在技术风险进行全面识别。其主要工作任务有，以系统工程研制的专业视角，全面评估各子系统技术方案，评估故障预案、试验验证和过程控制等方面的风险点，确认技术指标一致性，审查系统间接口考核验证的全面性；审议重大关键技术及重大工艺攻关情况、重大技术状态更改控制情况、重大质量问题归零情况、转阶段遗留问题处理情况等；评估关键产品设计裕度合理性、可靠性设计方案的正确性、分析验证工作的合理性和充分性、环境条件设计的合理性以及仿真模型的正确性和计算结果的合理性等，帮助型号研制单位识别出所有可能影响型号任务成功的重大风险项目、重大技术薄弱环节和潜在技术风险，提出建议和措施，为系统工程风险管控工作提供系统、权威的评估意见。

由于独立评估工作内容多，涉及面广，需突出风险评估重点工作。航天制定了《加强航天型号风险识别和分析工作若干要求》《宇航型号技术风险分析与控制要求》《武器型号技术风险分析与控制工作管理办法》等文件，明确了重点评估的10个方面内容：

1）方案可行性、合理性和正确性；

2）技术指标满足任务要求情况；

3）关键技术成熟度情况；

4）新技术、新材料、新工艺等情况；

5）可靠性、安全性和环境适应性设计、分析、试验、评估的正确性及有效性；

6）系统接口的协调性和匹配性；

7）试验验证、仿真分析的全面性、充分性以及测试覆盖性情况；

8）关键软件研制、关键元器件保证等情况；

9）技术状态控制、生产过程质量控制和质量问题归零等情况；

10）其他薄弱环节和潜在技术风险。

航天型号独立评估不同于通常意义上的论证、评审，具有持续时间长、介入程度深、与型号联系紧的特点，从评估工作启动开始，专家组要深入型号研制单位、研制队伍和研制现场，熟悉研制工作情况，围绕型号关键技术风险点，评估双方通过交流提问、型号答复、实施整改、效果评价等环节和上述流程的多轮迭代，确保风险充分识别，确保风险管控措施有效，确保问题闭环。独立评估工作实质是发挥专家群体的作用，充分利用相关行业领域老专家的经验和阅历，紧盯影响型号任务成败的关键风险点，实实在在地助力核心关键技术的突破。

在月球探测工程实施中，围绕我国首个月球探测器顺利实现软着陆并开展科学探测实现地月通信这一重大目标，开展了嫦娥三号月球探测器的独立评估。在嫦娥三号正样研制阶段，重点对嫦娥三号飞行总体、安全着陆系统、推进系统、巡视器等四个重大项目进行评估，相应确定了以四位院士为评估组长和首席专家牵头负责的专项评估组，共计 40 余位专家。评估专家组全面审视型号设计方案、关键技术突破途径以及试验验证方案合理性和充分性；全方位多维度对研制关键过程和技术方案大胆质疑、充分求证；重点聚焦制导、导航与控制（GNC）系统、着陆器、巡视器等关键系统和飞行时间保证链等分系统、子系统及关键单机的质量可靠性和测试覆盖性，以及各系统间接口匹配性、在轨故障预案的有效性和飞行事件保证链分析覆盖性，精准识别薄弱环节和风险隐患，保证了评估工作风险识别与管控的良好效果。

在为期六个多月的风云四号气象卫星独立评估工作中，为识别与评估卫星平台设计的合理性、试验的有效性及整星有效载荷的可靠性和关键技术风险，组建了三个专项评估组。评估组专家采用现场调研、沟通交流、资料分析、专题研讨等方式，对上海技术物理研究所，中国空间技术研究院第 502 研究所、西安分院、513 研究所，上海航天技术研究院第 805 所、811 所等共 11 个型号研制单位进行了专题调研，召开了各类评估讨论会 16 次，实地查阅了各类方案设计报告、产品研制总结报告、验收报告、图纸、归零报告、专项试验、专题分析报告等百余份文件资料，梳理出的近 200 项问题均有翔实的数据资料作为支撑。经过多轮交流、提问、答复、讨论、验证，识别出影响任务成败的重大技术薄弱环节和潜在技术风险，提出了相关工作建议，所提建议全部得到跟踪落实，完成了评估闭环。

航天型号独立评估确保了航天重大工程任务的顺利实施。除上述的嫦娥三号月球探测器、风云四号气象卫星外，长征七号运载火箭、载人航天工程交会对接任务等 10 余个重大航天型号、专项工程均开展了型号独立评估工作并取得良好效果，飞行试验均获得一次成功。

此外，航天型号独立评估搭建了航天知识经验交流平台和高端技术人才成长平台。评估专家与型号研制队伍充分交流讨论，不仅有助于航天技术的继承和创新，也有助于严谨务实作风的传承和培育。在评估专家团队的把关帮助和经验传授下，型号研制团队特别是年轻型号设计师，获得了研制任务急需的工程经验，提高了型号队伍技术攻关能力和型号管理水平。

第七节　元器件“五统一”管理

一、“五统一”要求

20 世纪 90 年代初期，航天型号逐渐由研制转入了工程应用阶段。为了适应航天事业发展的需要，满足工程质量要求，航天系统提出了元器件“统一选用、统一采购、统一监制验收、统一筛选、统一失效分析”的要求，简称元器件“五统一”管理。元器件“五统一”管理，对确保型号用元器件的供货与质量满足要求，发挥了重要作用。

“统一选用”是指航天型号系统针对本型号应用的元器件要制定统一的选用目录，该目录规定了元器件的厂家、产品规格型号、质量等级等内容，型号各级配套产品均需要在同一目录内选用元器件。为了确保目录内的元器件产品质量，集团公司或者型号院统一组织对相关元器件研制生产单位的质量保证能力和产品质量进行评价、验证和确认，以确保生产单位具备持续提供合格元器件的能力。

“统一采购”是指航天型号用元器件要由型号院进行统一的采购管理工作，包括统一签订合同、明确质量保证要求和实施元器件质量保证工作，其目的是通过统一采购压缩生产厂家、强化质量控制、提高产品一致性，同时降低成本、降低管理难度。

“统一监制验收”是指航天型号用元器件要由型号院统一明确监制验收要求，统一组织监制验收工作。为此，航天系统在各个研究院设立了元器件质量保证中心，建立了一支专业的元器件质量保证队伍，所有航天型号用元器件的监制验收工作均由各研究院质量保证中心的专业质量保证人员负责。实施有效的监制验收，可以强化元器件过程质量控制，从而提高元器件产品的固有质量水平。

“统一筛选”是指航天型号元器件均要通过筛选试验。筛选试验条件由研制单位和型号用户共同商定后纳入元器件产品规范中，由元器件研制单位在产品出厂前统一完成筛选。如果型号对于某些元器件的筛选提出更高要求，则在签订合同时明确提出二次筛选（亦称“补充筛选”）要求，通常二次筛选要求也要由型号院统一组织完成，而二次筛选任务只能由航天集团公司认可的元器件质量与可靠性中心承担完成，以确保筛选的有效性和充分性。

“统一失效分析”是指航天型号用元器件在使用出现质量问题或导致故障后，要送交具有资质的专业机构进行统一的失效分析，以准确判定元器件的失效现象和原因，从而采取有效的改进措施。为了客观准确判定元器件的失效，航天系统设立了电子元器件失效分析中心、集成电路失效分析中心、大规模超大规模集成电路失效分析中心等专业机构。

二、“新五统一”要求

2010 年后，针对我国元器件研制实际，为适应航天工程任务新的发展需求，解决新形势下元器件工作存在的突出问题，进一步规范航天元器件的发展和质量管控，中国航天在原元器件“五统一”管理的基础上，提出了元器件“统一需求规划、统一评价认定、统一选用管理、统一组织采购、统一质量保证”的要求，简称“新五统一”要求。元器件的“新五统一”要求涵盖了原“五统一”要求的内容，按此要求全面强化航天元器件管理，不断提高航天元器件质量水平。

“统一需求规划”是指在航天集团公司的统一领导下，统一制定航天型号用关键元器件需求总体规划，统一建立航天元器件的标准体系，做好元器件优化选型工作。型号总体、分系统、单机分级开展元器件保证方案的制定及实施，组织元器件单位开展新型元器件的研制和应用，并按照标准体系要求，指导航天元器件的选型、研制、生产、采购、应用验证。统一需求规划包括：统一制定型号物资需求总体规划、统筹开展型号配套新型物资科研项目需求论证、统一型号物资标准体系等内容。

“统一评价认定”是指在航天集团公司的组织下，统一实施元器件供应商管理。由集团公司组织各型号研究院共同对航天型号元器件供应商的资质能力及其配套的产品进行认定评价，评价合格后纳入集团公司航天型号配套元器件合格供应商名录，供各单位各型号选择。每年航天集团公司组织各研究院对供应商的质量、进度、价格、技术服务以及科研项目完成情况等方面进行绩效评价。统一认定工作由航天集团公司认可的元器件保证机构承担，包括：对航天型号配套物资新供应商的评价认定、对航天型号首次使用物资的评价认定以及对型号物资质量保证机构的统一评价认定。

“统一选用管理”是指在型号研究院设立统一的元器件选用管理机构，对不同型号选用的关键元器件进行统筹协调，各型号设立元器件管理队伍，负责元器件选用管理，航天集团公司设立专门机构和专家组，对各型号元器件的选用、评审等工作进行把关。统一选用管理首先要建立健全选用管理的组织机构，其次要统一选用控制的依据即选用目录，再者要加强目录外元器件选用的控制，同时要提高各阶段选用评审的有效性。

“统一组织采购”是对元器件采购计划的统一管理。各单位对于各型号元器件的需求提前分析，提前备货，并将元器件采购计划统一纳入单位科研生产计划，对元器件的设计、质量、生产、进度等进行统一评审。同时，各单位要做好不同型号间元器件的统筹协调。对于通用器件，由航天集团公司建立协调采购机制，以便实现快速供应、快速调配，提高元器件采购效率、降低采购成本。

“统一质量保证”是指统一开展元器件的监制、验收、筛选、复验、失效分析等质量保证工作，建立航天统一的标准规范。要强化元器件质量问题归零，元器件失效统一由具备资质的失效分析中心统一进行失效机理分析、判断失效性质，出具失效分析报告。

第八节　产品成熟度评价

一、概述

美国国防部、NASA 自 20 世纪中后期起，就逐步探索应用技术成熟度和制造成熟度的概念对产品进行评价，并将产品成熟度的理论和评估方法作为重大武器采办项目管理的重要工具。

2004 年始，我国在航天领域开展了产品成熟度理论的探索实践，同时开始实施产品工程。在产品工程开展初期，基于项目管理成熟度理论，针对航天产品研制品种多、状态多、老产品质量问题多、产品创新能力相对不足等问题，提出并明确了航天器单机产品成熟度等级等相关概念。

2008年，航天发布的卫星公用平台型谱、空间单机型谱简表和运载火箭单机产品型谱简表中，均标注了不同产品的成熟度等级。

2009年，航天在产品成熟度理论深化应用的基础上，对成熟度定级标准进行了丰富完善，发布了产品成熟度标准，对宇航单机产品成熟度等级进行了定义，这是推动航天型谱建设和型谱产品应用不可缺少的重要基础工作。

产品成熟度是指依据产品的设计、生产、试验和应用情况，对其质量与可靠性以及可应用程度的度量。产品成熟度的等级表征了产品的完备程度，是指导产品专业化研发和培育活动的基本路线图，可为产品选用提供权衡比较的参考依据。

产品成熟度本身并不是针对具体产品的评价，而是对产品的可实现和可应用程度的评价，具体来说，适用于评价以下三个方面。

（1）产品设计的固有能力

设计满足任务要求的能力，体现为产品在规定时间、规定条件下完成规定功能的能力，即产品可靠性。

（2）产品重复生产和供应保障的能力

按照确定的产品规范，稳定提供满足要求的实物产品的能力，体现为交付产品的固有特性与规范要求的符合程度，即产品质量。

（3）产品的应用支持能力

按照规定的使用要求和限制条件，在系统中正确使用产品的能力，体现为对产品极限能力和极限环境适应性的识别和掌握程度，即产品可应用程度。

二、主要内容

航天产品成熟度理论可以归纳为一个基本载体、两个基本特征、三个基本要素。

（一）一个基本载体：产品数据包

航天产品数据包是贯穿航天产品成熟路径始终的归一化管理工具，是航天产品成熟理论的基本载体，航天单机产品成熟度定级要以产品数据包为主线，数据包的完备程度是产品成熟度的重要标志。航天产品数据包应用的核心是将产品研制、生产、交付应用全过程的管理和控制活动，通过产品数据包的策划、记录、应用、完善和再利用等工作予以落实，并通过反复迭代深化，逐步实现精细化管理的目标。

航天产品数据包核心内容主要包括：

1）产品功能性能数据：主要包括反映产品最终状态的功能性能的相关信息；

2）产品关键特性数据：主要包括产品设计关键特性、工艺关键特性和过程控制关键特性的相关信息；

3）产品基础数据：主要包括构成产品的原材料、元器件、成品件等基础材料的相关信息。

（二）两个基本特征：科学性、可行性

产品成熟度度量既是航天关键通用产品研发、培育、改进的里程碑节点和发展路线，也是航天型号总体比较并选用成熟产品的基本依据，其度量方式和规则的确定，必须兼顾科学性和可行性。

1）科学性：产品成熟度作为航天产品固有质量、可靠性和可应用程度的综合度量，其度量值差异必须能够清晰、准确地反映被度量产品在设计、工艺、过程控制等方面的差异，成熟度度量值高的产品必须具有较低的应用风险。因此，在产品成熟度度量指标设定方面必须严格遵守航天产品工程研制的客观规律、系统工程的基本原则和质量可靠性评价的一般原理。

2）可行性：航天产品作为一类特殊产品，在质量可靠性评价验证方面具有一些特定的制约因素，在设定产品成熟度度量指标时，必须考虑这些制约因素，避免单纯应用传统质量可靠性理论方法造成度量难以实施或流于形式。

（三）三个基本要素：设计、工艺、过程控制

从高质量、高可靠的要求出发，航天产品成熟度，是对产品固有质量、可靠性和可应用程度的综合度量，应用相对成熟的产品，意味着较低的风险。在这些方面，国外技术成熟度、制造成熟度等概念和原理，提供了很好的参考和借鉴。

综合成熟度相关理论和前述系统工程方法，产品成熟度的度量要素包括如下。

①产品设计成熟程度

该要素主要度量产品固有设计满足规定功能、性能要求的符合程度，以及

保证产品功能、性能所需的设计关键特性的识别、控制和验证程度。成熟程度主要表现在产品设计与研制技术要求的符合程度与完善程度，产品按规定条件的检测参数与产品功能、主要性能的要求值相吻合。成熟特征主要表现为通过特性分析、故障模式及影响分析等工作，充分识别设计关重特性，保证关重特性的设计结果（产品规范）与产品主要性能、功能实现的程度保持一致。

②产品制造工艺成熟程度

该要素主要度量产品工艺满足设计要求并实现连续稳定、重复生产需要的程度，以及为保证产品最终质量所需的工艺关键特性的识别、控制和验证程度。成熟程度主要表现在产品工艺与设计要求的符合程度与完善程度，产品工艺经试验验证，满足设计要求，产品工艺文件经审查确认，可支持重复生产。成熟特征主要表现为通过在工艺设计过程中围绕产品设计关键特性的工艺实现，识别工艺关键特性，根据实际应用和试验验证，形成了指导生产的图纸和工艺技术文件。

③产品过程控制成熟程度

该要素主要度量产品在设计、生产、使用等全过程的管理与控制措施满足任务成功要求的程度，以及为保证产品质量开展所需的过程控制关键特性的识别、控制和验证程度。成熟程度主要表现在围绕实现设计关键特性和工艺关键特性的生产实现，通过产品保证和质量控制工作，建立质量控制点，有效强化了工序质量控制。成熟特征主要表现为产品生产和应用阶段的保证工作策划与要求得到细化完善，产品质量控制点设置合理、有效，对关键质量特性或因素进行了重点有效控制。

三、成熟度模型及定级程序

航天单机产品按照产品生命周期内成熟度进阶，将产品成熟度等级名称划分为原理样机产品、工程样机产品、飞行产品、一次飞行考核产品、多次飞行考核产品、三级定型产品、二级定型产品、一级定型产品等8个级别，见表6-4。

基于上述理论和模型，产品成熟度等级划分充分考虑了现阶段我国航天产品的研制流程和工作特点，同时兼顾当前航天产品工程工作的总体思路和工程可操作性，按照8个成熟度等级开展产品研发、成熟度培育和定型、组批生产、应用改进、更新换代等工作，为型号选用产品提供了权衡比较的基本依据，从而为航天产品工程成果的有效应用发挥重要作用。

表 6-4　航天单机产品成熟度等级划分的定义

产品成熟度等级	产品成熟度等级名称	定义
1 级	原理样机产品	已完成预先研究或技术攻关阶段的相关研制工作，但尚未按飞行条件进行地面考核，达到 1 级定级条件的产品
2 级	工程样机产品	在原理样机产品的基础上，按飞行条件进行地面考核，功能、性能满足要求，达到 2 级定级条件，但不可用于飞行的产品
3 级	飞行产品	在工程样机产品的基础上，经系统测试和地面验证，达到 3 级定级条件，可以用于飞行的产品
4 级	一次飞行考核产品	在飞行产品的基础上，经过 1 次实际飞行考核，证明满足飞行应用要求，达到 4 级定级条件的产品
5 级	多次飞行考核产品	在一次飞行考核产品的基础上，又经过 2 次以上实际飞行考核，并完成全寿命考核，证明满足飞行应用要求，达到 5 级定级条件的产品
6 级	三级定型产品	在多次飞行考核产品的基础上，完成相关工作，达到 6 级定级条件的产品
7 级	二级定型产品	在三级定型产品的基础上，经小批量生产验证，可以重复稳定生产，达到 7 级定级条件的产品
8 级	一级定型产品	在二级定型产品的基础上，经过可靠性增长，证明其具有较高可靠性水平，达到 8 级定级条件的产品

航天单机产品成熟度定级的程序包括以下步骤：

1）产品研制单位明确需定级的产品对象，确认其技术状态。

2）产品研制单位全面梳理需定级产品的研制和应用情况。

3）产品研制单位按照有关要求，初步确定产品当前的成熟度等级，填写单机产品成熟度申请/审批表，并向相应的定级主管部门提出定级申请。

4）定级主管部门组织有关专家或委托技术机构对定级申请进行审查和确认，并最终做出定级决定。

已完成成熟度定级的单机产品，由于研制和应用情况发生变化，需变更其成熟度等级时，产品研制单位应向定级主管部门提出成熟度等级变更申请，并履行变更审查手续。航天产品成熟度等级变更的步骤可按照有关要求执行。

四、评价要素

产品成熟度等级评定要素表征了实施产品成熟度定级必须关注的工作重点，即产品研制必须开展的基本工作项目，实施的程度随产品成熟度等级的提升逐步递进。要素的描述采用方面、要素、子要素三个层次逐级递进。

①方面

“方面”表述产品研制管理需要考虑的最基本的范畴。按照产品生命周期的一般规律，将其划分为“设计”“生产”“使用”三部分。这三方面涉及的相关技术活动，在产品研制过程中并非顺序进行，而是以不同程度并行实施并不断迭代的。

②要素

“要素”表述了各个方面需关注的主要工作内容，是实施产品成熟度等级评定的基本工作元素。按照已确立的三个方面，要素给出了产品研制设计、生产、使用中需开展的基本工程活动，表征了产品研制工作策划、实施和监督管理的主要内容和工作项目。

③子要素

“子要素”表述了各个工作项目需要细化的要点，是要素的展开和细化，是为落实各要素而确定的基本工作要点，也是实施产品成熟度等级评定的核心对象。所有的产品研制和成熟度等级评定工作均应依据子要素展开实施。

产品成熟度评价是航天产品工程研究与实践的重要环节，对构建航天产品专业化发展模式，支撑基于成熟产品选用集成的航天型号研制模式以及产品研发、培育和应用等工作有着非常重要的作用。

例如，在北斗三号卫星工程建设过程中，航天运用产品成熟度理论和评价工具，在原有成熟度要素基础上，创建了涵盖技术、制造和应用 3 个方面 50 个子要素的模型。在关键技术攻关阶段，进一步完善了评价要素，将 50 个评价子要素优化为 23 个评价子要素。在试验卫星阶段和在星箭系统转正样之前，对星箭系统的关键单机开展了产品成熟度第三方评价工作，较为全面地评价了各产品研制进展情况和相关质量可靠性要求落实情况，识别了存在的问题和不足，有针对性地提出了改进意见和建议。

实践证明，产品成熟度理论及配套方法工具能够有效支持航天产品质量与可靠性的持续提升，推进了航天科研生产和质量管理模式转型升级。同时，也在探索创新型号质量与可靠性工作模式、提升型号研制队伍质量与可靠性工作意识和专业素质、积累质量与可靠性保证工作经验等方面取得了良好的效果。

第九节　质量检查确认

一、概述

航天是一项复杂的系统工程，需要成千上万人的通力协作，在质量管控上一个微小的疏忽会导致功亏一篑。为了避免大事故，就必须从杜绝小问题开始。质量检查确认的溯源是质量复查。

质量复查就是为了确保产品质量可靠，避免产品带着问题出厂、带着问题上天，对产品形成全过程所做的工作、技术文件及产品本身进行的再次检查。在一定程度上和范围内，质量复查可以发现产品质量隐患，起到预先控制和再次把关的作用。

通过反复的工作、反复的检查来确认工作的有效性，一是源于“防微杜渐”“不能因小失大”和“万无一失”的要求；二是源于自身管理、技术认识、手段的局限性。实际上在航天型号研制初期就是这样开展工作的，但当时尚未形成和明确提出复查的概念。

1979 年 4 月，在某型号研制转阶段过程中首次提出了“质量复查”的概念，并在以后的型号研制过程中一直沿用和推广，并不断丰富其内涵。

1980 年至 1984 年，在长征二号丙和长征三号产品研制生产过程中，沿袭了前期型号产品转阶段质量控制的做法，在产品转批工作中也开展了质量复查的相关工作。

1983 年，产品质量复查的工作程序和工作方法趋于成熟，航天印发的文件中多次出现“质量复查”的提法和工作要求；质量复查也逐渐从产品生产质量复查，延伸到产品设计质量和试验质量环节的复查。

1984 年 6 月，《航天产品质量复查管理办法》印发，各单位根据要求开展相关质量复查工作。1991 年 4 月，对复查时间、复查内容和质量复查的组织管理等内容进行了补充完善。

从 1984 年 6 月起到 1995 年年底，质量复查从关键单机产品到部段产品，从部段产品到全弹（箭），从总装前到出厂前再到发射前，质量复查工作的范围逐渐扩大、不断延伸。

1996年“2·15”和“8·18”失利后，航天提出“所有飞行型号产品，不进行全面的产品质量复查，就不能出厂”的质量管理规定。但随着生产任务量的增加、复查要求的不断细化和增加，质量复查工作表现出走形式的弊端。

2003年9月，航天开始编制《航天产品质量检查确认要求》标准，并于2004年3月下发实施。该标准吸收了航天产品质量复查工作的经验，并从系统观念角度进行了升华和提炼，将“质量复查”更改为“质量检查确认”。它的含义是通过提供客观证据，证实对规定要求已得到满足而进行的系统的、有计划的认定活动。“质量检查确认”概念既是对“质量复查”的明确和规范，体现了质量复查工作的核心内容，又强调了该项工作的系统性和计划性，突出了从过程抓起、质量控制重心前移、全过程控制的原则，把事后的质量复查转变为型号研制全过程的有计划、分阶段、全方位的质量检查和确认，将其纳入型号研制、生产计划具体实施，做好记录并对遗留问题进行跟踪处理。由质量复查到质量检查确认既是思路和方法的完善，更是观念的进步。

二、质量检查确认内容

质量检查确认是一种与产品形成过程相吻合的管理模式。质量检查确认与产品实现同时进行，质量信息的采集与确认工作同时进行，即在完成产品设计、工艺生产、试验的同时，完成质量检查确认工作，产品交付之前确认记录已填写完整、正确。一般在设计文件发出前完成设计文件的检查确认，工艺文件发出前完成工艺文件的检查确认，分系统级及其以上试验前和试验报告发出前完成试验的检查确认，整机或分系统产品验收前完成整机或分系统产品的检查确认，航天型号出厂前完成全型号的检查确认。通常在型号研制、生产计划中安排，视需要可安排专题检查确认。专题检查确认要编制专题计划，并提出具体的检查确认要求。

下面主要介绍设计、工艺、生产、试验四部分的质量检查确认内容。

（一）设计质量检查确认内容

1）产品设计输出满足设计输入情况，产品技术条件和涉及接口的设计文件经上级设计单位和相关单位会签确认情况；

2）设计文件的完整性，审签与《航天产品设计文件管理制度　第9部分：设计文件的签署规定》的符合性，执行有关标准情况；

3）设计依据更改、补充（内容）的落实情况；

4）元器件、原材料、外购外协件选用情况；

5）沿用、借用产品与本型号有关环境、要求的适应性；

6）设计计算、分析的依据及结果的正确性，内外部接口的匹配协调性；

7）试验环境、状态与产品实际工作环境、状态的一致性及试验方案和试验结果满足设计技术要求的情况；

8）关键件、重要件的确定及其在设计文件中的落实情况；

9）复核复算情况，复核复算遗留问题、待办事项落实情况；

10）技术状态更改控制情况；

11）测试覆盖性工作落实情况；

12）软件研制质量控制情况；

13）可靠性、安全性设计等工作落实情况；

14）设计评审遗留问题的解决和落实情况，工艺审查（会签）提出问题的处理情况；

15）质量问题归零及其他型号质量问题在本型号举一反三工作中的落实情况；

16）质疑单内容处理的正确性；

17）其他需要检查确认的内容。

（二）工艺质量检查确认内容

1）采用工艺的科学性、可行性；

2）工艺文件及标识、签署的完整性，与设计要求及有关规定的符合性；

3）关键工艺评审及采用的新工艺和工艺攻关成果的鉴定情况；

4）关键件、重要件工艺文件编制情况；

5）工艺评审遗留问题落实情况；

6）《航天产品禁（限）用工艺目录》和《国家淘汰工艺、工艺设备及产品目录》执行情况，采用限用工艺的质量保证措施；

7）特种工艺（特殊过程）质量控制情况；

8）检验点设置的合理性，不可检测部位或项目工艺保证措施，不可检测项目检查确认结果；

9）工艺技术状态更改控制情况；

10）其他需要检查确认的内容。

（三）生产质量检查确认内容

1）产品质量满足设计要求情况；

2）元器件、原材料、外购外协件采购及使用等情况；

3）关键件及关键、重要特性（工序）的加工记录及管理符合要求的情况；

4）超差、代料情况，对产品指标、性能等有影响的超差、代料要在检查确认结论报告中说明；

5）不合格品审理及措施落实情况；

6）焊缝质量档案建立及焊缝质量情况；

7）电子产品装联工艺、三防（防潮、防盐雾、防霉菌）措施和固封措施情况；

8）多余物控制情况；

9）生产过程的产品检验、测试、试验情况，异常现象、数据分析处理情况；

10）产品的关键及重要特性、参数的稳定性、一致性；

11）技术通知单、更改单和质疑单内容在产品上的落实情况；

12）测试覆盖性要求的落实情况；

13）配套产品验收情况，验收遗留问题落实情况；

14）质量问题归零及其他型号质量问题在本型号举一反三情况；

15）生产、检测、试验用设备、仪器、量具贮存期、检定期符合规定情况；

16）产品证明书、产品质量履历书填写、签署符合《产品证明书的编写规定》和《产品质量履历书的编写规定》情况及其正确性；

17）其他需要检查确认的内容。

（四）试验质量检查确认内容

1）试验大纲满足试验任务书要求的情况；

2）试验状态与试验大纲及有关要求的一致性；

3）检测项目满足试验大纲的要求情况；

4）检测数据与以前检测数据和设计指标比对情况；

5）异常现象和数据的分析处理情况；
6）试验结果分析及报告编写情况；
7）试验结果满足试验大纲、试验任务书要求情况；
8）其他需要检查确认的内容。

第十节　质量问题归零

一、概述

根据系统工程和闭环管理的思想，中国航天创造性地提出并实施了质量问题技术归零和管理归零的“双五条”标准。质量问题归零是指对在设计、生产、试验和服务中出现的质量问题，从技术上、管理上运用适当方法，分析其产生的原因、机理，并采取纠正措施解决已发生的质量问题，同时通过开展举一反三，制定预防措施避免类似问题重复发生的闭环管理活动。航天质量问题归零分为技术归零、管理归零两个方面，如图 6－6 所示。“归零”简单理解即是闭环之意。

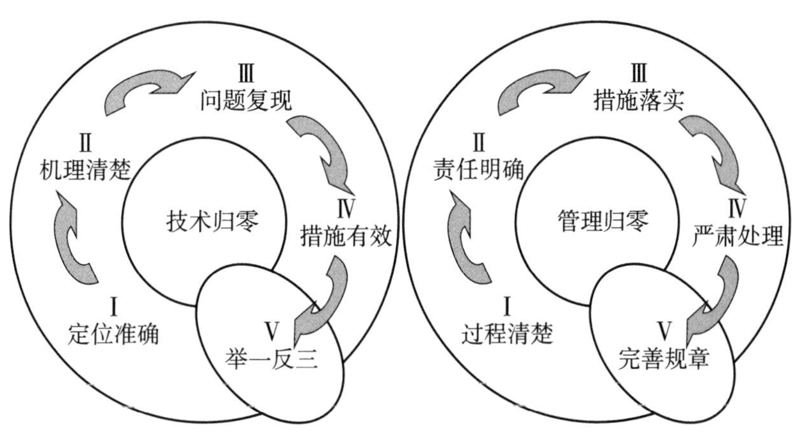

图 6－6　质量问题双归零

1991 年，在长征运载火箭总装工作中，开始推行归零管理，并逐步形成了处理质量问题的“归零管理”的概念。1995年8月17日，航天工业总公司在《中国航天工业总公司质量问题归零的管理办法》中，第一次明确提出“质量问题归零管理要求”。从质量问题定位、机理、性质、责任、措施等方面，形成了质量问题“归零五条标准”的雏形。

1996年4月，航天工业总公司下发了《关于进一步做好质量问题归零监督检查工作的通知》，概括性地提出质量问题归零的几点要求：“定位要准确，机理要清楚，故障要复现，问题的性质和责任要清楚，措施要可行、有效，举一反三”。由此勾画出了质量问题“归零五条”的基本内容。同年10月，航天工业总公司在召开的一次卫星发射动员会上再次提出，广大航天科技人员要树立严谨科学的工作作风，检查的标准就是确保所有质量问题真正归零，符合“定位准确、机理清楚、问题复现、措施有效、举一反三”的要求，杜绝重复故障发生，这是第一次系统、明确地提出质量问题的“归零五条”。

1997年10月，航天工业总公司编制下发《质量问题归零五条标准宣传手册》，并在手册序言中就归零工作中的管理问题提出管理问题归零的五条标准，即“过程清楚、责任明确、措施落实、严肃处理、完善规章”。同年，航天工业总公司下发《关于认真做好质量问题在管理上归零工作的通知》，对质量问题管理归零提出明确要求，至此，航天质量问题归零“双五条”标准全面完整形成。

1998年，航天又陆续下发《关于做好发射场型号产品质量问题归零工作的通知》《关于试行型号产品质量问题管理归零工作的实施要求的通知》等文件，质量问题归零方法得到完善和实施。

2002年，Q/QJA 10—2002《航天产品质量问题归零实施要求》标准颁布实施，以行业标准的形式对质量问题归零工作进行制度化、规范化管理。技术归零是指针对发生的质量问题，从技术上按照“定位准确、机理清楚、问题复现、措施有效、举一反三”的五条要求逐项落实；管理归零是指针对发生的质量问题，从管理上按照“过程清楚、责任明确、措施落实、严肃处理、完善规章”的五条要求逐项落实。

2009年，航天进一步以制度的形式强化质量问题归零要求，明确提出，在严格执行技术问题归零标准的基础上，必须同步开展管理归零工作，在分析技术问题的同时，查找管理不到位的因素，即通常说的“双归零”要求。航天质量问题归零已经形成了企业标准、行业标准等一系列标准，并已推广到全国各相关行业。近年来，质量问题归零方法也在不断发展，航天提出在质量问题归零基础上开展“三个面向”（面向产品、面向过程、面向组织）质量分析的方法，进一步深化了共性问题的治理和质量问题的举一反三。

中国航天对质量问题的管理方法得到了国际航天界的高度认可，在航天行业标准基础上，2015 年 11 月由中国主导编制的国际标准 ISO 18238 *space systems closed loop problem solving management*（《航天质量问题归零管理》）发布实施，中国航天质量归零方法已成为国际航天通用标准。

2021 年 GB/T 29076—2021《航天产品质量问题归零实施要求》颁布实施，标志着中国航天质量归零工作经验成果已成为重要的质量管理工具和方法，助推中国质量管理的创新发展。

二、质量问题技术归零

“质量问题技术归零”是针对发生的质量问题，从技术上按“定位准确、机理清楚、问题复现、措施有效、举一反三”的五条要求逐项落实，并形成技术归零报告或技术文件的活动。技术归零的五条要求内涵如下：

1）定位准确，即确定质量问题发生的准确部位。明确问题发生的准确且具体部位是解决问题的前提条件。发生问题，首先要找到问题发生在哪里或哪个环节、哪个产品、哪个部件、哪个零件或哪个电子元器件，是什么故障模式。准确定位就是确定解决问题的对象。受损的产品或零部件可能是一个，也可能是几个，都要确定出来。

2）机理清楚，即找到问题发生的根本原因和演变过程。明确为什么会发生问题，找到发生问题的根源，才能以治本的方法解决问题。梳理问题和原因的因果关系，支持并证明发生问题原因的正确性，为制定纠正措施提供依据。机理清楚是彻底归零的关键，对提升技术水平和解决问题能力非常重要。

3）问题复现，即通过试验或其他验证方法，复现质量问题发生的现象，验证定位的准确性和机理分析的正确性。问题复现是采取纠正措施的初步试验。按照对问题的定位和原因分析结果，进行地面试验，如果不采取纠正措施，故障（或问题）复现；如果采取纠正措施，故障（或问题）不复现，说明对定位和机理分析是正确的。对某些显而易见的失误造成的产品损伤等问题，无需进行复现试验；对于无法进行问题复现的故障模式（或者破坏性的故障模式），可以通过分析或者仿真来证实故障发生的现象。

4）措施有效，即针对发生的质量问题的原因，采取纠正措施，经过验证，确保质量问题得到解决。一个问题由几个原因造成，解决问题的措施也要针对几个原因，例如，某电子元器件失效，有降额设计不够的问题，也有安装方法的问题，纠正措施除了完善降额设计外，还要改进安装方法。纠正措施是解决问题的手段和方法，措施有效不仅能纠正本次发生的问题，而且还能全面解决发生问题的根本原因。

5）举一反三，即把发生质量问题的信息反馈给本型号、本单位和其他相关型号以及相关单位，检查有无可能发生类似故障模式或机理的问题，并采取预防措施。通过“举一反三”，把解决本产品本次发生问题的纠正措施，落实到同批次、同样机理设计的其他产品上，使具有相同原理设计的产品都能避免同类问题的发生，对还未发生问题的产品，则是一种预防措施的落实。

对技术归零来讲，定位准确是归零前提，找到问题发生的准确部位，才能明确解决问题的对象；机理清楚是归零关键，只有找到发生问题的原因，才有治本的依据；问题复现是归零手段，是验证定位和机理分析的有效措施；措施有效是归零核心，是解决问题的落脚点；举一反三是归零结果的延伸，是防止同类质量问题重复发生的有效方法。

三、质量问题管理归零

“质量问题管理归零”是针对发生的质量问题，从管理上按“过程清楚、责任明确、措施落实、严肃处理、完善规章”的五条要求逐项落实，并形成管理归零报告和相关文件的活动。管理归零的五条要求内涵如下：

1）过程清楚，即查明质量问题发生和发展的全过程，从中找出管理上的薄弱环节或漏洞。“过程清楚”就是要清楚发生问题的时间、地点、工况、运行程序、问题现象和结果；清楚产生问题的环节、岗位和管理原因；清楚存在于管理工作程序或制度中的漏洞、薄弱环节。

2）责任明确，即根据质量职责分清造成质量问题的责任单位和责任人，并分清责任的主次和大小。“责任明确”是实施改进措施的前提，只有明确了哪个部门、哪些岗位的责任应改进落实，管理改进工作才能做到有的放矢。依据问题发生的过程，明确问题涉及的相关责任单位、相关人员，直接责任和间接责任，主要责任和次要责任，领导责任和执行责任等，涉及多部门、多岗位、多人员时，应逐一明确。

3）措施落实，即针对管理上的薄弱环节或漏洞，制定并落实有效的纠正措施和预防措施。“措施”要具体、可操作、可检查，“落实”要有结果，发现的管理漏洞已经堵住，管理的薄弱环节得到加强。管理的措施落实要体现在落实岗位责任、优化管理流程、完善管理规章、改进质量体系、开展教育培训等方面，体现在切实提高管理能力上。措施落实应有计划和保障条件，明确责任人，要有落实的客观证实材料和监督检查记录。

4）严肃处理，即严肃对待由于管理造成的质量问题，从中吸取教训，达到教育人员和改进管理工作的目的。对发生重复和人为责任质量问题的责任单位和责任人，应根据情节和后果，按规定给予处理。严肃处理重在严肃对待，通过归零工作扩大受教育面，只有对重复性质量问题和人为责任质量问题的责任单位和责任人，才给予必要的行政处分和经济处罚，使其从中深刻吸取教训，预防质量问题的再次发生。

5）完善规章，即针对管理上的薄弱环节或漏洞，完善规章制度，并加以落实，从规章制度上避免质量问题发生。“完善规章”是结合质量问题管理归零措施，识别现有规章制度中不完善的地方，把归零工作的措施固化到相关的规章制度、作业指导文件、标准或规范中。规章制度的改进是质量管理体系改进的基础，是单位质量改进的有效资源，是组织提升管理能力的源头，也是管理归零实现闭环的归宿。

对管理归零来讲，过程清楚是基础，只有了解清楚问题发生、发展的全过程，才能准确找到产生质量问题的薄弱环节和管理上存在的漏洞；责任明确是前提，只有明确阐明问题发生在哪个环节，明确责任单位（部门）、岗位，管理改进才能有的放矢；措施落实是核心，不仅要落实到管理文件上，更要落实到工作职责上；严肃处理是手段，严肃处理的目的和重点不是简单地处理惩罚问题责任人，而是通过加强质量管理制度的宣贯和发生质量问题的教训，教育职工提高自身的质量意识，提高管理者的责任心。同时，根据问题发生的过程和性质，必须对严重违章者给予适当的行政处分或经济处罚，以加深教育的作用；完善规章是结果，将取得的经验教训用规章、制度进行固化和推广应用，起到预防效果。

对于质量问题本身而言，归零工作要刨根问底，求水落石出，它是有效的“救火”措施。对于其他型号产品而言，归零工作可以杜绝类似质量问题的重复发生，起到“防火”的作用。对于单位的质量管理体系而言，质量问题归零是弥补质量管理体系缺省链的重要方式，通过将归零措施纳入相关管理文件或技术标准，落实预防为主的方针，正所谓“吃一堑，长一智”。质量问题的归零过程，是实现质量管理从事后的问题管理转化为事前的预防管理的过程。

实施质量问题归零管理，使质量问题解决有章可循，为彻底解决和防止质量问题重复发生提供了一套比较系统、科学的程序、方法和工作机制。通过质量问题归零，不但可以使质量问题本身得到彻底解决，还可以培养队伍“严慎细实”的工作作风，促使研制队伍深入认识问题产生的原因、机理，吃透技术，掌握规律；通过质量归零，可以发现质量管理体系运行存在的缺陷、管理链条上存在的薄弱环节，进一步完善质量规章制度或标准规范，促进技术水平和管理能力的提高，从而更好地保证产品的质量和可靠性。

自 1995 年提出归零的概念以来，质量问题归零方法经历了一个不断发展完善的过程。目前，质量问题归零已经成为航天必须开展的一项常规工作，也已形成比较系统的实施质量问题归零的机制和较为完善的规范，并在国防科技工业得到推广应用。质量问题归零方法的科学性和有效性已经被航天工程的成功实践所证实，成为确保航天产品质量的法宝，是更加科学、系统、扩展的 PDCA 循环，也为单位质量管理体系的持续改进提供了有效途径。

缩略语对照表

序号	英文缩写	英文全称	中文全称
1	AQS	Advanced Quality System	先进质量体系
2	CAAQ	China Astronautics Association for Quality	中国航天工业质量协会
3	CAD	Computer Aided Design	计算机辅助设计
4	CAM	Computer Aided Manufacturing	计算机辅助制造
5	CRM	Continuous Risk Management	持续风险管理
6	DC	Decision Coverage	判定覆盖
7	DMA	Design Margin Analysis	设计裕度分析
8	DPA	Destructive Physical Analysis	破坏性物理分析
9	EEE	Electrical, Electronic, and Electromechanical	电气、电子和机电
10	EMC	Electro - Magnetic Compatibility	电磁兼容性
11	EPA	Electrostatic discharge Protected Area	防静电工作区
12	ERP	Enterprise Resource Planning	企业资源计划
13	ESA	European Space Agency	欧洲空间局
14	ESD	Electro - Static Discharge	静电释放
15	ESDS	Electro - Static Discharge Sensitive	静电敏感元件
16	ESS	Environmental Stress Screening	环境应力筛选
17	FDIR	Fault Detection, Isolation and Recovery	故障检测、隔离和恢复
18	FMEA	Failure Mode and Effects Analysis	故障模式及影响分析
19	FMECA	Failure Mode, Effects and Criticality Analysis	故障模式影响与危害度分析
20	FPGA	Field Programmable Gate Array	现场可编程逻辑阵列

续表

序号	英文缩写	英文全称	中文全称
21	FRACAS	Failure Report Analysis and Corrective Action System	故障报告、纠正措施系统
22	FTA	Fault Tree Analysis	故障树分析
23	GNC	Guidance Navigation and Control	制导、导航与控制
24	IEC	International Electrotechnical Commission	国际电工委员会
25	ISO	International Organization for Standardization	国际标准化组织
26	ISS	International Space Station	国际空间站
27	MC	Modified Condition	修正条件
28	MES	Manufacturing Execution System	制造执行系统
29	NASA	National Aeronautics and Space Administration	美国国家航空航天局
30	PBS	Product Breakdown Structure	产品分解结构
31	PERT	Program Evaluation and Review Technique	计划协调管理技术
32	PIND	Particle Impact Noise Detection	颗粒碰撞噪声检测试验
33	PRA	Probabilistic Risk Assessment	概率风险评估
34	PRR	Production Readiness Review	生产准备就绪评审
35	QC	Quality Control	质量控制
36	SADA	Solar Array Drive Assembly	太阳帆板驱动装置
37	SCA	Sneak Circuit Analysis	潜通路分析
38	SCM	Software Configuration Management	软件配置管理
39	SFMEA	Software Failure Mode and Effects Analysis	软件失效模式和影响分析
40	SFTA	Software Fault Tree Analysis	软件故障树分析
41	TDR	Test Data Review	试验/测试数据评审
42	TRR	Test Readiness Review	试验/测试准备就绪评审
43	VPPA	Variable Polarity Plasma Arc	变极性等离子弧
44	WCA	Worst Case Analysis	最坏情况分析
45	WCCA	Worst Case Circuit Analysis	最坏情况电路分析

附录　航天质量制度标准（部分）

1.《航天科研生产质量管理规定》
2.《强化型号质量管理的若干要求》（简称“28 条”）
3.《航天型号精细化质量管理要求》（简称“新 28 条”）
4.《中国航天科技集团公司质量文化建设纲要》
5.《加强航天型号风险识别和分析工作若干要求》
6.《武器型号技术风险分析与控制工作管理办法》
7.《航天型号技术风险分析与控制要求》
8.《宇航型号技术风险分析与控制要求》
9.《宇航型号产品保证通用要求》
10.《航天型号产品保证工作要求》
11.《航天型号量化控制工作要求》
12.《加强航天型号可靠性工作的若干要求》（“17 条”）
13.《中国航天科技集团有限公司供应商管理规定》
14.《关于进一步加强面向产品质量分析工作的通知》
15.《型号质量问题快速归零和举一反三工作要求》
16.《关于进一步做好质量问题归零监督检查工作的通知》
17.《关于认真做好质量问题在管理上归零工作的通知》
18.《关于做好发射场型号产品质量问题归零工作的通知》
19.《关于规范航天型号单机产品质量与可靠性数据包的若干要求（试行）办法》
20.《航天型号产品数据包络分析管理要求（试行）》
21.《航天科技集团公司质量管理体系评估管理办法（试行）》
22.《航天型号独立评估工作管理要求》
23.《关于进一步加强独立质量监督和质量监督问题分析工作的通知》
24.《中国航天科技集团公司航天型号重大质量事故调查和审查办法》
25.《试制工厂技术检验工作暂行规定》

26.《关于加强卫星与飞船工程通用化、系列化、组合化工作的决定》
27.《产品证明书的编写规定》
28.《产品质量履历书的编写规定》
29. GJB 150A《军用装备实验室环境试验方法》
30. GJB/Z 288《厂际质量保证体系工作指南》
31. GJB 438B《军用软件开发文档通用要求》
32. GJB 571A《不合格品管理》
33. GJB 1027《运载火箭、上面级、航天器试验要求》
34. GJB 1442A《检验工作要求》
35. GJB 1452A《大型试验质量管理要求》
36. GJB 1710A《试制和生产准备状态检查》
37. GJB 3206A《技术状态管理》
38. GJB 4239《装备环境工程通用要求》
39. GJB 5000A《军用软件能力成熟度模型》
40. GJB 5109《装备计量保障通用要求检测和校准》
41. GJB 5235《军用软件配置管理》
42. GJB 5852《装备研制风险分析要求》
43. GJB 9001C《质量管理体系要求》
44. GJB/Z 20489《技术状态管理监督规范》
45. QJ 3105《超差、代料、质疑单管理规定》
46. QJ 450B《金属镀覆层厚度系列与选择原则》
47. QJ 964A《航天产品设计标准化实施指南》
48. QJ 1302《航天产品技术评审》
49. QJ 1408A《航天产品可靠性保证要求》
50. QJ 1544B《航天产品不合格、失效和危险分类》
51. QJ 1875A《静电测试方法》
52. QJ 1906A《半导体器件破坏性物理分析（DPA）方法和程序》
53. QJ 1950《防静电操作系统技术要求》
54. QJ 2107《导弹和运载火箭地面设备研制程序》
55. QJ 2171A《航天产品保证要求》
56. QJ 2172A《卫星可靠性设计指南》
57. QJ 2177《防静电安全工作台技术要求》

58. QJ 2227A《航天元器件有效贮存期和超期复验要求》
59. QJ 2236A《航天产品安全性保证要求》
60. QJ 2245《电子仪器和设备防静电要求》
61. QJ 2754A《卫星结构件防护性镀覆和涂覆通用规范》
62. QJ 2850B《航天产品多余物预防和控制》
63. QJ 2864B《铝及铝合金熔焊工艺规范》
64. QJ 3024《弹箭星仪器活动多余物检验方法》
65. QJ 3049《航天产品检验工作要求》
66. QJ 3050A《航天产品故障模式、影响及危害性分析指南》
67. QJ 3051《航天产品测试性设计准则》
68. QJ 3062《液体火箭发动机试验系统清洁度和多余物控制要求》
69. QJ 3076《航天产品质量保证要求》
70. QJ 3117A《航天电子电气产品手工焊接工艺技术要求》
71. QJ 3118A《航天产品技术状态管理》
72. QJ 3124《航天产品维修性保证要求》
73. QJ 3127《航天产品可靠性增长试验指南》
74. QJ 3133《航天产品项目阶段划分和策划》
75. QJ 3138《航天产品环境应力筛选指南》
76. QJ 3139《危险分析方法和程序》
77. QJ 3183《航天产品质量问题归零实施指南》
78. QJ 3187《航天产品保证大纲编写指南》
79. QJ 3200《航天产品设计文件标准化审查规定》
80. QJ 3213《航天产品维修性设计与验证指南》
81. QJ 3217《潜在分析方法和程序》
82. QJ 3273《航天产品安全性分析指南》
83. QJ 9000A《质量管理体系要求》
84. QJ 20904《航天军贸产品质量监督验收要求》
85. QJ 20905《航天军贸产品研制过程质量监督要求》
86. QJ 20906《航天军贸产品生产过程质量监督要求》
87. Q/QJA 10《航天产品质量问题归零实施要求》
88. Q/QJA 11B《航天产品质量与可靠性信息管理要求》
89. Q/QJA 14B《航天型号出厂评审》

90. Q/QJA 16《航天产品质量检查确认要求》
91. Q/QJA 26《航天型号飞行试验（任务）通用放行准则》
92. Q/QJA 30A《航天型号软件工程化要求》
93. Q/QJA 32《航天产品技术状态更改控制要求》
94. Q/QJA 36《航天型号配套物资合格供应商评价准则》
95. Q/QJA 41《航天产品外包质量管理要求》
96. Q/QJA 56《运载火箭总装、测试、验收通用技术要求》
97. Q/QJA 59《航天产品设计方案工艺可行性分析要求》
98. Q/QJA 60《航天型号转阶段工艺工作要求》
99. Q/QJA 61《航天型号产品工艺成熟度分析方法》
100. Q/QJA 65《航天型号研制转阶段评审》
101. Q/QJA 66《航天产品工艺风险分析》
102. Q/QJA 71《航天型号单点故障模式识别与控制要求》
103. Q/QJA 73A《航天电子产品多余物预防和控制》
104. Q/QJA 74A《航天惯性器件多余物预防和控制》
105. Q/QJA 302《航天型号飞行成功数据包络分析要求》
106. Q/QJA 641《航天产品故障模式库建立工作指南》
107. Q/QJA 670《航天器技术风险管理要求》
108. Q/QJA 692《航天系统工程通用要求》
109. Q/QJA 709《“三个面向”质量分析工作指南》

参 考 文 献

[1] 许达哲．航天型号可靠性守则［M］．北京：中国宇航出版社，2014.

[2] 许达哲．弘扬航天质量文化铸就“神五”卓越品质［J］．质量与可靠性，2004（5）：1-4.

[3] 许达哲．弘扬航天质量文化实施零缺陷管理［J］．质量与可靠性，2005（4）：5-8.

[4] 许达哲．大力弘扬航天三大精神履行富国强军神圣使命［J］．航天工业管理，2008（1）：9-11.

[5] 许达哲．中国航天质量管理的实践与创新［J］．质量与可靠性，2006（5）：5-9.

[6] 许达哲．树立航天可靠性工作理念推进零缺陷系统工程管理［J］．质量与可靠性，2007（2）：7-9，26.

[7] 中国航天科技集团有限公司．航天质量管理基础［M］．北京：中国宇航出版社，2017.

[8] 中国航天科技集团有限公司．航天质量管理方法与工具［M］．北京：中国宇航出版社，2017.

[9] 中国航天科技集团有限公司．产品保证［M］．北京：中国宇航出版社，2017.

[10] 马志伟，樊召锋，李海霞．新时代航天精神的培育与弘扬［J］．军工文化，2021（3）：52-55.

[11] 陶家渠．系统工程原理与实践［M］．北京：中国宇航出版社，2013.

[12] 马志伟，遇今．航天型号技术风险分析与控制［J］. 质量与可靠性，2014（4）：26-29.

[13] 李跃生，贾纯锋．航天质量管理体系创新发展［M］．北京：国防工业出版社，2020.

[14] 袁家军．航天产品工程［M］．北京：中国宇航出版社，2011.

[15] 马志伟．对面向产品质量分析的理解与再认识［J］．质量与可靠性，2009（5）：1-3.

［16］ 马志伟．实现航天产品质量与可靠性信息的规范化管理［J］．质量与可靠性，2003（6）：40－42.

［17］ 马志伟．加快推进航天质量文化建设［J］．航天工业管理，2004（6）：37－39.

［18］ 刘宪忠．航天质量监督发展历程及其监督模式的探索［J］．航天工业管理，2019（10）：53－56.

［19］ 方向明．旗帜：航天三大精神［M］．北京：中国宇航出版社，2020.

［20］ 袁家军．航天工程精细化质量管理［J］．中国工程科学，2011（8）：36－42.

［21］ 张春颖．中国航天文化的特色及内涵研究［J］．北华航天工业学院学报，2016（1）：52－55.

结束语

本书付梓之时，恰逢党的二十大胜利闭幕。

党的二十大开启了全面建设社会主义现代化国家新征程，做出了建设制造强国、质量强国、航天强国的战略部署，为航天事业擘画了新时代的宏伟蓝图。新征程是充满希望和梦想的远征，中国航天在追逐星辰大海中将走得更远。

我们将坚定不移担负起“科技强军，航天报国”的神圣使命，传承航天精神，弘扬航天文化，坚持“以国为重，以人为本，以新图强，以质取胜”，牢牢抓住高质量发展这个首要任务，以科技自立自强保障国家安全，以过硬质量彰显航天品质。我们将学习好运用好习近平新时代中国特色社会主义思想蕴含的立场观点方法，坚持系统观念，不断总结提炼、丰富和发展具有中国航天特色的航天零缺陷系统工程管理的模式、理念、内涵和方法，深入推进“全员、全系统、全过程、全要素”质量管理，有效支撑航天强国建设和国防建设。

习近平总书记在首个中国航天日时指出：“探索浩瀚宇宙，发展航天事业，建设航天强国，是我们不懈追求的航天梦。”星空浩瀚无比，探索永无止境。中国航天进军太空的脚步不会停止，中国航天零缺陷系统工程管理也永远在路上。